彩图1-1 矮化密植栽培

彩图1-2 宽行栽培便于机械化作业

彩图1-3 果园设置防鸟网

彩图1-4 藤牧1号

彩图1-5 美国8号

彩图1-6 红艳

彩图1-7 新嘎拉

彩图1-8 岳阳红

彩图1-9 红富士

彩图1-10 辽农红

彩图1-11 维纳斯黄金

彩图1-12 乙女

彩图1-13 锦绣海棠

彩图1-14 旱地果园行间铺玉米秸秆

彩图1-15 果园覆沙

彩图1-16 早秋施基肥

彩图1-17　小沟交替灌水

彩图1-18　穴贮肥水技术

彩图1-19　主干形

彩图1-20　疏除所有侧分枝

彩图1-21　马耳斜

彩图1-22　疏枝后萌发的侧分枝

彩图1-23　细长纺锤形

彩图1-24　自由纺锤形

彩图1-25 提干

彩图1-26 垂帘状结果

彩图1-27 培养下垂结果枝组群

彩图1-28 摘叶并保留叶柄

彩图1-29 转果

彩图1-30 垫果

彩图1-31 树下铺反光膜

彩图1-32 朝鲜球坚蚧

彩图1-33　苹果腐烂病

彩图1-34　苹果轮纹病枝干为害状

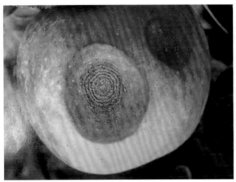

彩图1-35　苹果炭疽病

彩图1-36　淡褐巢蛾

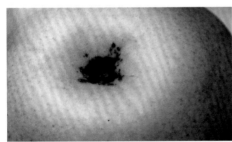

彩图1-37　苹果套袋黑点病

彩图1-38　苹掌舟蛾

彩图1-39　苹果轮纹病果实为害状

彩图1-40　日本细纺锤形

彩图1-41　日本稀植树下垂枝结果　　　　　　彩图1-42　果园种草

彩图2-1　早凤王　　　　　　　　彩图2-2　春雪

彩图2-3　春艳　　　　　　　　彩图2-4　曙光

彩图2-5　艳光　　　　　　　　彩图2-6　中油4号

彩图2-7　12-6油桃

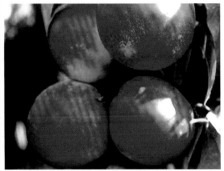

彩图2-8　中油8号

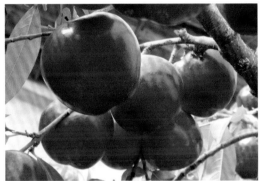

彩图2-9　北冰洋之星

彩图2-10　桑白蚧

彩图2-11　梨小食心虫为害

彩图2-12　桃蚜

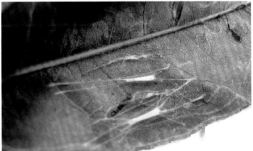

彩图2-13　桃潜叶蛾蛹

彩图2-14　桃红颈天牛幼虫

彩图2-15 盆栽桃树

彩图2-16 子母棚

彩图2-17 桥棚桃

彩图2-18 光照好枝芽饱满

彩图2-19 清扫棚膜

彩图2-20 休眠不足造成萌芽不整齐

彩图2-21 疏蕾期

彩图2-22 放蜜蜂

彩图2-23　油桃贴字

彩图2-24　摘除遮光叶

彩图2-25　吊枝

彩图2-26　桃树三主枝开心形

彩图2-27　桃树二主枝树形

彩图2-28　桃树纺锤形树形

彩图2-29　桃树一根棍树形

彩图2-30　采后控冠修剪

彩图2-31 硬枝接换头

彩图2-32 摘叶

彩图2-33
喷布果树破眠剂与对照树开花期比较

彩图2-34 整株喷布果树破眠剂

彩图3-1 着色香

彩图3-2 夏黑

彩图3-3 维多利亚

彩图3-4 金手指

彩图3-5　粉红亚都蜜　　　　彩图3-6　无核白鸡心　　　　彩图3-7　藤稔

彩图3-8　辽峰　　　　　　　　　彩图3-9　美人指

彩图3-10　秋黑　　　　　彩图3-11　晚红　　　　彩图3-12　赤霞珠

彩图3-13　蛇龙珠

彩图3-14　西拉

彩图3-15　威代尔

彩图3-16　霞多丽

彩图3-17　贵人香

彩图3-18　施基肥

彩图3-19　疏穗

彩图3-20　去副穗

彩图3-21　掐穗尖

彩图3-22　葡萄套袋

彩图3-23　葡萄白腐病

彩图3-24　葡萄毛毡病

彩图3-25　葡萄褐斑病

彩图3-26　葡萄霜霉病

彩图3-27　葡萄根癌病

彩图3-28　日光温室

彩图3-29　塑料大棚

彩图3-30　桥棚葡萄

彩图3-31
葡萄大更新后萌发新蔓

彩图3-32　果树破眠剂与石灰氮应用效果对照

彩图3-33　喷布果树破眠剂

彩图3-34　涂抹果树破眠剂

彩图3-35
戴手套捋蔓

彩图3-36　辽峰避雨栽培

彩图3-37　赤霞珠避雨栽培

彩图3-38　简易避雨栽培

彩图4-1　红灯

彩图4-2　美早

彩图4-3　佳红

彩图4-4　雷尼

彩图4-5　明珠

彩图4-6　砂蜜豆

彩图4-7 俄罗斯8号

彩图4-8 布鲁克斯

彩图4-9 奇兰

彩图4-10 休眠不足造成萌芽开花不整齐

彩图4-11 甜樱桃纺锤形

彩图4-12 甜樱桃喷布破眠剂提早萌芽

彩图5-1 翠冠套袋与未套袋

彩图5-2 南果梨丰产状

彩图5-3　黄冠梨

彩图5-4　尖把梨

彩图5-5　梨褐腐病

彩图5-6　茶翅蝽卵壳

彩图6-1　魁绿

彩图6-2　桓优一号

彩图6-3　龙成2号

彩图7-1　马来西亚B10杨桃

彩图7-2 红杨桃

彩图7-3 甜杨桃花

彩图7-4 甜杨桃花果共生

彩图7-5 主干上结果

彩图7-6 甜杨桃结果状

彩图7-7 定植苗干绑草把

彩图7-8 自然圆头形

彩图7-9 纺锤形

彩图7-10 扭梢

彩图7-11 环割

彩图7-12 主干环剥

彩图7-13 果实套袋

彩图7-14 红蜘蛛为害造成叶片失绿

彩图7-15 红肉火龙果

彩图7-16 火龙果的茎

彩图7-17 火龙果的花苞

彩图7-18　火龙果的花

彩图7-19　火龙果的果实

彩图7-20　带状栽植

彩图7-21　麦司依陶芬

彩图7-22　中农红无花果

彩图7-23　无花果结果状

彩图7-24　无花果扦插育苗

彩图7-25　无花果水平整枝

刘慧纯　主编

果树栽培实用新技术

化学工业出版社

·北京·

内容简介

本书按照优质果树生产的基本要求，介绍苹果、桃、葡萄、甜樱桃、梨、软枣猕猴桃等落叶果树的实用栽培技术，内容包括主要栽培品种介绍、高标准建园、土肥水管理、整形修剪、病虫害防治等，以及热带、亚热带常绿果树甜杨桃、火龙果、无花果的南果北移设施栽培技术要点。书中附高清原色图片 160 幅，图文并茂，通俗易懂。

本书适合广大果树栽培生产者、农业技术推广人员和农林院校师生阅读参考。

图书在版编目（CIP）数据

果树栽培实用新技术/刘慧纯主编. —北京：化学工业
出版社，2020.10（2023.8重印）
ISBN 978-7-122-37584-1

Ⅰ.①果…　Ⅱ.①刘…　Ⅲ.①果树园艺　Ⅳ.①S66

中国版本图书馆 CIP 数据核字（2020）第 156211 号

责任编辑：冉海滢　刘　军　　　　　　文字编辑：温月仙　陈小滔
责任校对：赵懿桐　　　　　　　　　　　装帧设计：关　飞

出版发行：化学工业出版社（北京市东城区青年湖南街 13 号　邮政编码 100011）
印　　装：大厂聚鑫印刷有限责任公司
710mm×1000mm　1/16　印张 14¼　彩插 10　字数 279 千字　2023 年 8 月北京第 1 版第 5 次印刷

购书咨询：010-64518888　　　　　　　售后服务：010-64518899
网　　址：http://www.cip.com.cn
凡购买本书，如有缺损质量问题，本社销售中心负责调换。

定　　价：49.80 元

中国自然条件优越，适宜多种果树生长。改革开放以来，在国家农业优扶政策支持、科技进步以及市场经济发展的背景下，果品产业迅猛发展。20世纪80、90年代果品总产量年平均增长率分别达到10%和13%。近10年来，果品生产仍然保持了年增长5%的发展速度。随着果树生产技术相关研究的不断深入，设施果树栽培也得到快速发展，成为新的支柱产业，为广大消费者提供了更丰富的反季水果，显著增加了生产者的经济效益。果品产业已成为继粮食、蔬菜之后的第三大农业种植产业，也是许多地方经济发展的亮点和农民脱贫致富的支柱产业之一。

伴随果树产业的迅速发展，也出现了品质不高、效益下降等许多新的问题。生产中大量使用化学肥料造成土壤板结；过度使用化学合成农药防治病虫害，致使果实中有毒有害物质残留量严重超标，同时对水源、大气、土壤等果树生态环境造成严重污染，成为制约果树产业发展的新公害；整形修剪、花果管理等操作不规范使得果品质量较差，降低了果品的经济效益；劳动力、生产资料价格上涨导致果品生产成本增加等问题，都严重制约了我国果树产业的健康发展。

本书结合目前的生产实际，应广大农民朋友的需求，围绕农民培训，针对北方主要的栽培树种——苹果、桃、葡萄、甜樱桃、梨以及目前刚刚兴起栽培的软枣猕猴桃等，以通俗、实用、可操作的形式系统介绍了品种选择、高标准建园、土肥水管理、整形修剪、病虫害防治、部分树种设施栽培等应用技术，以及在新形势下如何进行科学管理，提高经济效益。同时，结合编者近些年来南果北移的果树设施栽培试验研究成果，对生长结果表现好、经济效益较高的热带、亚热带果树甜杨桃、火龙果、无花果的北方设施栽培技术进行了全面阐述，以期对南果北移果树设施栽培生产提供技术指导。

希望本书的出版能够对从事这些果树生产的广大种植户有所帮助，并为促进我国果树优化品种结构、提升品质、突出特色、增加效益、加快科技推广、推进化肥农药减施增效技术、提高果农素质、加速果树产业化进程以及加速农村脱贫攻坚向乡村振兴战略转型贡献绵薄之力。

本书在编写过程中，参考了多位同行的研究成果和文献资料，在此表示衷心感谢！由于编者水平有限，加之编写时间仓促，书中难免存在疏漏和不足之处，敬请广大读者批评、指正。

编者
2020.8

目 录

第六章　软枣猕猴桃栽培技术　170

第一章

苹果栽培技术

　　苹果在我国果业生产中占有举足轻重的地位，对推进我国农业供给侧改革、助力乡村振兴战略、实现产业扶贫和精准脱贫具有重要意义。目前，中国苹果总产量占世界总产量的一半左右。根据 FAO（联合国粮食及农业组织）统计数据，2017年中国苹果产量为 4139 万吨，占世界产量的 49.8%，居世界首位。然而，我国作为苹果生产的大国，仍然存在市场相对过剩、品质不高、价格不高、出口创汇较少、市场竞争力不强等问题。我国自 20 世纪 80 年代苹果大面积种植以来，产业发展一直呈现出发展—过剩—调整—再发展—再过剩—再调整的循环状态。尤其经过近十多年的发展，主栽品种结构单一、老果园普遍更新换代、劳动力成本不断增加、区域性结构不合理、优质果品少、优劣果价格差距进一步拉大等问题不断出现，大而不强、多而不优问题突出，小农经济框架下，齐头并进提升技术水平和质量标准的挑战依然很大，这迫使我国苹果生产需要进行新一轮转型升级，苹果产业需要一个大的变革。

　　从现在苹果种植的情况来看，地域环境、温度气候条件等方面不同，每年遇到的新状况也不同。果农应多学习苹果种植实用技术，结合本地的实际情况，借鉴其他地区的成功经验，加强土肥水、修剪、授粉、植保等日常管理，生产出市场需求的"好看""好吃""安全"的苹果，以保证市场中的竞争力。

第一节　苹果高效集约栽培发展趋势

1. 由"省钱"向"省力"转变

　　过去的苹果栽培，是一家人的生计所在，是整个家庭的支柱产业，果园管理以"省钱"为出发点。随着社会的发展，特别是将果园作为事业而不是谋生手段时，果园管理的出发点就发生了变化，不再是"省钱"，而是如何"省力"，特别是对规模化管理的果园，更是如此。随着农村劳动力向城市转移，随之而来的必然是劳动力短缺和劳动成本的升高，果园生产成本快速上升，果园的经济效益下滑，这就要求在果园管理当中，用更多的机械取代人工，最大限度地实现省力化。在国家苹果产业技术体系制定"十二五"规划时，已经将省力化作为体系重点任务之一。据美国康奈尔大学罗宾逊教授介绍，目前世界上苹果产业变革主要聚焦在如何减少劳动力投入上。通过加快研发适合苹果生产的农机具及配套农艺措施实现苹果生产的自动化、智能化，逐步使苹果生产向省力化转变是发展趋势之一。

2. 由分散经营向小规模化经营转变

苹果生产正在经历由分散经营向小规模化、适度规模化经营转变。随着人口的老龄化，一些人放弃了果业生产，而新建的果园，许多都向着规模化方向发展。土地逐步集中在种植能手、种植大户手中，新的家庭农场诞生，实现了适度的规模化经营，更便于苹果生产和销售。

3. 由注重地上管理向注重地下管理转变

由注重果园地上管理向注重地下管理的转变，是果业管理技术的革新和成熟。在传统果园管理当中，往往只注重树上管理，这与我们对果树的认识有关。刚开始接触果树，我们最先看到的是果实，关心果实的大小、颜色、好坏，这是一种"功利性"的初级认识；继而我们关注枝条，关注枝条的多少、枝条的空间分布、树形；后来，我们认识到叶片非常重要，叶片的好坏、大小、薄厚、落叶早晚等深刻影响着果树的生长和果实的产量品质高低；随着认识的进一步发展，我们注意到根系才是果树的根本，根深才能叶茂，忽视了地下管理，就是本末倒置，舍本逐末。因此，果园管理由注重地上管理向注重地下管理转变就成了一种必然。

4. 区域化的优良特色品种

优良特色品种是生产优质苹果的基础，品种和砧木的区域化是实现苹果产业化的关键。各地区要选择适应当地气候条件和土壤条件的优良品种，做到适地适栽，以形成特色，形成品牌。现在世界苹果主产国非常重视选育新的苹果品种和砧木，以实现优良特色品种和砧木的区域化。

5. 实现矮砧密植栽培

矮化密植栽培（简称矮密栽培），是世界苹果栽培发展的总趋势（彩图1-1）。目前大多数欧洲国家苹果的矮密栽培面积占其栽培总面积的90％以上。国外苹果栽培密度都要求与果园通风透光和便于机械化操作相结合，多提倡实行宽行距窄株距的长方形栽植方式，以实现早果、易管理、适龄结果的生产目标。我国在许多主产区也开始实施矮化密植栽培。随着矮密栽培的发展，出于降低成本的需要，苹果树形多趋向于主干树形，以纺锤形最具代表性。随着主干树形的发展，未来苹果树修剪技术将更加简化。

6. 推广无袋化栽培

套袋栽培对提高果实外观品质、降低农药残留及预防和控制病虫的危害等发挥了重要的作用，但是套袋苹果不仅内在品质下降，生理病害加重，而且果实套袋摘袋的用工成本已成为目前我国苹果生产的主要成本，同时掉落下来的纸袋会造成严重的环境污染。因此，套袋栽培已很不适应产业的发展形势，如何进行苹果无袋化栽培，降低劳动力成本，提高果实内在品质，减少果园周边环境污染，已成为当前我国苹果产业发展迫切的技术需要。近年来我国多地进行了无袋化栽培试验，均未取得实质性进展，在品种配套、病虫害防治、农药残留控制、食品安全性、品质改善等方面均没有达到预期目标，但今后通过不断探索和完善，对多项苹果配套栽培技术进行改革，无袋栽培的面积将会不断扩大。

7. 采用 3 年生带有分枝的优质壮苗建园

欧洲的苹果育苗和国内有所不同，采用 M9 做基砧，直接嫁接品种接穗繁育 3 年生苗木。M9 等砧木在中心苗圃采用集中断根繁育，砧木苗按 0.3m×0.8m 移栽后嫁接品种，再培养 2 年出圃。商业化苗圃生产的优质无病毒壮苗是早果丰产的关键，理想的苗木是高度 1.5m 以上，干径粗度 1.0～1.3cm，在合适的分枝部位有 6～9 个分枝，长度在 40～50cm 左右。优质壮苗的主根健壮，侧根多，大多数长度超过了 20cm，毛细根密集。实现当年建园当年成园，大幅压缩幼树期，好管理、结果早、见效快。

8. 科学选择良好的树形

未来的苹果整形修剪，必须采用高光效树形，根据不同密度、砧穗组合、品种特性，确定适宜的树形。幼树多采用简化的纺锤形树形，盛果期树通过控冠改形或大改形（如提干、开心、疏大枝等），强拉枝，减少大枝数量。全树大枝少，小枝多，亩（1 亩≈666.7m²）枝量由 10 万条降至 4 万～8 万条，群体和个体光照大改善，促进果实着色，品质改善。在发达国家几乎 95% 的果园都采用高纺锤形树形。高纺锤形的树体结构适于密植，加之采用矮砧栽培，产量高，树势也好控制。修剪上多以疏除、长放两种手法为主，很少短截。随着小型化、轻型化、智能化果园机械的推广应用，将苹果的整形修剪从 3D 立体结构转变为 2D 平面结构，打造"多中心干树形"，使树体更加矮化，采摘、修剪、喷药等管理更加精准、方便，已成为当今科学选择良好树形的关键技术之一。

9. 以架式宽行栽植和机械化操作为目标

采用科学的架式栽培、大行距小株距的现代栽培方式，树体能充分受光，同时更有利于机械化生产，方便作业，降低用工成本。在实施宽行栽培以后，许多果园机械才可能得以实施，通过选择适合我国实际情况的简单易行的果园机械，可大幅度解放劳动力，减少果园用工，实施省力化栽培（彩图 1-2）。一般可考虑株距在 0.8～1.5m 之间，行间应当在 3.3～4.4m 之间，以便于机械化作业。据最新研究，苹果树每亩栽植 200 株左右，能快速提高前期产量，投入产出比是最好的。

10. 合理安排栽培密度

合理的栽植密度要和树形选择相匹配。半矮化砧木：SH6、SH40、SH38、SH1/普通型品种，细纺锤或高纺锤树形，建议栽植密度 2m×4m。半矮化砧木：SH6、SH40、SH38、SH1/短枝型品种，细纺锤或高纺锤树形，建议栽植密度 (1.2～1.5)m×(3～4)m。半矮化砧木：SH6、SH40、SH38、SH1/普通型品种，篱壁树形或"V""Y"字树形，建议栽植密度 (1.0～1.5)m×4m。

11. 果园土壤管理和肥水耦合高效利用技术

果园营养得到保证，叶片在十月中旬果实采收时可依然保持深绿色，且叶片厚大。因此，可采用早期叶分析和果实分析技术，进行早期营养诊断，根据果园土壤矿质氮的含量推荐施肥。果园都采用生草制，减少清耕。自然生草和行间生草相结合，果园生草不但可以蓄水保墒，培肥地力，减少施肥量，而且还可以促进果实着色，改善果实品质。同时可以招引有益昆虫和鸟类，有利于有机生产。行间生草建议选用三叶草和黑麦草等。苹果园安装灌溉设施，一般将滴灌管架在铁丝上，而不是直接放在地面，以减少人为损伤。果园地头要设置配肥罐，连通滴灌管一同冲施，作物在吸收水分的同时吸收养分，实现肥水一体化，节约水分和养分，从而减少开沟施肥，以省力、省肥。

12. 果园设施现代化配套栽培模式

现代苹果产业的重要标志是果园机械化与现代化技术的应用。苹果生产应用机械化和现代化管理，会显著降低生产成本和劳动强度，提高生产率。可采用立架式栽培，作为配套栽培管理模式。所谓立架式栽培即顺行设立水泥柱，拉四道铁丝，树干固定在 4 道铁丝上。成龄果园还在第一道铁丝处设立横担，分别在左右两侧拉两道铁丝，用于固定下部的结果枝下垂，控制其旺长。铁丝架一般高达 3～3.5m。立架栽培有效克服了矮砧固地性差的缺点，同时可以实现立体结果，提高产量。现代化的果园应建有防雹网，配备喷灌和滴灌设施，在果园和苗圃的上空设置喷头，每行树树冠下部设置滴灌装置，同时利用计算机进行云端控制，根据土壤墒情和果树需水特性，随时供给水分。除利用计算机控制温度、湿度、营养液补给外，有些还采用温室和营养基培育苗木。商业化的苗圃采用立架和 PVC 长线固定幼苗，保证苗木直立健壮生长。苗圃周围用高度 1.5m 以上的铁丝网作围栏，树干上可设有铁丝网包扎，防止野兔等啃咬。我国部分产区果园也增加了防鸟网（彩图 1-3），同时还可防止风害和冰雹危害，适当延长果实采收期，从而提高果品品质。

13. 果农合作组织与果品生产制度

随着国家惠农政策的日趋完善，果农合作组织和合作社、联合社等组织化程度亦应加强，这样才会更有利于果品生产；另外，还应进一步完善各种认证制度，实施严格的果品生产制度。果农合作组织按照规范的生产操作规程进行生产，同时要配有较好的贮藏条件，果品采后 24 小时进入冷库，按大小分级包装，保证商品的一致性。果农合作组织的果品均采用可追溯制度。与此同时，广大的果农不仅要学会种苹果，更要学会卖苹果，拓展销售渠道，把握销售时机。

14. 发展苹果休闲农业推动乡村振兴

实施乡村振兴战略，产业振兴是基础。无论是解决农民就业还是确保群众增收，都需要以产业发展为基础，苹果产业的兴旺将助推乡村的全面振兴。可通过科学分析当地资源禀赋，筛选确定有区域优势、市场前景的主导品种，促进果业规模化、标准化、集约化生产经营，推动农村一二三产业融合发展，通过乡村旅游、观光采摘，发展苹果休闲农业，从而加快苹果产业转型升级，把苹果产业打造成全面助推脱贫攻坚和乡村振兴的希望产业、活力产业、富民产业，实现乡村全面振兴。

第二节　新品种介绍

一、早熟品种

1. 藤牧 1 号

美国品种，1986 年引入我国。果实短圆锥形，单果重 180～200g，底色黄绿，果面大部分有红霞和宽条纹，充分着色的果能达到全红，果面光滑有果粉，果皮薄（彩图 1-4），果肉黄白色，肉质松脆汁较多，风味酸甜有香气，含可溶性固形物 11%～12%，品质上等。藤牧 1 号树势强健，树姿直立，萌芽率较高，成枝力中等，开始结果早，苗木栽后 3 年可结果。以短果枝结果为主，腋花芽较多，花序坐果率高，较丰产，结果较多时树势易衰弱。果实成熟期不一，采前有落果。在黄河流域于 7 月中旬成熟，在辽宁于 8 月上旬成熟。存放期 20 天左右。该品种适应性较强，在早熟品种当中果型较大，品质优于辽伏、早捷等品种。

2. 美国 8 号

美国品种，1984 年引入中国农业科学院郑州果树研究所。果实近圆形，大型果，果个较整齐，无偏斜果。在江苏平均单果重 240g，最大果重 310g。果面光洁，无果锈，果皮底色乳黄，全面覆盖鲜红色霞彩，十分艳丽（彩图 1-5）。在辽宁熊岳地区成熟期在 8 月中下旬。此品种有腋花芽结果习性，高接后当年形成花芽，第二年可结果，此后以短果枝结果为主，花序坐果率为 85%，花朵坐果率为 18%，全树坐果较均匀。树势较强，随着产量的增加渐趋中庸。萌芽力中等，成枝力较强，采前轻微落果。此品种抗性较强，较抗苹果斑点落叶病、轮纹病、白粉病、炭疽病等，并抗金纹细蛾为害。适于我国中部地区密植栽培。中部偏南和偏西地区、江淮流域的中小城市郊区和丘陵地区均可扩大试种。幼树应注意开张角度，采用拉枝、扭梢等措施促使形成花芽。美国 8 号于 20 世纪 90 年代已在山东铺开，现在在辽宁还是零星试栽，在辽宁 8 月初就色泽艳丽，风味甚佳，表现很好。

3. 珊夏

日本农林水产省果树试验场盛冈支场用嘎拉×茜培育而成的新品种。该品种幼树生长旺盛，树姿直立，开始结果以后，树势生长较中庸。枝条直立、细软、易成花，丰产性好。4 年生树萌芽率达 72%，成枝率 33%。枝条高接后当年即可形成腋花芽，第二年花枝率达 32.5%。初果期以长果枝和腋花芽结果为主。4 年生 M26 中间砧珊夏（株行距 2m×3m），每公顷产量达 19147.5kg。果实中大，平均单果重 127g，大果可达 220g，果形整齐，短圆锥形；果面光滑，底色黄绿，色泽为鲜红晕色，果点稀而小，果梗中长；果肉淡黄色，肉质脆细，酸甜适中，风味较浓，可溶性固形物含量 13.94%，品质上等，贮藏性超过津轻。一般管理条件下未见到轮纹病和炭疽病。该品种在山东省乳山市环翠区 3 月中下旬萌芽，4 月下旬开花，比元帅系早 1～2 天，始上色期为 6 月下旬到 7 月上旬，8 月上旬成熟，成熟期较津轻早 10～15 天。

4. 红艳

美国品种，1996 年引入辽宁，是目前苹果品种中结果早，成熟期最早，且个大、色泽鲜艳、风味佳，丰产性好、抗寒性强的优良特早熟品种。正常年份，果实于 6 月下旬开始着色，成熟期为 7 月上旬，果实生长发育期仅为 60 天左右，这在目前国内早熟着色品种中为最早。成熟期明显早于麦艳 B 系苹果 20 天，早于藤牧 1 号苹果近 1 个月。早果性强，完全可以达到当年栽植，第二年见果，二年生结果株率达 95% 以上，栽后第三年产量可观。果实全面鲜红色，外观鲜艳漂亮美观，故称"红艳"（彩图 1-6），套袋果实着色后颜色更加鲜艳。果实颜色明显好于麦艳 B 系，果面光滑无锈，无梗锈。果肉白色，肉质细脆，多汁，酸甜适口。果粉厚，香气浓郁，品质上。果个大，平均单果重 175g，最大单果重 265g。果实最大横径 93mm，最小横径 75mm。果实圆形，端正，高桩，果型指数 0.8～1.0。采后室温下可放 10～15 天。幼树生长旺盛，树势中庸，树姿开张，节间略短，萌芽力、成枝力均强。旺梢中上部易形成腋花芽，结果能力强。幼树以中、长果枝结果为主。一般定植后第二年即可结果，平均株产可达 0.7kg，最高株产达 1.4kg，折合亩产达 65kg；第三年平均株产可达 3.5kg，最高株产达 8.8kg，折合亩产达 290kg。在辽南地区 4 月 20 日左右花芽开始膨大，4 月末 5 月初开花，6 月下旬果实着色，7 月 5 日果实完全成熟，果实发育期 60～65 天。落叶较其他品种早 10～15 天。抗早期落叶病和轮纹病，抗旱。2009 年冬季，由于冷空气活动比较频繁、温度波动较大，辽南地区部分桃树冻死，许多苹果幼树枝干抽条、顶花芽受冻，而该苹果没有发生冻害，说明其抗寒性极强。适于在所有大苹果适宜区栽培。

二、中熟、中晚熟品种

1. 嘎拉和新嘎拉

嘎拉是新西兰品种，1939年选育。被欧洲、日本、澳大利亚等许多地区引种。我国20世纪70年代末从日本引进。嘎拉的果实为短圆锥形，果个中等，单果重140~150g，果实底色绿黄或淡黄，阳面有淡红晕，一般只部分着色。果肉淡黄色，在辽南一般9月中下旬成熟，较耐贮藏。新嘎拉是新西兰1971年从嘎拉中发现的着色系枝变品种，1980年引入我国。新嘎拉果实性状与嘎拉类似，只是着色比嘎拉更为全面，鲜红，有断续条纹，可达全红，颇为美观（彩图1-7）。果肉为黄色或淡黄色，成熟期为9月中下旬。坐果率高，丰产性好。嘎拉在陕西早已大面积发展，辽宁大连市有小规模栽培。

2. 红将军

红将军（红王将）是早生富士的浓红型芽变品种，1992年由日本引入我国。果实比富士略大，平均单果重350g，最大达445g，果形高桩略呈长圆形，果个整齐，果实全面着鲜红色条纹，后期转为片红，内膛果也全红。品质优于富士。一般窖藏可至次年4月。在辽宁熊岳地区，4月中旬萌芽，5月初开花，盛花期比红富士早1~2天。果实膨大较早。果个始终比红富士略大。9月下旬成熟，果实生长发育期140天左右，比红富士早28天。对裂果病、炭疽病、早期落叶病、霉心病有较强的抵抗力。抗寒性比富士强。

3. 岳帅

1972年由辽宁省果树科学研究所以金冠×红星杂交育成。1995年审定，在辽宁熊岳地区有栽培。幼树生长旺盛，进入结果期早，有较强的腋花芽结果能力，丰产性好，5年生可达20kg/株，8年生可达50kg/株。果台连续结果能力强，果实圆形，单果重224g，最大420g。果面底色黄绿，大部分果面着橘红色霞纹，果肉黄白色，肉质细脆，酸甜适口，在熊岳地区萌芽期为4月中旬，成熟期在10月上中旬。

4. 岳艳

2003年辽宁省果树科学研究所与盖州暖泉镇董店村果农孙胜久共同从寒富×珊夏杂交后代中选育出的中熟苹果新品种。果实长圆锥形，平均单果重240g。果实粉红色，果肉黄白色。肉质细脆、汁液多。可溶性固形物含量13.4%，风味酸甜，品质上。连续结果能力较强，栽后2年见果，3年生平均株产5.4kg，高接大树3年丰产，株产75kg。适宜授粉品种为富士、嘎拉、金冠、岳阳红、岳华及寒富等。在辽宁熊岳地区9月上旬果实成熟。抗寒性较强，较抗枝干轮纹病，适宜大石桥以南地区发展。

5. 岳阳红

1992 年由辽宁省果树科学研究所以富士×东光杂种选育而成的中晚熟苹果品种，2008 年 9 月通过省专家组鉴定。树姿较开张，连续结果能力强，自花结实率较低，适宜授粉品种为寒富、藤牧 1 号、红王将等。定植后 3 年见果，6 年生平均亩产 2000kg 左右。在熊岳地区 4 月上旬萌芽，4 月末至 5 月初盛花，9 月下旬果实成熟，果实发育期 145 天左右，10 月末至 11 月初树体完全落叶，营养生长期 210 天左右。果实近圆形，单果重 205g，最大果重 245g。果实鲜红色，果面光洁，果点小，果粉中厚（彩图 1-8）。果肉淡黄色，肉质松脆、中粗，汁液多，风味甜酸、爽口、微香，品质上。抗寒性较强，较抗枝干轮纹病，是一个品质优良的中晚熟品种，适宜在辽宁海城以南地区栽培。

三、晚熟品种

1. 着色富士系

该品种是从原产日本的富士苹果中选育出的一批着色芽变品种，称为红富士。它包括普通型的着色芽变品种秋富 1 号、长富 2 号、岩富 10 号、2001 富士、烟富 1～5 号；短枝型着色芽变品种宫崎短、福岛短、长富 3 号、秋富 39 号、烟富 6；早熟着色富士红王将等，是我国栽培面积最大的苹果品种。着色富士系苹果为晚熟品种，果实生长发育期 170～175 天左右。该类品种果实圆形或近圆形，单果重 230g。果面有鲜红条纹或全面鲜红或深红（彩图 1-9）。果肉黄白色，细脆多汁，酸甜适口，稍有芳香，可溶性固形物含量为 14%～18.5%，品质极上，极耐贮藏。着色富士系萌芽率高，成枝力强，结果较早，丰产，适应性较强。适宜北方各个苹果产区发展。缺点是耐寒性稍差，对轮纹病、水心病、果实霉心病抗性较差，管理不当易出现大小年结果现象。

2. 秋富红

辽宁省果树科学研究所从秋富 1 号着色系富士中选育出来的优良芽变品种，于 2010 年 10 月通过辽宁省非主要农作物品种审定委员会审定。果实近圆形，果形指数 0.86，平均单果质量 280g，大果质量 447.5g，果面底色黄绿，全面浓红色，着色指数高达 0.98；果皮光滑，蜡质和果粉较多，果点中大较稀；果肉黄白色，肉质致密，脆而多汁，甜酸适口，有芳香，可溶性固形物 15.2%，可滴定酸 0.47%，维生素 C 25.6mg/kg，硬度 10.8kg/cm²，品质上等。果实 10 月中下旬成熟，耐贮藏，恒温冷库贮藏可到翌年 5 月。该品种幼树树姿直立，结果后较开张；树冠矮小、紧凑，比一般乔化秋富 1 号树小 1/4～1/3，以短果枝结果为主，有腋花芽结果习性。栽植后 2～3 年开始结果，定植后 2、3、4 年开花株率分别为 10%、86%、100%，单株产量分别为 0.7kg、4.1kg、9.2kg。该品种在熊岳地区正常年份 4 月上旬萌芽，4 月下旬初花，5 月初盛花，果实 10 月中下旬成熟，11 月中旬落叶，果实发育期 170 天左右，营养生长期 230 天。秋富红的适应性及抗逆性较强。抗寒性略强于红富士，较抗枝干轮纹病。果实的耐贮性优于秋富 1 号苹果。果实恒温冷库贮藏可到翌年 5 月。

3. 寒富

由沈阳农业大学用东光×富士杂交选育而成。该品种以短果枝结果为主，还兼有腋花芽结果的特性，花序坐果率达 82.5%，花朵坐果率达 46.2%。其最突出特点是具有很强的抗寒性，在全年平均气温 7.6℃、1 月份平均气温−12.5℃、绝对低温−32.7℃的地区能够安全越冬并正常结果。结果期早，丰产性好，果形较大，果个整齐，果色鲜艳，果肉酥脆，香味较浓，甜酸适口。果实生长发育期 130 天左右，嫁接苗在定植后第 3 年就开始结果。6 年生树平均株产 12.5kg，平均亩产 1000kg。抗寒性、抗旱性、抗病性和果实的早熟性、耐贮性都显著优于富士，果实品质接近富士。适于我国东北寒冷地区及其相同气候类型地区种植。

4. 辽农红

辽宁农业职业技术学院最近从"寒富"苹果中选育的浓红型芽变品种，暂定名为"辽农红"。该品种的抗寒性、成熟期与寒富接近，果实上色早于寒富，果面全部着色，色泽鲜艳（彩图 1-10），明显好于寒富，果实平均单果重 542g，可溶性固形物 15%，高于对照的寒富（14.8%）。风味接近富士，甜酸适口，有果香气。可替代寒富苹果，在寒富苹果的主栽区发展，前景广阔。

5. 维纳斯黄金

元帅系后代，果肉黄色，平均单果重 247g，最大单果重 480g，果实长圆形，平均果形指数为 0.94，平均可溶性固形物含量 15.06%，无酸味，甜味浓，口感爽脆，果汁多，有特殊芳香气味，品质极佳。物候期与富士品种接近，花期 4 月中下旬到 5 月初，果实成熟期 10 月下旬到 11 月上中旬。该品种果皮金黄，外观极美，口感香甜松脆、风味浓郁，耐贮性强，树体抗寒抗旱性强，有望成为可以与富士相媲美的苹果新品种（彩图 1-11）。

6. 乙女

原产日本，长野县松本市波多腰邦男氏在其经营的富士与红玉混栽园中，以红玉的自然授粉种子播种后，1964 年从实生后代中选出。1979 年河北省、辽宁省由日本引入。乙女苹果生长势较弱，树冠小，1 年生枝平均长 48cm，节间长度 2.5～3.0cm。萌芽力强，成枝力较强，剪口下一般发 2～3 条中枝、长枝，其余多为短枝。开始结果早，苗木定植后 2 年即开始结果，高接后第 2 年即可见果；以短果枝结果为主，短果枝约占 95%，有腋花芽；花序坐果率高达 95.7%，平均每果台坐果 3 个，多者坐 4～5 个果；采前落果很少，连续结果能力强，丰产性好。树姿直立，树冠阔圆锥形。属小果型，且高桩，风味好，颜色美，适合高档次消费群体的需求，其市场前景可观，是制作果树盆景及观光采摘园的理想品种（彩图 1-12）。

7. 锦绣海棠

该品种是内蒙古自治区通辽市开鲁县老果园技术管理人员在 20 世纪 70 年代从小苹果嫁接后代萌蘗中选育命名的，俗名"鸡心果""塞外红"。2000 年通辽市林业科学研究所经济林室开始进行调研观察，最近几年组织扩繁和示范推广该品种。本品种树势强壮，叶片厚实，幼树枝条直立，容易徒长，分枝角度小，寿命长，抗旱耐寒。乔砧树 3 年见果，若采用拉枝缓放等修剪措施，当年均能形成结果短枝，第二年就可结果。修剪不适当结果年限晚，由于结果稍晚，适合矮化和高接密植的栽培模式。果实全面鲜红色，色泽艳丽诱人。平均单果重 80g，最大果重 110g。果实形状阔圆锥形，果实外观秀丽，果面底色黄，覆鲜红色浓霞（彩图 1-13）。果肉黄白色，质脆多汁，酸甜适口，富有香气，品质极佳。果实 8 月下旬开始着色，9 月上旬成熟，果实成熟后不落果，果实采摘期长，可延迟采收到元旦以后。果实采摘后适口，没有后熟期。果实较耐贮，能贮 3～4 个月，锦绣海棠集观赏、鲜食于一身，是建立生态园、采摘园、旅游观光、小区景观的首选树种。

第三节　土肥水管理技术

一、果园土壤现状

通过对辽南主要果产区的几百个土壤样品进行检测，发现不同地区土壤的结构虽然不同，但普遍存在着土壤有效微生物含量少，有机质含量低，土壤板结，盐渍化，供肥能力低和化学肥料利用率低，肥期短，果园表层土壤缺乏有效管理方法，土传病害严重，致使果实口感及品质差等问题。

二、果园土壤管理改进办法

果园土壤质量与果实品质密切相关，土壤管理是栽培技术体系的基础。土壤质量的指标包括有机质含量、透气性、供肥保肥能力、涵养水源能力、理化性质、酶活力、微生物群落等。现代果园的管理就是要通过改进传统的土壤管理，来提高果园土壤质量，从而提高果品质量。

1. 改清耕为覆盖

以前提倡清耕法，清耕制有利于提高地温，减少土壤水分蒸发，可促进有机物质的矿化。缺点是不利于土壤有机物质的积累，频繁耕作，会破坏土壤团粒结构，降低胶性，易发生水土流失和风蚀。清耕还切断了对苹果上色起作用的浅层根系，直接影响了外观质量；清耕增加了劳动时间和强度。所以，土壤管理提倡改清耕为覆盖。

（1）盖黑地膜 可保水，保证干旱时有一定量的水分供应；省工、减轻劳动程度。

（2）覆草 是在无灌水条件下解决苹果园保水问题的又一项有效措施。主要是利用稻草、麦秸、玉米秸或高大杂草覆盖树盘或行间（彩图1-14）。厚度15～20cm，连续覆盖3年后，将全部覆盖物以有机肥方式翻入土壤以增加有机物质含量。第四年再重新覆盖，这种方法比覆膜更好，除了可以保持雨季降水不流失、少蒸发，控制杂草丛生，省工外，还有增加有机质、控制土温、提质增产、节约成本等作用。

（3）覆沙 对于干旱和半干旱果园，覆沙不但具有防止土壤水分大量蒸发的作用，而且还可提高地温，促进根系发育，增加根系活动时间，减少杂草生长，减轻病害发生。由于沙子的比热容远远小于土壤，所以沙子温度升得快，降得快。同时沙子和空气的接触面积大，空隙大，便于散热，果园中铺沙子会增加昼夜温差。据研究，果园覆沙能够显著提高果树产量和果实品质，使果园收益增加20%以上，但要结合当地的自然条件，看是否可就地取材，应选择地势平坦、蓄水性好、土层深厚的地块，修好排洪渠道，防止暴雨将泥土冲淤于沙中。将含土量少、大小均匀的河沙均匀地铺压于全园，铺沙厚度为3～5cm。铺沙前，先将土地深翻、熟化后，施足底肥，然后将地表整平、镇压，创造一个表实下虚的土壤结构，同时，要防止土与沙混合，保证压沙效果（彩图1-15）。

2. 间作绿肥

绿肥易于栽培，成本低，是一种优质肥源。间作绿肥是培肥和充分利用果园土壤的有效措施。之所以多年来生草技术没有推广开，就是因为多数人认为间作绿肥会与果树争肥。如果把草取走，那当然是与果树争肥了；如果把草通过覆盖等方法回田，那就是肥田。果园种植绿肥，可使土壤熟化程度提高，土壤有机质含量增多，土壤养分有效成分增加，容重降低，有效孔隙度增加，克服土壤坚实板结等不良性状，既有利于果园的水土保持，又能改善园地土质。果园种草还能改善果园小气候，促进果树的生长发育，提高果品的品质。苕子、草木樨、苜蓿、绿豆等绿肥作物都适合果园间作，1年割草6～7次覆盖在树下。

3. 合理深翻土壤

合理深翻土壤，可以从多方面改善土壤环境条件，对果树根系和地上部生长都有明显促进作用。深翻土壤一定要结合增施有机肥进行，才能对土壤起到熟化作用。深翻土壤全年都可以进行，但以早秋8月份效果良好。此时深翻，根系伤口利于愈合，还可以促发新根，翻后经过漫长的冬春，利于土壤风化和蓄水保墒。

深翻后充分灌水，使土壤与根系密接。深翻的深度主要在根系分布的范围内，通常要求40～60cm，深翻的方式可以隔株深翻或隔行深翻，下一年再翻另一个株间或行间。根据树的生长逐年向外扩翻，也叫"放树窝子"。深翻改土的一个重要作用就是混合土壤，混合肥料，使土肥相融。

三、果树施肥存在问题及改进办法

1. 施肥深度不科学

（1）连年浅施有机肥 生产中有很多果农习惯把有机肥撒于树盘中，用铁锹或小型农机进行浅翻。这种施肥方法，使 20cm 以内的吸收根获得大量有机营养，对提高果品产量和质量有特殊重要的意义。但连年浅施有机肥，易导致根系上浮，这些上浮的根系极易遭受冻害、旱害，使树体变得极度衰弱而难以恢复，甚至有的变成小老树。个别果农甚至采取把有机肥撒于树盘表面的施肥方式，那样效果会更差，非但起不到施肥的作用，而且易导致肥力大量流失。改进办法：浅施和深施相结合，浅施后也可结合进行树盘秸秆覆盖。

（2）有机肥施入过深 有的果农受原来稀植大冠果树施肥技术的影响，把有机肥施到 50cm 以下，造成大量有机质的浪费。改进办法：因大部分根系集中在距地面 20～50cm 之间，故施有机肥的深度也应在此范围内，才可发挥最大肥效。施入秸秆类肥料时，最好预先进行堆沤发酵，然后与表土混合后施入，来不及堆沤可分层施入，每层撒入适量的磷肥和氮肥。

（3）化肥撒施 受农作物撒施化肥的影响，许多果农习惯把氮肥撒于表面，甚至磷肥、复合肥也采用撒施法。撒施虽然简便易行，但弊大于利：一是撒施氮肥会造成氮的大量挥发；二是撒施后大量肥料在表层积聚，易被草类吸收，造成浪费；三是幼果期撒施碳铵类肥料，易使幼果被挥发出的氨气损害，形成果锈；四是磷肥及复合肥中的磷素不易移动，撒于表面难以发挥肥效。改进办法：采用多点坑施法。原则是施到土之下、根之上，根不见肥，肥去找根。

2. 施肥方法单一

根系是一种立体结构，局限于一种施肥方法，将使某些部位的根系得不到充足的营养。几种方法交替轮换或配合进行，才能最大限度地满足根系的营养需求，从而大幅度提高产量和果品质量。改进办法：幼树定植时要挖大坑，施足量的有机肥，随后每年秋天进行扩穴施有机肥，直至全园普施一遍，然后再采用翻施—穴施—放射沟施—环状沟施等几种方法轮换进行。

3. 施肥太过集中

施肥太集中，在生产中很普遍，不少幼树因此发生肥害，造成根死、树干纵枯现象。成年树发生肥害后，常导致根系局部烧坏褐变，易引发根腐病等根部病害。改进办法：可溶性肥料，如氮肥、钾肥、微量元素肥料等，施用时可采用穴施法，每穴 50～100g，穴深 10～15cm 左右。施含磷等不易溶解的肥料时，最好与有机肥混合后施入，也不能施得过于集中，穴施时最好与土壤混合一下，每穴 100g 左右，深度 15~20cm，穴与穴之间距离 30cm 左右。

4. 土壤瘠薄需增施有机肥

有机肥养分全面，富含有机质、氮、磷、钾和微量元素，对于土壤供肥、保肥、耕性、土壤容重、土壤生物等是至关重要的。据研究，丰产果园土壤的诸多优良特性，均与其土壤有机质含量高密切相关。增施有机肥是培肥土壤，克服土壤缺肥、盐渍、理化性状差等的有效途径之一。施用化肥，果品质量难提高，且化肥价格提高，生产成本增加。因此，在施肥上应该以价格低、效果好的有机肥为主，逐年减少化肥的使用量，这是符合绿色食品生产要求的。

(1) 施肥方法　改单一施肥方法为多法并用。生产上施肥往往要么年年全园深翻，要么年年挖沟（穴），这样不利于地下根系全面吸收肥料，应一年挖沟施，第二年全园深翻，交替使用。追肥一般放射状条沟和环状条沟交替操作。尽量不要把肥料撒在地面上，以减少养分流失、挥发和根系上浮。可以挖环状沟、对侧沟、放射沟、穴施、冲施、滴灌施肥等。

(2) 施肥时期　果树在年周期中有以下几个重要的施肥时期，如萌芽前后、开花前后、果实膨大期、花芽分化期、着色前、采收后等。不同果树品种、树势、树龄、根系生长动态、土壤状况及肥料的性质，施肥标准也应不同。基肥以早秋为宜（彩图 1-16），即晚熟品种为着色前，早熟品种为采收后。追肥以果实膨大期和着色前为主，可与基肥同时施入，幼果膨大期施入总量的 1/3，着色前施入总量的 2/3。如果园第一年未秋施肥，第二年前期应加大施肥用量；春季施有机肥越早施越好，提倡顶浆施肥。

(3) 有机肥腐熟问题　一定要将有机肥腐熟以后再施用，一般堆积 3 个月就可以完成发酵过程。未腐熟的有机肥施入地下后，在分解腐熟过程中，能释放出大量的热量和有毒物质，很容易对果树造成伤害。另外，未腐熟的有机肥里含有大量的病菌和虫卵，施入地下后易加重果树根部病虫害的发生。

(4) 施肥量　氮、磷、钾供应比例，基本为 1：（0.5~0.7）：1，在有机肥与化肥的配合上，以氮为标准，一般至少有一半的氮量以有机肥供给，其余的氮以化肥供给，并按有机肥的磷钾含量，计算出应以化肥补充的磷钾量。肥料量的计算，为营养量除以肥料的营养含量。果树的施肥量应从实际出发，以产定肥而不是以肥定产，还应加强其他栽培管理措施，使施肥与水分管理、病虫害防治、整形修剪等技术措施配套应用，以发挥最大的肥料效果。亩产量 1500~3000kg 的果园，亩施肥量为 2000~5000kg（有机肥及复合肥）。化肥年追施 1~3 次，每次株施 1~2kg，年均株施用量为 3.5~5.0kg。施肥量以产量而定，一般每生产 100kg 苹果施有机肥 200~300kg，同时配合施少量化肥，有机肥种类首选鸡粪。另外，有机肥肥源不足可追施有机果树专用肥，结合果园压草，一般株施 5~10kg，随即灌水，或选择小麦、玉米等秸秆，每亩压草 1000kg 左右，每年保持覆草 10cm 以上，在草上撒少量土，加速草的腐烂，同时还要预防火灾的发生。

5. 土壤养分失衡，需平衡施肥

针对不良土壤存在的缺肥、供肥能力差、养分不平衡、盐渍等特点，结合果树的吸肥规律，均衡施用氮、磷、钾和微量元素肥料，可有效培肥土壤，节约肥料，减轻危害，并能提高果品质量。通常情况下，每年追施两次，以果树专用肥或氮磷钾复合肥为主，尽量不施单一氮肥。可于萌芽、果实膨大期各株施 2～3kg。树势弱的，于发芽前株施尿素 1～1.5kg，喷 1～2 次 2％～3％尿素加硼砂，果实着色期喷 2～3 次 0.2％～0.3％磷酸二氢钾。并注意补充微量元素。

6. 重视硅肥的施用

硅肥是一种以含硅酸钙为主的矿物肥料。硅肥中还含有钙和镁，所以也称硅钙肥。硅肥中除了含有较多的钙、镁元素外，还含有一定量的锌、硼、铁等中微量元素，对果树等作物有复合营养作用。所以硅肥又叫多元复合硅肥。

合理施用硅肥可促进叶片的光合能力，增强树势，提高产量。硅肥能活化土壤中的磷，使固定在土壤中的磷成为可以吸收的状态，提高磷肥的利用率，从而提高果树的抗病虫害能力；能促进果实表面形成一种较强硬的硅化细胞，使茎叶表层细胞壁加厚，角质层增加，形成一个坚固的保护层，硅化细胞可调节叶片气孔的开闭，抑制果树叶片的水分蒸发，增强果树的抗旱节水、抗寒、抗逆能力等；能改良土壤，提高果树的抗逆性；能矫正土壤的酸度，活化有益微生物，促进有机肥分解；能改善品质，使其提早成熟，果型端正，着色好，口感好；能提高耐贮运性，硅元素在苹果、梨、桃、葡萄等水果表皮形成硅化细胞，可使果实硬度加强，具有较好的耐贮性和耐运输性。

四、果园水分管理改进办法

每年确保萌芽、开花、果实膨大、封冻 4 次水，并注意排水。遇大旱应及时灌水，谢花后 4～5 周和果实着色期尤为重要。采前 20 天内控制灌水。年生长周期中，遵循"花前灌足、春梢旺长灌好、果实膨大灌少、封冻水适量"的原则，水分过多对果树生长会产生不利的影响，秋季雨多或易积水的果园，要修好排水设施及时排涝。传统果园灌溉方法是大水漫灌，试验研究可采用以下灌溉方法。

1. 小沟交替灌水法

春季在树行两侧挖 20～40cm 深的两排小坑，施入腐熟的有机肥，有机肥与土壤的比例为 1/3～2/3 混合施入，同时可结合施入复合肥和生物菌肥，回填后树盘用地膜覆盖。然后在施肥坑的外侧分别开两个小水沟，向这两水沟灌水，生长季也可向两侧小沟交替进行灌水（彩图 1-17）。果园小沟交替灌水可显著节约用水。试验表明，在苹果上应用，每次用水量仅为畦灌的 29.33％、漫灌的 17.16％，节水率分别为 71.2％和 84.5％。

2. 山地果园采用穴贮肥水法

对于不便灌水的山地果园或水源缺乏的果园，较好的办法就是采取穴埋草把，"穴贮肥水"，此法节水灌溉，经济实用。方法：化冻以后在树冠投影下挖深 40cm，直径 25cm 的坑，把长 30cm，粗 20cm，事先绑好并浸泡在肥水中充分浸透的小捆秸秆或草把放在挖好的坑中。上边在距地面 10cm 处盖一块塑料薄膜，膜上扎几个眼以便降雨时能接纳雨水，上面盖上一层薄土即成（图 1-1）。新栽幼树每树盘挖 4 个坑，结果树挖 6～8 个坑，均匀分布在树冠投影下（彩图 1-18）。这样坑中的草把即成为小水库、小肥库，对于保证苹果树生长发育和提高果实品质，均有明显效果。

束草穴灌
顺草把灌入
稀释的水肥

放入草把

填上土，使之
四边高、中间低

盖上地膜
四周用泥压好

图 1-1 果园穴贮肥水法

五、苹果园简易肥水一体化施肥技术

1. 肥水一体化概念

简单来讲就是通过灌溉系统施肥，作物在吸收水分的同时吸收养分。与灌溉同时进行的施肥是在压力作用下将肥料溶液注入灌溉输水管道而实现的。溶有肥料的水通过灌水器（追肥枪）将肥液喷洒到作物上或注入根区，它是现代作物生产的一项重要技术，具有显著的节水、节肥、省工的效果。苹果园简易肥水一体化技术，对旱地果园、保肥保水能力差的浅土层沙质土壤果园、设施果树栽培、土壤覆盖的果园更加实用。

传统意义上的灌溉施肥，虽然具有非常大的优势，但是由于其一次性投资较大，对果园规模及水利设施要求严格，配套设备研发和生产滞后，容易堵塞、老化，以及维护成本高等原因，在我国苹果产区发展缓慢。为此，近年来国家苹果产业技术体系提出了简易肥水一体化技术。简易肥水一体化相比于传统灌溉施肥具有以下特点：其一，投资少，在原有打药设备的基础上，只需花几十元购买一把追肥枪即可。采用"一车一罐一管"的方式，适合我国一家一户的小规模生产。其二，适应性广，每次追肥仅用少量的水，从而使许多干旱区域实现肥水一体化成为可能。其三，设备维护简单，追肥完毕后，可以将相关设备收入库房，避免设备长时间暴露在空气中老化；发生堵塞现象可以及时发现处理等。其四，对肥料的要求较低，可以选用溶解性较好的普通复合肥，而不需要用昂贵的专用水溶肥。

2. 肥水一体化理论基础

为什么说肥水一体化具有节肥、高效的优点呢？这还得从果树根系养分吸收原理说起。果树对养分的吸收主要有扩散和质流两种方式。扩散是指在肥料施入土壤以后，首先吸收周围土壤的水分潮解，肥料缓慢溶解形成土壤溶液。由于植物根系对养分离子的吸收，导致根表离子浓度下降，从而形成土体根表之间的浓度差，在浓度差的作用下，肥料离子从浓度高的土体向浓度低的根表迁移，肥料不断扩散，根系不断吸收。质流是指由于果树叶片的蒸腾作用，形成蒸腾拉力，使得土壤中的水分大量流向根际，形成质流，土壤溶液中的养分随着土壤水分迁移到根的表面被根吸收。

没有水的参与再好的肥料都是无效的。质流和扩散都需要水做媒介，没有水这两个过程均不能完成，根系就吸收不到养分。通俗地讲，就是肥料必须要溶解于水，根系才能吸收。生产当中，无论我们施用哪一种肥料，要被果树吸收利用，就必须首先溶解于水。一些肥料能快速溶解于水，肥效迅速，属于速效肥料；一些肥料不易溶于水，在土壤中缓慢溶解，被果树缓慢吸收，肥效很长，属于长效肥料；还有一些肥料，施入土壤后，需要漫长的分解转化过程，如有机肥等，最终形成小分子有机物被果树吸收利用，属于缓释肥。肥料施入土壤后形成肥料溶液的时间长短，很大程度上决定了肥效起作用的时间长短，肥料在土壤中存放的时间越长，肥料损失就越大，肥料的吸收利用率就越低。反之，采取肥水一体化施肥，直接将肥料溶解于水，就大大缩短了肥料吸收进程，减少了肥料挥发、淋溶、径流以及被土壤固定的机会，提高了肥料利用率。

3. 简易肥水一体化施肥的优点

（1）速效性 肥和水结合，非常有利于肥料的快速吸收，避免了传统施肥等天下雨的窘境。经过试验，肥料施入后 3 天就可以看到叶片变深绿色，果实生长迅速。

（2）高效性 传统施肥由于肥料在土壤中待的时间比较长，肥料经过挥发、淋溶、径流以及被土壤固定，肥料利用率很低，据调查，传统施肥氮肥利用率只有26.9%，磷肥利用率只有 5.9%，钾肥利用率只有 43.6%，而采用简易肥水一体化追肥，肥料利用率可以得到大幅度提高。

（3）精准性 可以根据果树对养分需求规律，将果树迫切需要的氨基酸、小分子腐植酸等有机营养等通过配方化的方式供应给果树，少量多次，使施肥在时间、肥料种类以及数量上与果树需肥达到完美的吻合，符合果树生长规律和节奏。

（4）可控性 传统施肥，肥料施入土壤后，等天下雨，失去可控性，往往造成氮肥肥效滞后，与果树生长节奏不符，使得果树生长紊乱。采取简易肥水一体化追肥，可以准确地控制肥效。

（5）省力化 据初步调查，简易肥水一体化追肥，其用工量是传统追肥的

1/10～1/5，大量节省了用工量，用一个枪2小时就可施一亩地的肥，如果用两个枪同时施用时更少。许多地方工价很高，节省一个工日，就相当于节省一袋化肥。

(6) 无损化 简易肥水一体化技术，不损伤果树根系，不损伤果园土壤结构。同时，对土壤进行覆盖的旱地果园，应用简易肥水一体化技术更实用，因为无需将土壤覆盖物揭开，直接用枪追施，非常方便，而且补充的水分不易蒸发，效果很好。

(7) 高效补水 施肥的同时，也非常高效地为果树补充了水分，这点对旱地果园非常重要。对于能灌溉的果园，可以减少灌溉次数，避免大水灌溉造成土壤板结和肥料流失。

4. 简易肥水一体化施肥的方法

(1) 配肥 采用二次稀释法进行。首先用小桶将复合肥和水溶性有机肥化开后加入贮肥罐，再加入氨基酸冲施肥进行充分搅拌。对于少量水不溶物，可直接埋入果园。

(2) 设备的组装及准备 设备就是利用果园喷药的机械装置，包括配药罐（最好可存1000kg水）、药泵、三轮车、高压管子等，稍加改造，将原喷枪换成追肥枪即可。将高压软管一边与加压泵连接，一边与追肥枪连接，将带有过滤网的进水管、回水管以及带有搅拌头的另外一根出水管放入贮肥罐。检查管道接口密封情况，将高压软管顺着果树行间摆放好，防止软管打结而压破管子，开动加压泵并调节好压力，开始追肥。

(3) 施肥区域 在果树树冠垂直投影外延附近的区域，施肥深度25～35cm。根据果树大小，每棵树打4～6个追肥孔，每个孔施肥10～15秒，注入肥液1～1.5kg，两个注肥孔之间的距离不小于50cm，根据栽植密度，每棵树追施肥水5～30kg。

5. 简易肥水一体化施肥的时期

简易肥水一体化是解决春季干旱和春季果树对养分迫切需要矛盾的最佳方案，根据苹果各个生长时期的需肥特点，全年分为以下几个施肥关键时期。

(1) 花前肥 约在4月中下旬进行，以萌芽后到开花前施肥最好。在春季，土壤解冻以后，果树根系开始活动进入第一次生长高峰，需要大量吸收土壤当中的矿质营养，与根系贮藏的有机营养一起运输到枝条、花芽、叶芽中，如果此时养分不足，将会出现花芽不饱满、开花不整齐、抗寒能力差、坐果率低、落花落果严重、叶片小而薄、叶片发黄、春梢生长缓慢、幼果发育迟缓及幼果期果实发育不良等情况。无论后期如何追肥，果实终究难以长大。这次肥主要满足萌芽开花、坐果及新梢生长对养分的需要，以促进开花坐果、新梢速长和功能叶片快速形成。

(2) 坐果肥 约在5月下旬至6月上旬果树春梢停长后进行。此期是苹果花芽分化临界期，也是幼果迅速发育期，同时也是果树根系第二次生长高峰期和果树氮素营养的最大效率期。由于春季苹果树一系列的生命活动消耗了大量的养分，到 5 月下旬至 6 月中下旬这一时期，树体贮存的养分基本消耗完，果树处于第一次营养转换期，对于一些上年营养贮藏较差的果园，就会出现养分青黄不接的现象，这时期营养不良将导致果实生理落果，花芽生理分化不充分，长期得不到补充还将影响果实的膨大，降低产量和质量。这次追肥能增强叶片功能，促进花芽分化，提高坐果率，有利增大果个，提高果实品质。

（3）果实速长肥 一般在 7 月下旬至 8 月下旬。这个时期追肥能促发新根，提高叶片功能，增加单果重，提高等级果率和产量，充实花芽及树体营养积累，提高树体抗性，为来年打好基础。施磷钾肥可提高果实硬度及含糖量，促进果实着色。此次追肥主要是针对挂果量比较大、果实生长缓慢的果树进行的，一般果园可不进行这次追肥。对于挂果量大的树，可根据果树生长情况，在这一时期进行 1～2 次的追肥。

（4）基肥 对于没有农家肥的果园，基肥也可以采用简易肥水一体化施肥方法，具体时间在果树秋梢停长以后进行第一次施肥，间隔 20～30 天再施一次。

6. 肥水一体化肥料的选择

由于简易肥水一体化施肥主要是少量多次、充分按照果树需肥规律进行的，肥料施入后要立即被果树吸收利用，同时结合这种施肥的自身特点，肥料选择上应遵循以下几个原则：

（1）肥料必须易溶于水、杂质少 灌施肥一般都采用专门的水溶肥，这种肥料溶解性好、很少有杂质，但是，其成本较高，几乎是普通肥料的 2～3 倍，难以在果树上大面积推广应用。通过试验，认为选用质量较好、水溶性较好、杂质较少的普通复合肥即可，这种肥料一般是采用高塔造粒技术生产，例如迪米佳复合肥、撒可富复合肥等。

（2）一般选用速效肥 据这种施肥的特点，一般选用速效肥料，如水溶性较好的复合肥，水溶性较好的小分子腐植酸、氨基酸有机肥，微量元素肥等。有关研究表明，苹果树形成产量以后，结果量与土壤营养的消耗呈正相关，而且对氮、磷、钾的消耗是成一定比例的。成龄果园每生产 100kg 果需要吸收纯氮 550g，纯磷 280g，纯钾 550g。在计算施肥量时，要考虑树体生长的消耗、土壤含肥量及养分的流失与固定等因素。一般果园全年平均每生产 100kg 果需追施纯氮 0.8～1.2kg，纯磷 0.6～1.0kg，纯钾 0.4～0.8kg。

第四节　整形修剪

一、常用树形

目前的苹果树常用树形有多种，如何选择适宜的树形，需要考虑诸多因素，如品种特性、砧穗组合、栽培管理水平等，同时栽培密度也是确定树形的重要依据。如以乔砧密植为主的栽培，定植密度为2m×4m（83株/亩），应选择主干形；定植密度2.5m×4m（66株/亩），应选择细长纺锤形；定植密度3m×4m（55株/亩），应选择自由纺锤形；定植密度3m×5m（45株/亩）或4m×（4~5）m（33株/亩），应选择三主枝小冠开心形；定植密度4m×6m（28株/亩）或4m×6m（22株/亩），应选择四主枝"X"开心形。对稀植的三主枝邻近半圆形，原树体骨架已经固定，要对其主枝伸展长度及结果枝组进行改造与整合，对辅养枝进行处理，限定树高，以达到整形目的。

二、苹果树整形修剪存在的主要问题

1. 幼树

（1）**主干基部枝条明显**　由于栽植的苗木在40~60cm处定干，发出的枝达到4~5个，新梢生长势强，影响了树形的构建和培养，而导致一、二层不能选留，树势生长旺，结果晚，质量差，作业不便。

（2）**树形选择不当**　没有根据品种的特征与特性及砧穗组合、栽培密度，选择适宜的标准化树形。幼树整形基本相近，树形特征不明显，从而导致株间及行间郁密，冠内通风透光不良，花芽形成质量差，果品质量下降。

（3）**主枝数量偏多**　大部分密植幼树已固定的主枝数都在20个以上，稀植的幼树已固定的主枝都在12个以上，导致枝条密度大，全园通风透光条件差，叶片光合效率下降，营养生长占主要地位，经济产量不高。

（4）**主枝角度偏小**　由于在修剪时剪口下1、2、3竞争枝控制不利及拉的角度不到位，而导致着生在主干上的主枝基角偏小，出现了主干与主枝头齐头并进的现象，树体营养达不到合理分配，难以培养良好的树形。

（5）**主枝与主干粗度比例不适宜**　由于主枝生长失控，粗度过大，与主干形成养分的竞争，加粗生长迅速，主枝与主干粗度比例失调而出现"掐脖"现象，失去了中央领导干优势。

（6）**主枝层间距小**　矮化密植树层间距在40cm左右，乔化树在60cm左右。冠内的光照条件不断恶化，相对光照仅在20%~25%之间。

（7）**结果枝组密度偏大**　大部分距离在10~30cm之间，光照条件差导致无效枝增多，花芽形成质量差，开花不整齐，坐果率低，果品质量差。结果枝组特别是背上直立结果枝组占30%以上，形成了营养竞争，影响了水平和下部枝的形成，出现了树上长树的现象。

（8）**主枝方向选择不当，新梢短截过重**　第一层主枝大部分选留在行间方向，没有形成"X"方向，而导致了行间枝条交叉，郁密，行间入射光受到明显影响。主枝新梢短截过重，外围一年生营养枝生长过旺，造成内膛叶片光合效能下降。

(9) 忽视夏季修剪　外围新梢平均长度在 50cm 以上，直立枝、徒长枝比例占总枝量的 30% 以上，夏季修剪措施应用不到位。

(10) 落头不及时　大部分树在 10 年生时落头不及时或不落头，导致上部枝多，树体高大，作业不方便，影响下部光照，叶片光合效能低，花芽形成质量差，产量低，果品质量下降。

2. 结果树

(1) 主干过低　生产上稀植或密植的结果树主干高度大多数都在 40～60cm，密植树主枝 12～20 个，稀植树一般主枝 6～12 个，辅养枝 3～5 个，而导致枝组覆盖地面，作业不方便，主枝上部的直立枝、徒长枝多。基部枝条和花芽冻害严重。

(2) 树体过高　大部分树没有及时落头，导致树体高大，一般在 6～7m，严重影响树冠内光照，使得花芽形成质量、果品质量下降。

(3) 主枝过粗　稀植树下层主枝一般 3 个，基部粗度略低于中心干，基角偏小（60°～70°）。密植树下层主枝一般 4～6 个，粗度与主干相近，基角在 45°～70°。临接安排的树占较大比例，严重削弱了中心领导干的优势及上层主枝的安排。

(4) 枝组过密　下垂结果枝少，主枝背上结果枝组占 30% 以上，平斜及下垂结果枝组仅占 40%～50%，大型结果枝组排列距离仅在 30～40cm，中型及小型结果枝组仅占 5%～15%。通风透光条件差，病虫发生严重。

(5) 枝量过大　盛果期树亩枝量达到 11 万～12 万个，长枝比例超过 30%，短果枝比例偏大，而中长果枝比例偏小，枝类搭配不当，壮枝壮芽少，寄生枝多，优质果率低。

(6) 短截过多　主枝头及背上的一年生枝多采用极重或重短截，导致枝量多，树冠外围郁闭，影响树冠内膛光照，主枝背上出现枝条徒长现象，影响光合产物的形成与积累，果品质量与产量下降。

(7) 主侧枝不分明、竞争枝处理不当　由于培养主枝时采用重短截，形成了把门侧，而导致其营养截留，加粗生长过快，使主枝与侧枝出现了齐头并进、主次不分的现象。剪口下形成的 3 个竞争枝控制不利，严重影响了主枝的生长和发育。

(8) 辅养枝处理不当、层间距不明显　进入盛果期树辅养枝还仍然保留，层间距仅达到 60～70cm，甚至层次不明显，严重影响主枝的生长和发育，降低产量和质量。

(9) 花叶芽比例失调　花叶芽比例大年时达到 1:（2～3），小年时 1:（8～10），导致大小年结果幅度超过 20%。

(10) 夏季修剪措施不到位　只重视冬剪，而忽视夏剪，导致树体营养消耗过多，营养生长旺，花芽形成少，光照不良，果实品质差。

三、苹果主干形树形简化修剪的原则

针对目前苹果矮密栽培普遍采用的主干形整形修剪，试验研究表明可遵循以下八个原则（简称"八个基本"）。

1. 基本不短截

短截是早结果的敌人，除幼树骨干枝延长头前期延伸阶段需要短截外，其余时期基本不短截，少短截不但树势稳，而且省工，易成花、结果。

2. 基本不回缩

除延长枝过长、过弱外，基本不回缩，缩剪对局部有刺激作用，易冒条子，过去用回缩开张角度，有时新头不但没开张，反而梢头又翘起来了。

3. 基本上采用疏枝法

要有足够的枝间距离。本着去低留高、去长留短、去大留小、去粗留细和去密留疏原则，达到大枝（骨干枝）间距大于 1m，大型枝组间应在 60cm 以上，中型枝组在 40cm 以上，小型枝组在 20cm 以上。

4. 基本上采用长放法

可连续放 5～7 年。长放有利于缓势促短枝，早成花，有利于培养单轴、细长、下垂、松散型枝组，结果早，树势稳，控冠好，通风透光，优质丰产。

5. 基本上用角度调节生长势

拉枝要及时、到位，按不同树形主枝角度要求进行。幼树、初果期树角度意味着产量和效益，盛果期用角度调节树势、枝势和树冠范围，效果显著。

6. 基本上不留背上旺壮直立枝

防止树上长树。幼树期不控制，几年以后很可能树上长树。背上可以用的枝可拉到两侧空缺处，背上适当保留一些中小枝组、平斜枝组，以防冒条和枝干、果实日烧。

7. 基本上不采用戴帽修剪

避免缩短枝轴。戴帽剪，使长枝变短，不利于单轴、细长、松散、下垂型枝组形成，局部发枝多，呈郁闭状，枝细弱，结果个头小，果型不正。

8. 基本上不采用齐花剪（花上剪）

对长放后形成的串花枝，过去提倡在适当的部位进行缩剪，其目的是提高坐果率和使得剪口芽上结的果大。这种方法逢枝必打工作量大，而且显著减少单枝枝量、叶数、总叶面积和结果预备枝数，对消除大小年结果极为不利，另外也不利于形成单轴、细长、松散、下垂枝组。

其实主要的修剪方法就是拉枝、疏枝、缓放 3 种剪法，操作简单，容易掌握，

其他用得不多。

四、常用树形的整形方法

1. 主干形

(1) 树体结构 干高 80cm，有中央领导干，在主干上直接着生 15～20 个侧分枝，树高 3.0～3.5m，枝的角度 100°～120°，侧分枝长度 1～1.2m，主干与主枝粗度保持 1：0.3 的比例，冠径 2.0m 左右，树顶部呈锐角（彩图 1-19）。

(2) 整形方法 一年生苗定植后，于 90cm 处定干，第二年冬春修剪时，除中央领导枝进行轻短截外，其余侧生分枝全部疏除（彩图 1-20），并修剪为马耳斜式（彩图 1-21）。对当年全株发出的侧分枝（彩图 1-22），待 9 月下旬进行拉枝成 120° 角，使树形成伞状。第三年冬春修剪时，对中央领导枝头进行轻短截，并将剪口下第 2、3 竞争枝全部疏除，对超过 1：0.3 比例的枝也全部疏除，其余的枝进行缓放，形成伞状的垂帘式结果枝组，在拉枝时枝条发出的基部徒长枝要及时疏除，春季当新梢长到 20cm 时，对拉枝的侧分枝在主枝基部 5cm 处进行环割，抑制生长促进成花。对第三年新长出的侧分枝同样在秋季进行强拉枝，开张角度，翌年春季进行环割。第四年冬春修剪时，与第三年相同，但对一些结果枝组要进行整合复壮，保证中心干的绝对优势。第五年进行落头。

2. 细长纺锤形

(1) 树体结构 干高 80cm，树高 3.5m，在主干上分布 12～15 个主枝，向四周延伸，无明显层次，主枝角度 100°～110°，主枝长度 1～1.2m，在主枝上配有中小型结果枝组，主干与主枝粗度保持 1：0.4 的比例，全树修长，树顶部成锐角，中央领导枝弯曲延伸，整个树冠成细长纺锤形（彩图 1-23）。

(2) 整形方法 一年生苗定植后，于 90cm 处定干，第二年冬春修剪时，用剪口第二芽做中央领导枝，并在 1/3 处短截，使中心干弯曲延伸，其余侧分枝全部疏除。对修剪后当年发出的枝条达到半木质化时拉枝开角。第三年冬春修剪时，第二年主干上发的枝条一律不剪，只进行缓放，对生长较旺，粗度较大，影响到中心干生长的枝条要疏除，利用竞争枝作头，其余竞争枝疏除。第四年冬春修剪时，同样选竞争枝作头，并轻短截，疏除竞争枝下面的 1～2 枝，留中庸枝。第五年冬剪时，树体达到一定高度不再进行转主换头，使其自然缓放生长，待枝条结果压弯后及时进行更新，保证顶端优势。

3. 自由纺锤形

(1) 树体结构 干高 80cm，树高 3.0m，在主干上分布 8～10 个主枝，向四周延伸，无明显层次，主枝角度 70°～80°，主枝长度 1～1.5m，主枝上配有中、小结果枝组，主干与主枝粗度保持 1：0.5 的比例，树冠丰满，通风透光良好，树体呈纺锤状（彩图 1-24）。

（2）整形方法 一年生苗定植后，于 90cm 处定干，在萌芽后剥去剪口下第二芽，减少竞争枝。第二年冬春修剪时，中央领导枝在 1/3 处短截，其余侧分枝全部疏除。对修剪后发出的枝条达到半木质化时拉枝开角，第三年冬剪时，对第二年主干上发的枝进行定向选留，位于树冠"X"方向的枝条在 1/3 处短截，行间方向的枝不剪，进行缓放。位置不好、生长旺盛、粗大的枝疏除。第四年冬剪时中央领导干不短截，只疏除竞争枝，多选留的主枝也不再进行短截，严格控制主枝的数量、长度、角度，以培养下垂结果枝组为主，平斜结果枝组为辅。当树龄达到五年时，树体高度达到一定高度，基本成形，要进行落头，或将主头拉平，控制树高。

五、乔砧苹果中密栽培盛果期树调冠改形技术

苹果树调冠改形是苹果树整形修剪过程中的一项常规技术，根据品种特点、栽培密度，不同阶段对树形进行有计划的调整，主要是解决树冠内的光照状况，提高叶片的光合效率，促进花芽形成，提高果品质量，达到省力化栽培的目的。调冠改形要坚持循序渐进的原则，在 4~5 年内完成。代表树形为三主枝小冠开心形和四主枝"X"开心形。

1. 三主枝小冠开心形

（1）树体基本结构与特点 干高 1.4m，树高 3.0m，冠高 2.7m，冠径 3.5m 左右，主枝 3 个，主枝均匀分布，平均 120°，垂直角度为 60°~80°，第 1 主枝着生在主干南部，第 2、第 3 主枝在东北部及西北部，每个主枝上着生 2~3 个大型立体下垂枝组，并呈"垂帘状"。亩枝芽量 7.0 万个左右，中心干留 30cm 平衡桩，树势强健均衡，树体开张，形成了单层水平冠层模式，具有良好的叶幕层次，叶片光合能力增强，光能得到了充分的利用。松散的下垂结果枝组群能充分利用空间，发挥结果枝组的增质潜能。这种树体结构，解决了个体与群体之间的光照矛盾，树高与行间之间的比例适宜，光照良好，管理作业更方便。

（2）调冠改形修剪技术

① 提干与降高 选择适宜的干高与冠高是改形的第一步，涉及树冠下的光照状况、垂帘式结果枝组的培养利用及立体平面化叶幕层的构建。干高由原来的 0.6~0.8m，通过 2~3 次提干提高到 1.4m 左右（彩图 1-25）；冠高由原来的 4.0~5.0m，通过 2 次调整降至 2.7m 左右为宜，落头时留 30cm 的保护桩，缓和顶端枝的生长势，改善树冠内的光照状况，构建标准化改形树体结构基础。

② 减数与减量 主枝减少数量是随着"提干"与"降高"进行的，主枝减数要遵循循序渐进的原则，在 4 年内完成。主枝减数的大小与速度，对树势及产量有明显影响。主枝减数遵循 2-3-3-1 的原则，即第 1 年减 2 个主枝、第 2 年减 3 个主枝、第 3 年减 3 个主枝、第 4 年减 1 个主枝，最后保留 3 个主枝。主枝的修剪要培养坚固适度、长度适宜的主枝轴，以提高主枝的尖削度。因此主枝确定以后，对主

枝头在 2～3 年内进行短截，促进分枝，以后要轻剪或缓放，使主枝头平稳或下垂生长。减少亩枝量，原则主要依据全园单位面积内总枝芽量的大小与全园覆盖率、光照状况等，与其他调冠改形技术同步进行，在 4 年内完成。在全园亩枝量 12 万的基础上，第 1 年亩枝量减少 2.0 万个、占 16.67%，第 2 年减少 1.8 万个、占 15.0%，第 3 年减少 1.0 万个、占 8.3%，第 4 年减少 0.2 万个、占 1.67%，改形后亩总枝芽量保留 7.0 万个左右，但要根据树龄、树势、树冠大小及地下管理水平来确定。在亩枝量调控的同时，要对各类枝及花芽进行相应调整，长中短枝的比例在原来 2∶1∶7 的基础上调整为 2∶3∶5，适当加大中枝量的比例，为培养中果枝结果打下良好的基础。花叶芽比应控制在 1∶3.5 较为适宜。

③ 缩裙与疏密　在主枝确定后，可留临时性辅养枝 1～2 年，对这一类枝，要进行"缩裙"，回缩部位在 2～3 年生枝基部的轮痕处，疏除枝上部的强旺枝条，减缓生长势。暂留的临时性辅养枝在影响光照时要及时疏除。回缩群枝，有利于花芽形成，保证树体产量。对于主枝上靠近基部的把门侧及多余的临时性侧枝要进行疏除，保证距离 80cm 左右，对于一些超大型、影响光照的斜式大型枝组进行疏除，保证其之间距离 30～50cm，中型枝组在 20～30cm，保证冠内通风透光。

④ 垂帘与夏剪　主枝上结果枝组的配置要求做到大、中、小搭配合理，高、中、低错落有序，形成通风透光条件良好的立体枝组体系。对背上的大型结果枝组在 1～2 年内疏除，培养平斜及下垂结果枝组，形成结果枝组群，大型结果枝组的间距为 80cm 左右，中型结果枝组间距为 50cm 左右，小型结果枝组间距 20～30cm，形成"垂帘状"或"松散形"。垂帘状结果（彩图 1-26），果形更正，结合地下铺反光膜，下部着色更好，品质更优。下垂结果枝组群，由于枝组位置改变了其营养运输的部位及方向，光照条件得到明显改善。在其更新复壮时，要选择壮枝或壮芽，生长势较弱的要疏除，一般枝组在 6～7 年生后进行枝组回缩。如果生长势过强，要进行疏剪，减缓生长势，对一些直立、生长势较强的枝要在春、夏季进行强拉枝，对一些斜生较旺的枝要进行环割、拿枝，及早抹除一些生长位置不好的芽。疏除生长势较旺的徒长枝、直立枝。对于一些光秃带较长的枝进行刻芽，以促发枝芽。对生长势较强的树要进行主枝环割，促进成花。

2. 四主枝"X"开心形

(1) 树体基本结构与特点　干高 1.6m 左右，树高 3.5m，冠高 2.9m，冠径 3.5m 左右，中心干上着生 4 个主枝，错落排，均匀分布，枝与主干夹角为 90°，分布方向为第 1 主枝着生在主干东南部，第 2 主枝着生在西南部，第 3、第 4 主枝着生在东北部及西北部，呈"X"形，第 1、第 2 主枝上各着生 2～3 个侧枝，第 3、第 4 主枝上各着生 1～2 个侧枝，第一侧枝距中心干 80～100cm，第二侧枝距第一侧枝 60～80cm。主枝与侧枝的粗度比以 1∶（0.5～0.6）为宜。每个主枝上面着生大量自然下垂的结果枝组群（彩图 1-27），叶幕厚度为 1.4m 左右，亩枝芽量 7.5

万个左右，中心干上留 30cm 平衡桩。其树体有效地利用了空间，解决了原树形低干、高冠、主枝多、辅养枝多、树体内光照不良、主枝上部结果枝组过大、上部及斜射光受阻等诸多问题，确定了主干、主枝、侧枝、枝组四级构建模式，具有"波浪式"的叶幕层次，松散的结果枝群布满了树冠的空间，达到了立体结果的目的。

（2）调冠改形修剪技术

① 提升主干　干高由原来的 0.6～0.8m，通过 4 年提干提高到 1.6m 左右，改变低干、基部优势明显、枝干比例失调、营养分配不均、冠下光照条件差等现状。

② 落头开心　根据树体高度，通过 2 次落头，冠高由原来的 4.0～5.0m 控制在 2.9m 左右为宜，落头时留 30cm 保护桩，改变树体过高、树冠内部光照条件恶化、花芽形成质量差等问题。

③ 主枝选留　在主干 1.6m 高度左右选留 4 个主枝，错落着生，呈"X"形排列，主枝选留遵循 2-3-2-1 的原则，即第 1 年减 2 个主枝、第 2 年减 3 个主枝、第 3 年减 2 个主枝、第 4 年减 1 个主枝，最后保留 4 个主枝。在主枝选留过程中要重点加强对保留主枝的培养，疏除主枝上直立枝，对侧枝头及主枝头进行轻短截，疏除竞争枝，保持先端的优势。

④ 枝量调控　枝量是构成产量的重要因素，枝量调控要遵循循序渐进的原则，一般情况下，第一年亩枝量减少 2.0 万个、占 16.67%，第二年减少 1.5 万个、占 15.0%，第三年减少 0.8 万个、占 6.67%，第四年减少 0.2 万个、占 1.67%，改形后亩总枝芽量保留 7.5 万个左右。长、中、短枝的比例由原来的 2：1：7 调整到 2：3：5。花叶芽比例控制在 1：3.5。

⑤ 枝组配置　按照主枝及侧枝的级次合理配置结果枝组，同时要按树冠空间合理配置大、中、小枝组（枝群），达到高、中、低错落有序，空间较大时，要配备大型下垂结果枝组群，空间较小时，要配置中、小型结果枝组群。结果枝组要保持纵向生长，减少横向生长。大型结果枝组距离在 80cm 左右，长度在 0.5～1.3m，形成龙爪槐状的下垂结果枝群。结果枝组群在 5 年前多采用疏剪的方法，利用果台副梢结果。5 年后多采用交替更新、轮流结果的修剪法，提高结果能力。

⑥ 夏季修剪　春季对剪锯口及背上萌发的无用枝及时抹除，减少营养消耗。对生长较旺的树进行主枝环割，以缓和树势、促进成花。对一些生长角度较直立、斜生旺长的枝在 4 月上旬进行拉枝，缓和树势，促进萌芽，增加枝量和花芽量。

第五节　花果管理

一、授粉技术

苹果是异花授粉植物，在有授粉树的果园中，也需要通过辅助授粉来提高坐果率，达到高产、优质、高效的目的，授粉技术主要有昆虫授粉和人工辅助授粉。

1. 昆虫授粉

（1）蜜蜂授粉 苹果园放蜂。在开花前 3~5 天，将蜂箱移入苹果园内。放蜂的数量大致如下：对于强壮的蜂群，每公顷果园 3~5 箱蜂，可增产 65%；对于弱蜂群，要适当增加蜂群的数量，每公顷果园增加至 15 箱蜂。天气正常、风和日丽时，蜜蜂大量出来活动，授粉效果很好，坐果率能达到 70% 以上，增产效果很明显。果园放蜂期间不能喷药，以免伤害蜜蜂及其他访花的昆虫。

（2）壁蜂授粉 在果园比较开阔的背风向阳的地方放置巢箱，巢箱按 25cm×30cm×30cm 规格制作（可用纸箱、木箱，也可用砖砌成），开口朝南或朝西，顶部盖遮雨板。一般每亩设置 2 个巢箱，装入巢管 250~300 支/箱，管口朝外，可在制作好的巢管开口处涂上不同颜色，便于壁蜂识别，巢管不要放齐，要摆成里出外进的形式，便于壁蜂识别巢穴。蜂箱应高出地面 20cm 左右，巢箱前 1m 左右处挖土坑，放蜂期间保持黏土湿润，供蜂衔泥筑巢。蜂茧一般选用凹唇壁蜂或角额壁蜂。

一般于苹果中心花开放前 7 天左右进园放蜂。将蜂茧放在放茧盒内，盒内平摊 1 层蜂茧，不可过满过挤，然后将放茧盒放在巢箱内的巢管上，露出 2~3cm。放茧盒一般长 20cm、宽 10cm、高 3cm，用硬纸制作，也可以用小药品包装盒代替，盒四周扎 2~3 个直径为 0.7cm 的小孔，以便出蜂。放蜂数量：盛果期苹果园每亩放蜂量按 200~300 头备足，初果期的幼龄果园及结果小年园，每亩放蜂量按 150~200 头备足。放蜂期间注意禁止喷洒任何农药，不能移动巢箱和巢管。

花期结束，把封口（包括半封口）巢管，50~100 支一捆捆好，装入网袋，挂在通风、避光、干燥房屋中保存。第二年 1 月中、下旬气温回升前，剖开巢管，取出蜂茧，剔除寄生蜂茧和病残茧后，装入干净的罐头瓶中，用纱布罩口，0~5℃ 冷藏备用。

2. 人工授粉

花粉的人工采集方法是采集授粉品种的花蕾（蕾铃期，即含苞待放的未开花蕾），双手拿两朵花蕾相对揉搓，就可把花药脱下，除去其中的花丝、花瓣，薄薄地摊于报纸上，在室温下晾干，即会放出黄色花粉。待花药全裂开散粉后，把报纸收拢过筛，除去干燥的花药，收取纯净的花粉，置阴凉干燥的地方保存，注意花粉必须干燥且不能见直射的阳光。也可以在授粉前购买专业出售的花粉。

（1）人工点授 以中心花开放 15% 左右时开始进行人工点授。将干燥的花粉装入干净的小玻璃瓶中，用带橡皮的铅笔或毛笔蘸取花粉，轻轻一点柱头即可，一次蘸粉可连续授粉 3~5 朵花，每个花序可授粉 1~2 朵。

（2）喷粉 把采集好的花粉与滑石粉或淀粉按 1:（50~80）的比例混匀，在盛花期进行大树喷粉。

（3）**液体授粉** 将采集的花粉混合于白糖和尿素溶液中进行喷雾授粉。花粉液的配方是水12.5L、白砂糖25g、尿素25g、花粉25g，先将糖、尿素溶于少量水中，然后加入称量好的花粉，用纱布过滤，再加入足量水搅拌均匀。为提高效果，可在溶液中加少许豆浆，以增强花粉液的黏着性。为了提高花粉的活力和发芽力，还可在溶液中加入25g硼酸。花粉液随配随用，不能久放和隔夜。

二、疏花疏果技术

及时合理地疏花疏果，是保持树势，争取稳产、优质、高产的一项技术措施，也可以克服苹果大小年现象。疏花疏果宜早不宜迟，疏果不如疏花，疏花不如破芽。应克服惜花惜果观念。

疏花疏果的方法有人工疏除法和化学疏花法。人工疏除具有一定的可选择性，在了解成花规律和结果习性的基础上，为了尽可能地节约贮藏营养，应尽早进行疏花，可以结合修剪同时进行。当花芽形成过量时，着重疏除弱花枝、过密花枝，回缩过长的结果枝组。对中、长果枝剪去花芽，萌动后、开花前进行复剪，保留超过所需花量20%的花，以防不良气候影响授粉受精。疏花疏果一般于谢花后10天左右进行。第一次疏果，一般只留单果，第二次疏果，是在生理落果以后，一般在花后4～5周进行，稀去小果、偏斜果、长果枝果、背上果，多留下垂果。对富士苹果，一般按间距25～30cm留一个果；或者按照枝果比进行，一般中庸树枝果比为（5～6）：1，旺树（4～5）：1，弱树（7～8）：1。若按树定产，亩产量控制在2000～2500kg的果园，栽植50株的株产在40～50kg（单果重250～300g），则每株可留果数250～300个。第三次疏果在果实成熟采收前一周进行，此次主要是疏除伤、病、虫、残次果，保证优质果率。

化学疏花可以节约劳动力，减少生产成本。疏果的效果与药剂的浓度和药液用量有关，其次品种不同，化学疏果的效果也不同，树势过强或过弱都容易疏果过度，喷药后降雨也会降低药效，但湿度较大、气温高、太阳直射等都会直接影响疏果效果。为了避免不必要的损失，在用化学试剂疏花疏果前，应先做小面积的试验，获得成功经验后才能大面积地使用。常用的化学药剂有硝基化合物、石硫合剂、萘乙酸、乙烯利等。

三、果实套袋

水果套袋已成为提高果品质量的重要措施之一，也是生产绿色果品的重要措施。目前套袋的树种包括苹果、梨、桃、葡萄等。通过套袋能促进着色，减少农药用量和农药污染，降低农药残留。

1. 套袋时间

苹果套袋时间一般在谢花后40～50天，即生理落果后套袋。辽南地区大约在6

月中下旬完成，具体可在 6 月 20 日左右。降雨多、阴雨天多的年份应在 6 月 25 日～30 日开始，避免发生黑点病、日烧等。套袋前应喷一遍杀菌剂和杀虫剂，缺素果园应加喷微量元素。富士苹果摘袋时间在采收前的 30 天左右，即 9 月下旬至 10 月上旬除去果袋。

2. 选套袋树

选择自然条件下，树冠外围果着色面能达到 50%，内膛果着色面能达到 30% 左右的健壮树。无灌溉条件及连年环剥主干的弱树所结的果不宜套袋。降雨多、湿度大、地势低洼、土壤黏重的果园也不宜进行套袋，否则黑点病增多。

3. 纸袋的选择

纸袋的质量会影响套袋效果。纸袋可根据园内果树长势、生产目标、经济能力等合理选择。以生产高档出口果为目的的最好选择质量较好的进口双层袋，如小林袋、星野袋、佳田袋等；以生产内销优质果为目的的宜选择质量可靠的国产双层袋，如凯祥袋、天津袋、北京袋等；以防止果锈、提高果面光洁度为主要目的的，可选用成本较低的单层袋；塑膜袋和自制报纸袋尽量少用或不用。目前还是要选用有正式注册商标的、遮光、透气、保湿、柔软、防病的双层果袋，双层果袋多为外灰内黑或红色，并经过药物处理，具有透气孔，套用这样优质双层果袋的富士苹果，着色好，外观光洁。劣质大纸袋透气性差、温湿度不稳定，效果不好。

4. 操作技术

套袋前做好准备，如合理疏果、喷药等，干旱年份套袋前浇一次水，以防袋内果发生日烧。操作方法要正确，晴天套袋应在上午 10 点之前和下午 4 点以后进行。摘袋最好选择阴天进行。对双层袋要先去掉外层袋，过 3～5 天再除内袋。单层袋先打开袋底部，放风 3～5 天后再全部除掉，以防日烧。除袋一定要尽量避开强烈直射光。

5. 防果锈和果面裂口

防止果锈除选用透气性好、耐水力强的果袋外，还要在果面干燥时套袋，并适当提早套袋时间，一般可在 6 月上旬开始，6 月底结束。喷药时要求细雾严喷，喷头距离果实不小于 80cm，且不要停留时间过长，以减少对果面的机械损伤。外层纸袋雨后破碎、连续阴雨或纸袋透水透气性差，袋内湿度变化太大，会使果皮粗糙、裂口。因此，除选择透水、透气性好的纸袋外，生长季要保持果园供水均衡，避开风雨天气除袋，除袋后隔 3～5 天（果皮稍老化后）再喷药。

6. 加强病虫害防治

套袋苹果在病虫害防治上，要采取综合防治措施，防治黑点病（以皮孔为中心，产生 1～3mm 大小不等的近圆形黑色斑点，从皮孔渗出白色果胶，萼片上有粉红色霉状物）、红点病、苦痘病和痘斑病以及康氏粉蚧等的危害。采取的措施是休眠期彻底清除枯枝落叶，萌芽前全园喷 1 次 3～5 波美度石硫合剂，落花后至套袋前喷 2～3 次杀菌剂，增施有机肥，重视补钙、补硼，因为套袋富士因缺硼缺钙容易引起缩果病。为防止康氏粉蚧进袋危害，套袋前喷杀菌剂时，混加生物杀虫剂，如 1％阿维菌素 500 倍或灭幼脲类杀虫剂，严封袋口。

四、摘叶

果实着色期即果实成熟前 6 周，直射光对果实红色发育影响很大，此时是摘叶的关键期。一般是从 9 月 20 日左右开始摘叶，套袋果在除袋以后。方法是先摘除靠近果实的遮阳叶片，后摘果实周围的遮光叶。但摘叶要适时、适度，摘叶过早果面不鲜艳，一次性摘叶过多，果面易日烧。可分两次进行，第一次在 9 月中旬，摘除应摘叶片的 60％～70％，第二次在 10 月上旬，摘除应摘叶片的 30％～40％。

摘叶的标准，树冠上部和外围果实周围 5cm 以内的叶全部摘除，树冠下部和内膛果实周围 10～12cm 以内的叶全部摘除。摘叶时，用剪子将叶片剪除，同时保留叶柄（彩图 1-28），先摘黄叶、小叶、薄叶，后摘秋梢叶。摘叶同时，可剪除徒长枝、剪口枝、遮光强旺枝。

五、转果和垫果

转果可使果实着色指数平均增加 20％左右，转果在摘袋后 15 天左右进行（即阳面上足色以后），用改变枝条位置和果实方向的方法，将果实阴面转向阳面（彩图 1-29）。为了防止果实再转回原位，可用透明白胶带将果固定，一次转果后，如还有少部分未着色，5～6 天后再转其方向，使果实充分受光，果面均匀着色。转果时要小心顺同一方向进行，否则，果柄易脱落。转果时间掌握在上午 10 点前和下午 4 点后进行，避开中午，以防日烧。

垫果主要是为了防止果面摘袋后出现枝叶磨伤，利用摘下来的纸袋，把果面靠近树枝的部位垫好（彩图 1-30），这样可防止大风造成果面磨伤，影响果品外观质量。

六、铺银色反光膜

在果实着色期（红富士苹果在 9 月中旬），树盘铺银色反光膜可改善树冠内膛和下部光照状况，使树冠下部的果实，尤其是萼洼及周围能充分着色，真正达到全红果（彩图 1-31）。反光膜铺于树冠下行间留出作业道，边缘固定，一般每亩园用膜 400～500m^2。果实采收前 1～2 天将反光膜收起洗净晾干，第二年可继续使用。

第六节　病虫害防治技术

苹果病虫发生与防控不同于栽培管理，受环境影响较大，没有统一的模式，在技术上有一定的复杂性，实施过程难度较大。因为苹果病虫害的种类多，各种病虫的发生规律各不相同；病虫的发生与流行受生态环境和管理措施的影响大；品种更替、栽培模式变革、防控技术发展和生态环境变化，苹果主要病虫害也发生变化，相应的病虫防控技术需要不断更新。

例如，20世纪70～80年代，小国光品种上以炭疽病为主，90年代更换富士品种后，轮纹病成为主要病害，进入20世纪实施套袋栽培后，早期落叶病、枝干轮纹病成为苹果的主要病害，并出现了新的病害——"黑点病"。与栽培管理措施不同，一项好的病虫防控措施，尤其是化学防控措施不能长期连续应用。因此，病虫防控必须与栽培品种、栽培措施、栽培环境相配套，而且需要不断更新。同时，果树病虫的发生与防控又有其共性，病虫防控中有一定的规律可循，防控技术又具有相似性。

一、目前果树用药存在的问题及解决办法

1. 盲目用药、药不对症

因受多方面原因制约，不少果农不了解防治病虫害的有效农药，防治时盲目用药，如防治葡萄毛毡病用防治霜霉病的药，结果未起到防治效果，因为毛毡病并不是由真菌或细菌引起的病害，它是由锈壁虱寄生所致；防治斑点落叶病雨后喷保护性杀菌剂等，药不对症，防治无效。还有果农用药跟着别人学，不管树上发生什么病都打杀菌药，不管有没有虫害，打药就加杀虫剂。而大部分农药具有专一性，只对某一种病或虫有效，对其他病或虫则微效或无效，因此往往耽误了最佳防治期，浪费投资且污染环境。

解决办法：对症选药。了解不同病虫害的危害症状，选择有效农药，是提高防效的重要条件。日常要仔细观察、认真学习、多方请教，不断提高识别病虫害的能力，有针对性地选用正规厂家生产的或技术部门推广的或经过实践证明有效的药剂，千万不能轻信药贩子的花言巧语，使用"三证"不全的假劣产品。

2. 错时用药

不少果农抓不住病虫害防治的关键时期，在病虫害发生后或大发生时才喷药。如桃小食心虫已蛀入果内，葡萄白腐病、苹果早期落叶病已大量发生，苹果、梨套袋前不喷药，套袋后才喷药等，浪费了人力财力，且防效差，甚至会加重某些病虫的危害。

解决办法：适时用药。了解病虫害的发生规律，不失时机地抓住防治关键时期，如病害发生前，发病初期和虫、螨虫出蛰或卵孵化期用药方可收到事半功倍的效果。如桃小食心虫，必须抓住5月下旬至6月上旬第1次降雨（10mm以上）或浇水后1～2天的幼虫出土期和幼虫出土后14～16天的成虫产卵期；苹果霉心病抓住花前、花期和谢花后半月内3个时期。

3. 乱复配

不少果农不懂药剂配制禁忌，误认为农药兑的种类越多防治病虫害效果越好，不讲究科学用药，为省工省力，随意将两种或两种以上的杀虫剂、杀菌剂混配使用，甚至7、8种混配，轻者无效，重者造成药害。例如波尔多液，不仅配制顺序颠倒，还将一些不能混配的杀虫剂混入其中等。其实多数农药本身就是复配剂，混用的几种药的某些成分是同一作用机理，混用等于加大了剂量；有的酸、碱中和，降低药效或形成不溶物，导致药害。

解决办法：讲究方法，以提高药效。药剂复配要合理，不能凭主观想象或道听途说进行复配，以免延误防治、造成浪费甚至出现药害。

4. 盲目用"新药"

目前，个别农药生产厂家受经济利益驱动，降低农药有效成分含量、更改使用范围，迎合了部分果农赶新潮、追赶时髦的心理而花高价买"新药"。每次用"新药"、次次不重样，一年施用七八种"新药"，照样烂果落叶。

5. 喷药间隔时间过长

受多种原因的影响，不少果园随意延长药剂使用间隔期，大大超出其有效期限，尤其是在病虫猖獗发生的汛期或干旱季节，间隔期长者达30～40天，为病虫害的严重发生创造了条件。这是近几年早期落叶病、红（白）蜘蛛多次大发生的一个主要原因。

6. 喷药部位不当

多数病虫害发生在叶背或枝密叶背或枝密叶多的郁闭处，而这些部位也正是不少果农不喷或漏喷的地方。外围枝、叶正面药水哗哗淌，内膛枝、叶背面干干净净无药水的现象随处可见。喷药次数不少，药液施用很多，但药效微乎其微。目前不少果园使用雾化程度低的喷枪喷药，着药率低，不但造成药液浪费，还容易造成病虫泛滥成害。最新研制的高浓雾喷雾机，省水省力，效果好。

7. 重治轻防

由于缺乏对病虫害发生规律的了解，不少果园无病无虫时不防不喷药，有了病、虫乱喷药。果树病害应以防为主，虫害应抓关键期防治。如苹果轮纹病，落花后至7月底是病菌感病高峰期，此阶段前期防治效果好，后期基本上不用喷药或少喷药，可达到不烂果目的。但有人认为前期不烂果不喷药，后期发生烂果时才需用药，隔几天喷一遍，且多药混合，加浓增量，这样效果不好，损失严重。

8. 重化学防治，轻综合管理

不少果农在果树落叶后至发芽前不进行刮树皮、除病枝（叶）、清杂草等工作，丧失了从源头上控制、消灭病虫的大好时机，增加了病虫的越冬基数。

解决办法：增强树势，综合防治。要加强土肥水综合管理，合理整形修剪，改善果园风光条件，增强树势，提高果树抵御病虫害的能力。同时，抓住落叶后至发芽的有利时机，综合利用农业防治、物理防治等多种有效方法，从源头上减少或消灭病虫害，为后期防治创造条件。大力推广施用生物、植物和矿物源农药，减少化学农药的用量，注意保护天敌，降低成本，提高果品质量。

9. 轻信防治历

系统总结病虫害防治经验，制订病虫害防治作业历，为当地果农提供有效的防治措施，是一件好事，但迄今仍有不少果农脱离自己果园的立地条件、气候变化、病虫害发生规律等实际情况，盲目地生搬硬套防治历，严重偏离或错过了病虫防治适期，投入不少，收效甚微，甚至造成严重的病虫危害。还有一些不法商贩打着防治历的幌子卖假药、劣药坑害果农，导致果农损失严重。因此，千万不要生搬硬套外地的防治历，因地、因时、因病（虫）制宜，准确判断，抓住关键时机，才能达到预期目的。

10. 超量用药

至今仍有不少果农错误地认为喷药浓度越高、次数越多，防治效果越好，因而随意提高用药浓度，如 1.8％齐蝻素防治红白螨类，推荐使用浓度 6000～8000 倍液，有的却加浓到 2000 倍，有的一次比一次加浓，造成病虫抗药性增强，生态失调，甚至造成药害，落叶减产，还增加了投资。还有的多次重复使用同一种（或同一成分）农药，尤其当病虫害爆发或大量发生时，使用浓度更高、喷药次数更多。不少全园全年用药达 20 次之多，盛果期每次每亩用药液超过 400kg，但仍因病虫产生抗性而不能有效地控制其危害，且容易造成药害及污染环境。

11. 不重视农药残留和污染

有些果农防治病虫害只注重防治效果，只要求药到病除虫净，却未想到农药会污染环境并杀死大量天敌。有的果农习惯用老产品，如甲拌磷、对硫磷等有机磷制剂，认为见效快，但此类药物属高毒高残留农药，已在果菜上禁用。

二、苹果常见病虫害种类

苹果常见的病害有：腐烂病、轮纹病、炭疽病、褐腐病、早期落叶病、黑点病等。

苹果常见的虫害有：桃小食心虫、梨小食心虫、红蜘蛛、蚜虫、卷叶虫、苹掌舟蛾、潜叶蛾等。

三、全年苹果病虫害防治的主要方法

1. 春季萌芽前

喷布 5 波美度石硫合剂 300～400 倍液，重点喷布老翘皮、树皮缝、剪锯口、芽痕、叶痕等处，可清除多种病原菌，也可兼治红白蜘蛛、蚜虫等的越冬虫态。芽膨大时喷布5波美度石硫合剂防治朝鲜球坚蚧（彩图1-32）效果明显。对腐烂病较重的果园，可用腐植酸铜涂抹。此期主要防治腐烂病（彩图1-33）、轮纹病（彩图1-34）、炭疽病（彩图1-35）等。

2. 初花期（花前）

用20％高氯·马乳油2000倍液＋20％乙唑螨腈悬浮剂2000倍液＋70％吡虫啉可湿性粉剂2000倍液，可防治蚜虫、红蜘蛛、卷叶虫、毛虫类等。

3. 花瓣脱落期（花后）

此期是防治苹果叶螨和苹果褐腐病的主要阶段，用药为20％哒螨灵乳油2000倍液＋50％多菌灵可湿性粉剂500倍液防治。

4. 坐果期

喷布20％高氯·马乳油2000倍液＋50％抗蚜威可湿性粉剂2500倍液＋50％氯溴异氰尿酸可溶性粉剂1000倍液，可防治梨小食心虫、蚜虫、早期落叶病、轮纹病、炭疽病等，5月10日～20日是防治梨小食心虫的主要时期。

5. 幼果期

此期主要防治桃小食心虫、梨小食心虫、淡褐巢蛾（彩图1-36）、早期落叶病、套袋黑点病（彩图1-37）等，用药为1：2：240波尔多液，20％高氯·啶乳油1500倍液。一代桃小食心虫防治重点期为6月10日～20日。套袋前喷布3％多抗霉素水剂500倍液＋70％丙森锌可湿性粉剂800倍液防治套袋黑点病。

6. 果实膨大初期

此期主要病虫害为桃小食心虫、梨小食心虫、苹掌舟蛾（彩图1-38）、潜叶蛾、早期落叶病、轮纹病、炭疽病等，可用药20％高氯·啶乳油1500倍液，70％代森锰锌可湿性粉剂600倍液，20％灭幼脲3号悬浮剂1000倍液，1：2：240波尔多液加以防治。

7. 果实膨大中期

此期主要病虫害是桃小食心虫、潜叶蛾、轮纹病、炭疽病等，用药为50％多菌灵可湿性粉剂500倍液，70％甲基硫菌灵可湿性粉剂700倍液，20％灭幼脲3号悬浮剂1000倍液，20％高氯·马乳油2000倍液等。8月10日～20日是2代桃小食心虫的主要防治时期。

8. 果实膨大后期

主要病虫害有桃小食心虫、蝽象、轮纹病（彩图1-39）、炭疽病等。药剂可用12％噻虫嗪水分散粒剂1000倍液（可兼治桃小食心虫），70％代森锰锌可湿性粉剂600倍液防治。

9.休眠期

苹果休眠期一般进行修剪，应该利用修剪除去天幕毛虫卵环、黄刺蛾茧、舞毒蛾卵块等，刮去粗皮、翘皮，将其带出果园烧掉或深埋，可防治在皮下越冬的红蜘蛛、各类卷叶蛾、潜叶蛾等害虫的越冬虫态。由于树叶落尽，还可发现桑天牛、透羽蛾等蛀干害虫的为害状，及时防治。

第七节　日本苹果园管理主要特点

1997年日本苹果生产面积73.95万亩，到2008年下降到63.9万亩，其中青森县33.75万亩，占日本的52.81%。目前青森县50%是富士品种，津轻、乔纳金各占10%，中熟弘前富士面积增加很快。果农目前选择品种为富士冠军、信农红、信农甜等。新开发的青21品种，既耐藏，又着色好，预计是代替套袋的理想品种。日本苹果园管理主要具有以下特点。

1.苹果矮化栽培面积增加，树形以细纺锤形为主

青森县1985、1990、1996年矮化苹果面积分别占全县苹果总面积8.8%、10.4%、12.5%，到2008年已占到25%。他们认为矮砧苹果为发展方向，新建幼树主要发展矮砧苹果，砧木以M9和M26为主。新建矮砧果园，多为2m×4m或2.5m×5m，每亩84～53株。树形以细纺锤形（彩图1-40）为主，中干上有直径1～3cm小主枝20个，小于1cm分枝10个。这些1～3cm的主枝，下部枝长1.5m，中部1m，上部0.8m，中、下部的小主枝，每枝两侧各有4个下垂的结果枝组，间距30cm，结果枝组下垂，长度30～40cm，小主枝同方向上下间距30～40cm。主枝角度110°，主枝延长头一般缓放不剪，但梢头过旺，疏除旺枝，造伤缓和枝势；梢头过弱，进行回缩促长。全树几乎无秋梢，树高3.6m左右。有些果园为了促进结果，在主干底部扎包一圈帆布，其上扎一圈铁，通过铁丝溢伤主干，控制树势。每株150个果实，亩产3000～3500kg。矮化果园，树龄过大、过密，进行间伐，但继续维持纺锤形树形。

2.乔化果园寿命长，套袋面积不断下降

在青森有许多百年老果园，6m×7m，每亩16株，每株产量150kg左右，每亩2500kg左右。乔化果园，树龄过大、过密时，进行间伐，培养为开心树形。老龄果园以乔砧稀植为主，树形主要采用开心形，树干较高、主枝数量少（2～4个），单层开心，该树形既改善了降水偏多的果园湿度环境，又可抵御台风灾害。同时，近几年为满足市场对高档果品的需求，根据富士生长的特点，逐步调整树体结构，采用下垂枝结果，效果良好（彩图1-41）。苹果套袋面积在青森1985、1990、1996年分别占全县总面积的64.6%、69.9%、52.9%，明显出现下降趋势。2008年套

袋面积仅占总面积的 30％左右，其套袋面积下降的主要原因：一是用工量大，用工成本较高，每人每天工价折合人民币 380 元；二是套袋有降低果实含糖量的副作用。

日本当初推广套袋的目的是为了防治病虫害，减少果实中农药残留量、增加果实着色度、延长果实贮藏性。目前生产管理已全面使用了低残毒农药和生物防治技术，推广了铺反光膜和秋季摘叶转果技术，使用了果品气调冷藏库。所以，套袋已没有过去那么重要。

3. 全面普及果园铺反光膜技术

日本的果园，几乎 100％普及了铺反光膜技术，购一次反光膜可连续使用 6～7 年时间，有些可用 10 年，成本低廉，既能促进果实着色，又能提高果实含糖量。铺膜时间在第一次去袋之后和第二次去袋之前的几天内进行。

4. 地下管理水平高

果园土壤有机质含量一般都在 4％左右。果园施肥主要采用土壤调理肥、微生物菌肥等复混肥，其中果园施肥每年 1～2 次，每亩使用氮磷钾 [10：5：（5～10）]复混肥 7～10kg，少量果园补施有机肥（颗粒撒施），没有开沟和挖坑施肥作业。几乎所有果园，都实施行间种草、株间清耕覆草的耕作制度（彩图 1-42）。绝大多数果园没有灌溉设施，自然降雨能够满足果树需要。但有些果园采用高畦栽植、铺设暗排水系统，以解决多雨积水问题。

5. 果品交易市场发展快

目前苹果销售呈现多元化趋势，既有农协销售，也有产地直销交易和中央批发市场，适应不同生产者的需要。青森县共有 20 多个果品交易市场，进行苹果直接拍卖。其中弘前联合研究开发株式会社的果品交易市场，年销售苹果占青森县的25％，其中大红荣苹果，年出口我国台湾 1 万吨。

第二章

桃栽培技术

第一节　桃品种介绍

选择适合建园定植的桃品种，需要综合考虑多种因素，才能确定发展方向。品质优良、性状突出是主要的。随着人们生活水平的提高，人们不仅注重桃果实的漂亮外观，更加注重内在品质，如口味是否香甜、风味是否浓郁和是否绿色安全，同时不同群体对果品档次也有不同的需求，因此要紧紧围绕市场需求来进行生产。适应性是选择品种的最基本要素，适地适栽，才能丰产丰收。要充分了解好品种的经济性状、生物学特征特性、丰产性、适应性、抗逆性等，然后再引进生产，做到有的放矢。种植规模也会影响品种的选择，若大规模种植和批量生产，要重点考虑品种的运输性、货架期、成熟期及品种配置比例；若种植规模小，在较近的市场销售，可重点以品质为主，品种不必太多，否则不利于管理，反而给销售带来麻烦；如果是观光桃园，就需要成熟期、果形、肉色、花色多样化，满足其观赏需求。

一、普通桃品种

1. 早凤王

早凤王，北京市大兴县大辛庄于 1987 年从固安县实验林场早凤桃芽变品种中选育而成，1995 年北京市科学技术委员会鉴定并命名，为早熟大果形品种。果实近圆形稍扁，平均单果重 300g，最大达 580g，果皮底色为白色，果实全面霞粉红色，有深红色片状条纹，十分艳丽，果肉粉红色，近核部分白色，不溶质，硬脆而甜，口感较好，果汁浓甜，品质上等，较耐贮运，既是鲜食的佳品，又是加工的原料（彩图 2-1）。在辽南熊岳地区，果实于 7 月中旬成熟，果实发育期为 75 天。该品种生长势强，树冠形成快，初果期以中长果枝结果为主，副梢结实力强，自花结实。早凤王引入辽南后，表现为成熟期早、果个大、色泽艳丽品质好等特点，具有较高的经济价值，是目前优良早熟桃品种品系之一，有广阔发展前景。

2. 早颐红水蜜

颐红水蜜是一个优良的晚熟品种，果大，美观、优质、丰产，在北京9月初成熟。早颐红水蜜是辽南地区从中选育出的早熟优系，该品种早果、丰产、果大整齐，果形为圆形，顶部微凹。果面浓红，光亮美观，肉质脆嫩，含糖量高，耐贮耐运。平均单果重200g左右，最大果重达500g。果色浓红，可溶性固形物含量16%以上，常温下可贮放15天以上。7月下旬至8月上旬成熟。辽南地区有进行保护地栽培。

3. 春雪

春雪桃是美国选育的早熟桃新品种，果实椭圆形，果顶尖圆。大果型，平均单果重200g，最大果重366g。缝合线浅，绒毛短而稀，两半较对称。果皮全面浓红色，内膛遮阴果也着全红色（彩图2-2）。果皮不易剥离。果肉白色，肉质硬脆，纤维少，风味甜，香气浓，粘核。可溶性固形物含量16%，品质上等，不落果，可分批采收。果实耐贮运，常温下贮存期10天。树势健壮，萌芽率高，成枝力强，长、中、短枝均能结果，易成花，花粉多，自花授粉，自然坐果率高，需注意疏果，以提高桃的品质。

4. 春艳

由青岛市农业科学研究院以早香玉×仓方早生杂交培育成的早熟白肉水蜜桃。果实卵圆形，果顶圆突，两半对称，缝合线浅。平均单果重150~170g，最大果重210g。色泽艳丽，果实底色乳白或乳黄色，顶部及阳面着鲜红色，绒毛中多（彩图2-3）。果肉乳白，稍带红色，质软，多汁，有香气，味甜可口，可溶性固形物11%，品质上等，粘核。植株健壮，长势中庸。长、中、短枝均可结果。易成花，复花芽多，蔷薇型花，花粉量大，早产、丰产。在青岛地区，6月中旬成熟，果实发育期62~65天左右。该品种极早熟，早产、丰产，果较大，品质优，适合露地或保护地栽培，保护地栽培时注意增光，以促进着色。

5. 大久保

日本国冈山县赤盘郡熊山町大久保重五部1920年在白桃园中偶然发现的实生种，1927年定名。果实大，平均单果重205g。果实圆，对称，果顶圆平微凹，果皮底色乳白，着红晕，皮易剥离。肉质硬溶，致密，风味甜，略有酸味，有香气，可溶性固形物12%~14%。离核。在辽南地区4月下旬开花，8月中旬成熟，果树发育期120天左右。花为蔷薇型，花粉量多，需冷量850~900小时。果个大要注意疏果。枝条开张，注意幼树主枝开张角度略小，注意防止盛果期后树势衰弱。

6. 燕红（绿化9号）

由北京西苑果园从自然实生苗中选育而成，1978年定名。果型大，平均单果重200~240g，最大单果重450g。果实近圆形，稍扁，果顶平。果皮底色绿白，近全面着暗红色或深红晕，背部有断续粗条纹，果皮厚，完熟后易离皮。果肉乳白色，稍绿，阳面红色。味甜，稍香，可溶性固形物 12%～14%。粘核，核较小。在辽南地区 4 月下旬开花，9 月上旬成熟。花粉多，坐果率高，丰产。

7. 京玉（北京 14 号）

北京农林科学院林业果树所 1961 年用大久保×兴津油桃杂交育成，1975 年定名。果实长圆形，果型较大，平均单果重 150g，最大单果重 230g，果顶圆，顶点微突，梗洼深而中广，缝合线中深。果面浅黄绿，阳面少量深红晕。果皮不易剥离。果肉白色，缝合线两侧稍有红色，核窝红色。肉质松脆，汁少，经后熟后变"面"。品质中上。离核，核窝有空腔。极耐运输，贮藏性良好，辽南地区 8 月中下旬成熟。树势中等，树枝较开张。结果早，丰产，产量稳定。

二、油桃品种

油桃是桃品种群的其中之一。油桃的主要特征是果实光滑无毛、色泽艳丽、食用方便。因此，近些年油桃的发展迅猛，设施栽培发展面积也较大。一些丰产、外观美、品质佳的品种显示出极好的市场前景。

1. 早红 2 号

它是 1984 年从澳大利亚引入的美国品种。果实圆形，平均果重 160g 以上，最大果重 212g，果实底色黄，果面着鲜红色，无毛，有光泽，鲜艳光亮。果肉黄色，充分成熟后为溶质，汁液多，风味甜酸可口，可溶性固形物含量 10.1%，离核，果实耐贮运，可自然存放一周左右。果实发育期 90～100 天，低温需求量 500 小时，辽宁熊岳地区 4 月下旬开花，露地 7 月 25 日左右成熟。树势强健，生长旺盛，枝条粗壮，成花容易，各类枝均能结果，花芽起始节位低，复花芽多，大花型，花粉多，自花结实率强，坐果率高。熊岳地区日光温室栽培，当年定植当年成花，当年扣棚，翌年结果，开花株率 100%，最高株产 5.4kg，平均株产 1.5～2.0kg，4 月中旬即可成熟，是日光温室较理想的优良早熟品种。

2. 曙光

中国农业科学院郑州果树研究所 1989 年以丽格兰特×瑞光 2 号杂交选育而成，1995 年命名的特早熟甜油桃黄肉新品种。果实圆形，平均单果重 100g，最大果重 150g。果形整齐，果顶平，微凹，梗洼中深中广，缝合线浅而明显，两侧较对称，果皮光滑无毛，果实底色浅黄，果面着鲜红或紫红色，有光泽，外观艳丽（彩图 2-4）。果皮较厚，不易剥离。果肉黄色，肉质较紧密，清脆爽口，硬溶质，味甜香，可溶性固形物含量 10.5%，总糖 9.53%，总酸 0.54%，品质优良。果实成熟期在辽宁熊岳地区为 6 月 2 日左右。花为大型花（蔷薇花），花瓣浅粉红色，有花粉，自花能育。对曙光油桃，若采用相应的配套栽培技术可达到早果丰产优质的目的。

3. 艳光

中国农业科学院郑州果树研究所以瑞光3号×阿姆肯杂交选育而成，1995年命名的特早熟甜油桃白肉新品种。果实呈椭圆形，果顶圆，微具小尖，缝合线浅而明显，两侧较对称，果个较大，平均单果重120g左右，最大果重220g，果皮光滑无毛，底色浅绿白色，80%以上果面着玫瑰红色，改善光照条件可全面着色，鲜艳美观（彩图2-5）。果肉白色，溶质，风味甜，有果香，可溶性固形物11.5%，总糖11.5%，总酸0.31%，品质上，不裂果，不落果，因果实着色变甜较早，宜适当早采上市。果实成熟期，熊岳地区在6月末成熟。花为小型花（铃形花），花粉量多，自花能育。结果早，丰产性强，当年定植，当年成花。抗逆性强。

4. 中油4号

中国农业科学院郑州果树研究所育成的大果型早熟甜油桃新品种，为早熟品种。果实短椭圆形，平均单果重148g，最大单果重206g。果顶圆，微凹，缝合线浅，果皮底色黄，全面着鲜红色，艳丽美观（彩图2-6）。果肉橙黄色，硬溶质，肉质较细。风味浓甜，香气浓郁。可溶性固形物14%～16%，品质特优。粘核。树势中庸，树姿开张，萌芽力及成枝力中等，各类果枝均能结果，以中短果枝结果为主。铃铛花，花粉量多，花芽起始节位多为2节，单复花芽比为2.7∶1，自花坐果率高，极丰产。需冷量为600小时。抗逆性较强。在郑州地区6月中旬成熟，果实发育期74天左右。

5. 中油5号

中国农业科学院郑州果树研究所育成，早熟品种，树势强健，树姿较直立。萌发力及成枝力均强，各类果枝均对结果，幼树以长、中果枝结果为主。花为铃型，花粉量多，极丰产。果实短椭圆形或近圆形，果实大，平均单果重166g，大果可达220g以上，果顶圆，偶有突尖。缝合线浅，两半稍不对称。果皮底色绿白，大部分果面或全面着玫瑰红色，艳丽美观。果肉白色，硬溶质，果肉致密，耐贮运。风味甜，香气中等，可溶性固形物11%～14%，品质优，粘核。郑州地区3月上旬萌芽，4月初开花，6月中旬果实成熟，果实发育期72天。

6. 12-6油桃

早熟黄肉甜油桃，果面着明亮鲜红色（彩图2-7）。平均单果重135g，最大260g，果实硬度与早红2号相同，可溶性固形物高达14.8%，耐贮运，丰产性极强。自花结实，树势中庸偏强，枝条较短。果实发育期80天左右，温室栽培4月中旬果实上市。

7. 中油8号

中国农业科学院郑州果树研究所选育。果实大，单果重150g，大果250g。果实椭圆形，两半对称。果皮底色乳白，近全面着玫瑰红色，美观（彩图2-8）。果肉乳白色，硬溶质，风味甜，可溶性固形物含量 12%。粘核。极丰产。果大，色艳，风味浓，成熟期正值桃果较少期。在郑州地区 7 月初成熟。

8. 红珊瑚

果实近圆形稍长，平均单果重 153g，最大单果重 166g，果顶部圆唇状，缝合线浅，两侧较对称，梗洼深，广度中等。果皮底色乳白，全面着鲜红至玫瑰红色，色泽艳丽。果肉乳白色，红色素中等或稍多。果肉硬溶质，质细。风味浓甜，香味中等。可溶性固形物 11%～14%。粘核，核较小，鲜食品质上等，耐运性好。果实生长发育期 100 天左右。辽南地区 8 月中旬成熟。

9. 瑞光 5 号

北京市农林科学院以京玉×NJN76 杂交而成的后代。树姿半开张，树势强，复花芽较多，各类果枝均能结果，丰产。在北京地区果实 7 月 8 日～15 日成熟，果实生长发育期 85 天，平均单果重 145g，最大 158g，果实近圆形，果皮底色黄白，果面 1/2 以上着紫红色点或晕，皮不易剥离，果肉白色，硬溶质，完全成熟后多汁，味甜，可溶性固形物 10%左右，粘核。

10. 北冰洋之星

最近引进的优良油桃新品种。该品种突出特点是，果个大，平均单果重 161.9g，最大果重 342.7g，果实近圆形，全面着鲜红色，光泽油亮（彩图 2-9），外观美；果肉白、致密、硬脆，耐贮运，可溶性固形物含量 13.6%，风味酸甜，浓郁可口，品质上，商品性好；果实全红后可挂树上 10 天以上不变软；需冷量仅 550小时，可提早升温，上市早。

三、蟠桃品种

蟠桃是又一个桃品种群，其果形比较特殊，主要特征是果实扁形。蟠桃自古以来就受到人们的喜爱，可是目前的品种还不是很理想，有的品种有裂核、皮薄肉软不耐贮运等缺点，但消费者对形状独特、风味极佳的蟠桃还是十分怀恋的，目前市场也很走俏。

1. 早露蟠桃

北京市农林科学院林业果树研究所 1987 年以撒花红蟠桃×早香玉杂交选育而成。果实中等大，平均单果重 68g，最大单果重 130g。果型扁平，果顶凹入，缝合线浅；果皮底色乳黄，果面 50%覆盖红晕，绒毛中等，易剥离；果肉乳白色，近核处微红，硬溶质，肉质细，微香，风味甜，可溶性固形物 10%，粘核，核小，果实可食率高。蔷薇花型，花粉量大。果实发育期 67 天左右。需冷量 800 小时。肉质较软，注意采收成熟度，采收时用手向一侧轻掰，再轻拉，否则果柄处容易出现皮核脱离（离皮），果实易腐烂，注意秋施基肥，以提高品质。

2. 早黄蟠桃

中国农业科学院郑州果树研究所于 1994 年利用大连 8-20×法国蟠桃杂交培育而成。树势开张,花为蔷薇型,有花粉,丰产。果形扁平,平均单果重 120g,大果可达 200g,果顶凹入,两半部较对称,缝合线较深。果皮黄色,果面 70%着玫瑰红晕和细点,外观美,果皮可以剥离;果肉橙黄色,软溶质,汁液多,纤维中等。风味甜,香气浓郁,可溶性固形物 13%～15%,半离核,可食率高。果实发育期 80～85 天。需冷量 750～800 小时。

3. 中农蟠桃 10 号

中国农业科学院郑州果树研究所用(NJN78×奉化蟠桃)与 25-17 杂交培育而成。果实扁圆形,平均单果重 150g,最大单果重 200g。果皮底色乳白,果面 80%以上着鲜红色,十分美观。果肉白色,硬溶质,肉韧致密,贮运性好,果梗处不会撕开,货架期长。风味浓甜,可溶性固形物 15%～18%。丰产性好,管理上要注意疏花疏果。

4. 瑞潘 4 号

北京农林科学院林业果树研究所以晚熟大蟠桃×扬州 124 蟠桃杂交育成。果实扁平,平均单果重 200g,最大单果重 350g。果皮绿白色,果面 50%以上着紫红晕。果肉绿白色,硬溶质,风味甜,可溶性固形物 12%～14%,粘核。花蔷薇型,有花粉,坐果率高,丰产性好。在河南郑州地区 4 月初开花,8 月 15 日左右果实成熟,果实生长发育期约 135 天。需冷量 700～750 小时。在雨水多的地方容易出现裂果,要进行果实套袋栽培。果实呈紫红色,通过果实套袋可以改善外观,使颜色更漂亮,但摘袋时间不能过早,一般在采收前 3～4 天摘袋。

5. 中油蟠 1 号

中国农业科学院郑州果树研究所选育。在郑州地区 4 月初开花,果实 7 月底成熟,果实发育期 120 天。单果重 110g 左右。果形扁平,两半部较对称,果顶圆平,微凹。果皮绿白色,75%着红晕。果肉乳白色,硬溶质、致密,风味浓甜,可溶性固形物含量 17%,有香气,品质上。粘核、丰产性好。多雨年份和湿度较大的地区种植有裂果现象。

6. 中油蟠 2 号

中国农业科学院郑州果树研究所选育。在郑州地区果实 7 月初成熟,果实发育期 90 天。单果重 100g。果形扁平,两半部对称,果顶圆平,微凹。果皮橙黄色,60%以上着红色。果肉橙黄色,硬溶质,风味浓甜、浓香,可溶性固形物含量 13%。粘核,丰产性好,多雨年份和湿度较大的地区种植有裂果现象。

7. 油蟠桃 NF9260

中国农业科学院郑州果树研究所育成。树势强健,树姿较直立,各类果枝均能结果。花为蔷薇型，花粉多，极丰产。果实扁平形，平均单果重85g，最大可达123g以上。果顶平，微凹，缝合线浅，对称。果皮光滑无毛，底色浅黄绿色，大部分果面着紫红色或鲜红色。果肉金黄色，硬溶质，完熟后柔软多汁，肉质细，甜酸适中，香气较浓，可溶性固形物15%～17%。品质上，粘核，不裂果。郑州地区3月中旬萌芽，4月上旬开花，8月上旬果实成熟，果实发育期120天左右。

第二节　育苗与建园

一、育苗

桃树育苗一般以培育嫁接苗为主，首先培育砧木，然后进行嫁接繁殖。

1. 砧木苗的培育

(1) 砧木种子的处理　嫁接育苗常用的砧木为当年毛桃、山桃，都是乔化砧。毛桃耐旱、耐瘠薄，根系发达，种粒大，200～400粒/kg，适应温暖多雨、水源充足的平原地区，嫁接亲和力好，成活率高，常用于我国南部和西部地区。山桃耐寒、耐旱、耐碱力强，但不耐湿，种粒较小，250～600粒/kg，适应山地及干旱地区，嫁接亲和力好，成活率高，常用于我国东北和北部。另外，隔年种子因其发芽率降低，尽量不用。

采集充分成熟的砧木种子，洗净晾干。秋播一般在10月中旬至11月上旬进行，即土埋结冻前。播前将种子在清水中浸泡3～4天，每天换一次水。种子在田间越冬，完成休眠。春播种子要进行沙藏处理（层积），打破休眠。沙藏处理的方法是：以重量计，一份种子两份湿沙（手握似散非散）充分混合。量少时，置一木箱瓦罐内，埋在背阴处或放入地窖；量大时，露地沟藏，沟深60cm，宽50cm，长度依种子量而定，混沙的种子在沟内距地面10cm，上面盖湿沙。沙藏期间防止沟内进水或鼠害。2～3周左右检查一次，如发现过干时，适当向沙内加水。为保证出芽整齐，沙藏时间要在100～120天以上。若购种较晚，必须去壳沙藏，这样45天即可。若购种过晚，只有15天左右的沙藏时间，在少量育苗时可去壳沙藏后，将种尖部分的种皮去掉，然后再播种。一般沙藏的种子在第2年土壤解冻后，种子冒芽时播种，大约在3月下旬至4月上旬。对层积处理后仍未萌发的种子，要进行催芽处理，即把沙藏后的种子和湿沙混合，放在背向阳处进行催芽。每2～3天翻一次，将发芽的种子挑出集中播种，这样可节约用地，使出苗整齐，嫁接率高；也可用冷水浸种和赤霉酸处理的方法进行快速催芽。

对没有进行沙藏的种子，可去外壳后放入清水中浸3～4小时，待种皮吸水后，去掉全部或种子尖端部分（占全种长的1/3）的种皮，放入60mg/L的赤霉酸溶液中浸种6小时，用清水清洗后播种。

（2）**播种及砧苗管理**　山桃每亩播 25kg，毛桃 35kg，条播行距 40～50cm，沟深 6～10cm，种子播在沟内，或按株 15cm 进行点播，点 2～3 粒种子，如用萌动的种子只需一粒，覆土 3～4cm 厚。干旱地区，要在开沟后打底水以防幼芽干枯死亡，播种不经催芽的种子，播种后要保持种子处于湿润状态，否则易引起再度休眠，使沙藏作用消失，不能发芽。砧木苗出齐后要及时间苗，使株距在 15cm 左右，有缺苗断垄时，可在 5 月带土补栽，当苗高达 25～30cm 时进行摘心，以促进加粗生长。要注意苗的病虫防治，在老苗圃或菜地，遇低温潮湿的早春季节，幼苗易倒，可喷 30% 多菌灵可湿性粉剂 800 倍液或 50% 甲基硫菌灵可湿性粉剂 500～800 倍液。

2. 嫁接

（1）**嫁接时期**　桃树嫁接常采用芽接法，一般在 6～9 月进行，只要砧木粗度达到 0.4～0.8cm，砧木和接穗均离皮即可。嫁接前疏掉芽接带（即距地面）5～15cm 内的副梢，以便于嫁接操作。为了提高成活率，减少流胶病的危害，可适当提早嫁接或晚接。

为培育出速生苗，需当年出圃时，可采用盖膜提早播种，嫁接时间在 6 月中旬至 7 月上旬。嫁接 7～10 天后折砧，当接芽长出 10 片叶时，剪掉砧木。若直接剪砧，则要适当提高嫁接部位，接口下要有 5～6 片叶，并在芽上留一片叶剪砧，待萌芽后去掉余下部分。培育 2 年出圃苗，要在 8～9 月嫁接。若砧木、接穗或者两者均不离皮时用嵌芽接，离皮时用"T"字形芽接，不宜早接，否则接芽易被愈伤组织包裹而死在砧木皮内。在 8 月中旬嫁接后，前期不浇水，10 月结合施肥再浇水。春季也可以采用带木质部芽接法，但需在冬季剪取接穗，在菜窖或阴凉处用湿沙土保持。3 月底 4 月初树液开始流动后嫁接，接后剪掉上部砧木苗，以利于接芽的萌发生长。

目前生产上为了快速出苗，一般都采用当年播种、当年嫁接、当年出圃的"三当"育苗方法。

（2）**嫁接方法**　接穗的质量是影响成活率的主要因素。一般接穗要求芽体饱满，处于生长状态。剪取的接穗要及时剪去叶片（留叶柄），以防水分消耗。去叶后的接穗不要用力捆扎，以防接穗间压伤。若需远途运输，最好用木箱等硬质包装材料，不要用软包装，以防揉坏，并要填充青苔或包塑料膜保湿。需要保存的接穗应置于冷凉处，下部浸于清水中，一般可保存 3～5 天。有时叶柄自行脱落仍可使用。在田间嫁接时，用湿布保湿，不可长时间日晒。

①"T"字形芽接（图 2-1）　先削取芽片，在芽的上方 0.4cm 处横切一刀，从芽的下方 1.0～1.3cm 处往上切削，超过芽上部的切口，取下不带木质部的接芽芽片。再在砧木距离地面以上 10cm 左右部位，选光滑部位，横切一刀（但不要深达木质部），宽约 1cm 左右，切开皮层，在切口下纵切一刀，使切口呈"T"字形，用刀尖撬开皮层，接芽的顶部与切口对齐，砧木切口两侧的皮层包严接芽。用窄塑

料条绑缚。一般 10 天左右即可成活, 如有未成活者需进行补接。

② 嵌芽接 (图2-2)   在接芽上方 1.5cm 处向下削, 直到芽的下方 1cm 处, 然后在芽下方 1cm 处斜 (约 30°) 切一刀, 取下带木质部接芽, 在砧木上则是由上向下切, 宽度和深度与已取的接芽相近, 长约 2.5cm, 下部用刀斜切, 取下与接芽相似的带木质部的盾片, 将接芽嵌入砧木, 下端的切口要对准, 左右两侧至少有一侧对准形成层, 然后用塑料条扎紧。之后对砧木摘心, 保留接口以下的砧苗叶片。

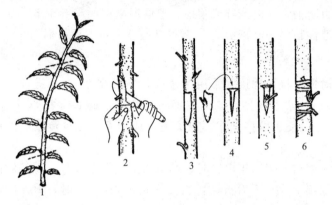

图 2-1   "T" 字形芽接 (引自冯学文著《桃树高效益栽培》)
1—接穗; 2—削取芽片; 3—削好的芽片; 4—砧木切口; 5—插好的芽片; 6—绑扎

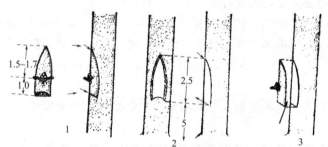

图 2-2   嵌芽接 (引自冯学文著《桃树高效益栽培》, 单位: cm)
1—削接芽; 2—削砧木; 3—嵌芽接

(3) 嫁接苗的管理   接芽的越冬能力较差, 如果用塑料条包扎芽时, 越冬前可不解绑, 以保护接芽越冬。最好于越冬前在芽部培土保护。土壤结冻前应浇水防干旱。春季土壤解冻后, 在接芽尚未萌动前剪砧, 时期大约在 3 月上、中旬, 即在接芽上方 0.5cm 处剪截, 不要留高桩。砧木过粗时, 不要将砧木剪劈裂, 否则影响接芽生长。随时剪除接芽下方的萌蘖, 因为砧木上的萌蘖过多、过大, 会影响接芽的萌发生长; 随时剪除嫁接苗下部的副梢, 以改善通风透光条件。生长期间要防治卷叶虫、红蜘蛛和蚜虫。在苗圃喷药时必须注意药液浓度, 否则易造成落叶。此外, 要根据苗木的生长情况追肥浇水, 但注意不要使苗徒长。

(4) 苗木出圃、运输与贮藏   一年生成苗在 10 月下旬 11 月上旬落叶后出圃。

起苗时不要碰伤树皮，并尽量保存较大、较完好的根系，不要把根起劈裂了。良好苗木的标准是：主侧根在 4 条以上，根群分布均匀，不偏向一方。主根长 25cm 以上，侧根长 20cm 以上。苗高 80cm 以上，苗干基部粗度在 1cm 以上，距基部 50～80cm 范围内，有良好的芽眼 7 个以上或有良好的分枝。嫁接部位完全愈合。为了保证苗木质量，各地可根据自己的情况规定苗木的分级标准。苗木出圃时，要检查去除根癌苗，根系劈裂苗和未接活的砧木苗。然后将苗木分级，起出来的苗木注意防止晾晒根部，要及时进行临时覆盖、假植等处理。

短途运输可用汽车等散装拉运，但必须用苫布包严，运到目的地立即假植，不能过夜。远途托运时，可根据苗木大小，打成 50～100 株的小捆，用草袋等包扎根系，内填湿草或沾上泥浆等，然后进行根系包裹，以使根系保湿。在运输和假植过程中，要避免－5℃以下低温冻根。

（5）苗木越冬贮藏　可用沟藏或窖藏，窖藏只需在普通菜窖内用湿沙埋好根系即可。沟藏时，挖深、宽各 1m 的假植沟，苗木斜放在沟内，但须注意两点：一是必须散放，且苗木上不能有叶片，不能成捆假植；二是苗木根系间均须填充湿沙，不留空隙。将苗木散放埋在沟内，根据天气情况逐渐加入湿沙土，使整形带以下部位的枝干在土内安全越冬。越冬期间假植沟内不要进水，以免湿度过大，引起根系腐烂。第 2 年春季土壤化冻后，要及时检查，特别是贮于庭院的苗木，因升温快，于 3 月上、中旬从假植沟内取出重新假植，否则苗木易过早萌发或因湿度大造成烂根。苗木栽植前仍须进行检查，凡根系变黑腐烂、根皮脱落的苗木均不能栽植。

二、建园

1. 园地选择

由于桃原产我国西北部，有抗旱不耐涝特性，因此，在园地选择时，首先要考虑排水通畅，如果地下水位高于 1m 以上时，需要采取高畦或台田种植，增加土层厚度，并开深沟排水，使水远排，降低地下水位，以利根系生长。土壤盐碱含量大的地区，应采取降低土壤盐碱量的措施。重茬桃园往往生长发育不良，或植株易死亡，其原因较为复杂，多数认为重茬园土壤中残腐根含扁桃苷，水解时产生氢氰酸和苯甲醛，抑制根系生长，杀死新根。也有人认为是老根的周围线虫密度大，为害桃根，根部能分泌扁桃苷酶等，影响新植幼树的根系生长。老桃园砍伐后宜休闲晒垡，种植其他作物，并行深耕，挖穴换土，再种植幼树。在丘陵地种植桃树，应选择坡向，一般南坡日照充足，同时要注意水土保持工作。干旱地区如在西和西南坡面建园，易引起日灼病。

2. 品种配置

应根据建园所在地的市场需要、距离城市远近以及交通运输条件等情况来进行选择。要从品种适应性、丰产性、抗逆性、耐贮性和品质等方面进行多重考虑。在一个生产果园中，品种不宜过多，应根据不同用途，确定适宜的早、中、晚熟品种比例。大中城市近郊、游览区、工矿区，人口密集和交通运输方便，对品质的要求也较高，宜栽植不同成熟期的水蜜桃品种，以达到延长供应期的目的。远郊区或中小城市，和交通运输条件较差的地方，宜多栽植耐贮运的水蜜桃或硬肉桃品种，以适应远途运输。罐藏加工品种的种植，则应与各地罐头加工厂的原料基地相结合，依据加工厂的生产能力，安排不同成熟期的黄肉罐桃品种，达到排开供应、延长生产时间的目的。桃品种中多数为自交结实，但也有花粉不育或自交结实能力差的，因此，需要配置授粉品种。

3. 栽植密度

由于桃树喜光性强，栽植距离应考虑树冠的生长发育情况，如桃树在北方反而比在南方生长势旺盛，树冠较大，行向以南北为宜。在我国南方株行距以 4m×4m 或 4m×5m，每亩 40 株或 33 株为宜，山地种植的株行距可适当缩小至 3.2m×3.2m，每亩 66 株。北方以 5m×5m 或 5m×6m，每亩 27 株或 22 株为宜。

4. 栽植方法

建园定植前，先根据栽植方式进行规划设计，做出栽植规划图，在地面标明定植位置，然后挖好定植穴。定植穴直径 60cm，深 50cm，表土与底土分开堆放，每穴将腐熟有机肥料 20kg，过磷酸钙 0.5kg，与表土充分拌和后施入穴底，分层踏实，上部再填入 15cm 左右的熟土，填好后略高于畦面 5～6cm，以防雨后下沉凹陷，造成定植过深。

苗木应选用根系好、芽饱满、无病虫害及无机械损伤的健壮苗。先剪短垂直根，修平根系伤口，定植时使接口朝夏季主风向，舒展根系踏实，浇透水。幼苗定植后距地面 60～70cm 处剪截定干，其高度因品种和生态条件而异。树姿开张品种在肥水条件良好地区定干宜高；直立品种在风大地区定干宜低。剪口下 15～30cm 为整形带，整形带内要有 5～9 个饱满芽，以便在带内培养主枝。若用芽苗，萌芽前，在芽上方 0.1cm 处剪砧；萌动后，及时抹除砧蘖。从萌芽期始至 7 月间，每月浇薄粪水 1～2 次，促进接芽迅速生长。

第三节　整形修剪

一、基本树形及整形技术

1. 三主枝自然开心形

（1）**树体结构**　该树形是我国目前在桃树上主要应用的树形，符合桃树生长特性，树体健壮，寿命长，3 主枝交错在主干上，与主干结合牢固，负载量大，不易劈裂。主枝斜向延伸，侧枝着生在主枝外侧，主从分明，结果枝分布均匀，树冠开心，光照条件好。骨干枝上有枝组遮阴，日烧减少。适宜肥沃土壤应用。主干高40～50cm，有三个势力均衡的主枝，主枝间距离20cm左右，基部角度为50°～70°。在主枝外侧各留1个侧枝作为第一侧枝，在第一侧的对侧选留第二侧枝，使两侧枝上下交错分布每个主枝上，留3个侧枝。在选留侧枝的同时，多留枝组和结果枝。枝组配置本着背上小、两侧多、背下少而大的原则。骨干枝中外部的结果枝组，要疏密适中，控制其生长势（图2-3）。

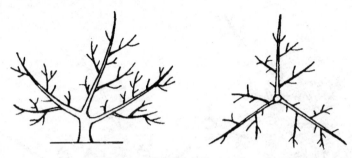

图2-3 三主枝自然开心形

（2）**整形技术** 苗木定植后距地面50～60cm处定干。定干的高度依其品种、土壤、栽培密度确定。当整形带芽萌发，新梢长到15cm左右时，选择方位、角度、长势好的新梢作为主枝培养，其他枝（芽）均剪（抹）去。当主梢上的二次枝长到15cm左右时摘心，20～30天后再摘心，疏除背上旺梢。第二次摘心的早晚取决于树体的生长势（树体生长势越旺盛，摘心的时间要越早）。此外，对树冠内膛过密的枝梢在生长季节进行疏除，一方面可以改善树体通风透光条件，另一方面可以促进保留枝条的生长发育。当年冬剪时一般剪去全长的1/3或1/2，剪口芽应留外芽，第二和第三留在两侧。对于直立性强的品种，为使树冠开张，第二芽也应留外芽，可采用抹芽的方法，使下部外侧芽成第二芽，利用剪口下第一芽，把第二芽枝蹬向外侧，冬剪时把第一芽枝剪掉，留下蹬开的第二芽枝作为主枝的延长枝，加大主枝开张角度，使树冠开张。

第二年春季或夏季当主枝延长枝长到50cm左右时，在30cm处摘心，目的是促使萌发副梢，增加分枝级次，摘心后的顶芽要留外芽，便于培养延长枝，若副梢萌发过密，应适当疏除。待留下的副梢长到40cm时，再次摘心，促使形成二级枝的副梢。第二年冬季修剪时，对主枝延长枝应该短剪，剪取全长的1/3～1/2，剪留40～50cm，同时选留侧枝。第一侧距主干50～60cm，侧枝与主枝的角度保持50°～60°。在每个主枝上可选留1～2个结果枝。夏季当主枝延长枝长到50～60cm，再进行摘心，在萌发的副梢中选择主枝的延长枝和第二侧枝。第二侧枝距第一侧枝40～60cm，方向与第一侧枝相反，向外斜侧生长，分枝角度40°～50°（图2-4），余下的枝条长到30cm时再摘心，促使形成花芽。

第三年继续完成整形任务，主枝延长枝继续剪留，可选择培养第二侧枝，对结果枝和结果枝组的修剪，要疏密、短截，促使分枝扩大枝组。结果枝要适当多留，使结果枝组紧凑。枝组的位置要安排适当，大型枝组不要在主、侧枝上的同一枝段上配置，以防尖削量过大，削弱主侧枝先端的生长势，也要防止因顶端优势造成上强下弱，造成结果枝的着生部位逐年上升。解决的办法，可采用剪口下第二芽或第三芽作为主枝的延长枝，使主枝呈折线式向外伸展（图2-5），侧枝配置在主枝曲折向外凸出部位，可以克服结果枝上移过快的缺点。

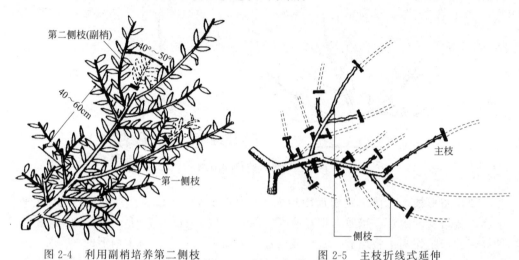

图2-4　利用副梢培养第二侧枝　　　　　　图2-5　主枝折线式延伸

2. 两主枝自然开心形（两主枝"丫"字形）

（1）树体结构　全树只有两个主枝，配置在相反的位置上，每个主枝上有3个侧枝。在主枝和侧枝上配置枝组合结果枝。主枝之间长势一致，树冠开张。主侧枝少，枝组紧靠骨干枝，树冠紧凑，是目前密植园应用较多的树形（图2-6）。

（2）整形技术　这种树形的培养方法有两种：

图2-6　两主枝自然开心形

① 利用副梢培养主枝　定植后不定干，将原中心干进行人工拉枝，使其倾斜45°，培养成第一主枝，夏季在其下方适当部位选择粗度、方向合适的副梢培养成第二主枝。两主枝培养成后，依靠其主枝的生长量和开张角度的调节，使其生长势均衡。侧枝的配置，一般在距地面约80cm处培养第一侧枝，在距第一侧枝40～60cm处培养第二侧枝，两个侧枝方向错开。主枝的开张角度应与树冠中心垂直线成45°，侧枝的角度要60°左右。

② 定干后培养主枝　幼苗定植后，在距地面 45～60cm 处短截定干，剪口下 15～30cm 范围内，需有良好的饱满芽作整形带。在整形带内的芽萌发出枝条后，选两个错落着生、生长势均衡、左右伸向行间的新梢培养成主枝，并及时摘心，促其发生副梢。调整好两主枝的方位和开张角度。平地桃园，两主枝宜伸向行间；山地梯田桃园，两主枝宜伸向梯田壁和梯田下侧，侧枝与梯田平行，主枝的开张角度调整成 40°～60°。冬季修剪时，对两主枝先端健壮梢短截，以作主枝的延长枝，并在其下端的副梢中选一侧枝短截，剪留长度可稍短于主枝的延长枝。其余的枝条，如过密的疏除，保留的适当短截，缓和树势，以利于结果。第二年夏季，继续对主枝、侧枝的延长枝摘心，同时配置第二侧枝，其余枝条可多次摘心，促其形成果枝和花芽。

二、修剪时期

1. 休眠期修剪

桃树落叶后到萌芽前均可进行休眠期修剪，但以落叶后至春节前进行为好。黄肉桃类品种幼树易旺长，常推迟到萌芽前进行修剪，以缓和树势，同时还可以防止因早剪而引起花芽受冻害。最晚也要在树液开始流动之前完成，否则会造成养分损失，从而对桃树萌芽、开花造成不利影响。个别寒冷地区，桃树采取匍匐栽培，需要埋土防寒，则应在落叶后及时修剪，然后埋土越冬。在冬季寒冷、春季干旱的地区，幼树易出现"抽条"现象，应在严寒之前完成修剪。

2. 生长期修剪

即在萌芽后直到停止生长以前进行。在萌芽后至开花前进行的修剪称为花前修剪，如疏枝、短截花枝、枯枝，回缩辅养枝和枝组，调整花、叶、果比例等。夏季修剪就是利用抹芽、摘心、剪梢、疏枝、扭梢、折枝等项技术，控制无用枝的生长，减少其对养分的消耗，改善通风透光条件，有利于培养优良结构的树形，培养高效的结果枝类型，增进果实的品质。桃树夏季修剪的具体时间、次数以及修剪方法，要根据树龄、生长势、品种特性、栽培方式以及劳力等条件而定。

第四节　土肥水管理

桃树所需要的水分和主要矿质营养、氮素营养都来自桃园的土壤，所以，积极采取各种农业措施，适时地补充和调节土壤的肥、水含量，提高土壤的有机质含量，不断改善土壤的理化性状，是做好桃树丰产、优质栽培的关键。

一、土壤管理

果园清耕不必常年做，早春在根系第一次生长高峰前灌水后深耕（5～10cm）一次，既可保墒又能提高地温。到了八九月份根系进入夏眠，又逢雨季，不松土有利于水分蒸发，故只除草不中耕。秋季深耕可熟化土壤，幼树应结合施基肥逐渐扩穴，直至与树冠相适应；成龄树自主干向外逐渐加深，近主干处10～15cm，靠树冠边缘20～30cm，这次深耕正在根系活动的旺盛期，断根容易愈合，并能刺激发生新根，增加根量，扩大根系体积，使根系更加复壮，但耕作时间不能过晚。果园种植禾本科或豆科草，可增加土壤有机质，改善土壤结构。但水源不足时易与桃树争肥水。在树冠下覆草（杂草、稻草、麦秸）10cm左右，可抑制杂草生长，避免草荒，减少水分蒸发，提高土壤湿度，覆草腐烂可增加土壤有机质，改善土壤团粒结构，提高土壤肥力，有利于桃树生长，在盐碱地还可以防治或减轻土壤盐渍化。多年长期的覆盖，土壤表层温度、湿度较适宜，有利于根系生长，但也要定期深施肥，防治根系上长的弊病。幼树桃园可适当间作豆科、瓜类、薯类等矮科作物，增加收入，但应避免种十字花科植物。

二、桃园水肥管理

桃园施肥分基肥和追肥。每年9～10月要结合秋季深翻，每株施人畜粪50～100kg，同时结合病虫害防治喷0.3%～0.5%的尿素和磷酸二氢钾混合液。单独施基肥可采用条状沟施、环状沟施、放射状沟施等（图2-7）。花前、硬核期前及果实迅速膨大期各追肥一次，采收后补肥一次。有浇水条件的桃园，灌水原则是冬灌足，春少灌，夏控水，秋排涝。无法浇水的桃园用穴贮肥水（图2-8）和地膜覆盖方法，萌芽前深翻整平地面，施足基肥，于树冠投影边缘向内50～70cm处，根据树冠大小在根系集中分布区，挖5～6个直径25～30cm，深30～40cm的穴，穴内垂直插入浸透水或水和尿混合液的草把，草把粗20cm左右，长度比穴深短3～5cm，草把用玉米秆、麦秸、杂草捆绑而成。在草中，周围填入混有土杂肥的土和过磷酸钙，每草把0.2kg，填实后，在每个草把顶上撒0.15kg尿素或果树专用肥0.15kg，然后覆土4～5cm，随即浇水4～5kg。穴面要低于地面，其上用地膜覆盖。膜上可扎孔接收雨水。4～6月份，可每隔7～12天向穴内浇水一次。在花后、新梢停长后、雨季及采收后四个时期，每穴施果树专用肥0.15kg和尿素0.1kg。桃树的萌芽、开花、果实膨大、成熟都离不开水分的供应。北方春旱，灌溉主要在春季和夏季前半期，重点在萌芽前、开花后和硬核开始期。灌溉方法有条件提倡滴管，也可采用小沟左右交替灌水方法。桃树是怕涝树种，雨季注意及时排水。施肥中还要注意桃树缺素症对树体的危害，如缺氮、磷、钾、铁、锌、硼、钙等常表现出不同症状，有对症应及时进行补充。

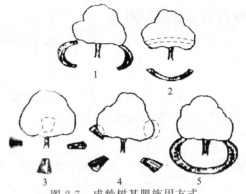

图 2-7　成龄树基肥施用方式

1—条状沟施；2—条状沟施第二年换位；3—放射状沟施；4—放射状沟施第二年换位；5—环状沟施

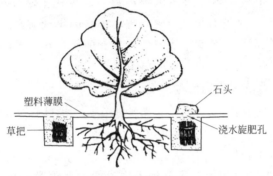

图 2-8　穴贮肥水法

第五节　病虫害防治

　　桃树病虫害防治应掌握"预防为主，综合防治"的方针，既要安全，又要合理，优先选用农业防治、物理防治、生物防治等措施，尽量少使用化学农药，把病虫害控制在经济阈值之下，减少农药残留和对环境的污染。过去果园单一靠化学农药防治病虫害，产生了许多不良反应，最明显的是病虫害产生抗药性，防治效果下降，同时杀伤害虫天敌，使害虫更加猖獗，也污染了果品和环境，生态平衡遭到破坏。所以，保护环境，采用综合防治的措施，合理使用农药，既可降低防治成本，又能提高经济效益和生态效益，形成良性循环。

一、桃树常见病虫害种类

　　桃树常见的病害有：缩叶病、疮痂病、炭疽病、细菌性穿孔病、褐腐病、流胶病、根癌病等。桃树常见的害虫有：介壳虫、红蜘蛛、桃小食心虫、梨小食心虫、蚜虫、桃潜叶蛾等。

二、全年桃病虫害综合防治的主要方法

1. 发芽前

清扫园内枯枝落叶，深埋或集中销毁。早春铺塑料膜，减少土中的越冬虫害出蛰。喷3～5波美度石硫合剂，防治红蜘蛛、蚜虫、褐腐病、白粉病、炭疽病等。对介壳虫严重的桃树酌情喷5％的柴油乳剂。

2. 萌芽至开花期

主要防治对象是桃缩叶病、穿孔病、疮痂病、炭疽病、蚜虫、桑白蚧（彩图2-10）、梨小越冬幼虫等，可树上喷施48％毒死蜱（乐斯本）乳油1500倍液或52.25％高氯·毒死蜱乳油2000倍液。对于缩叶病、疮痂病可重点在现蕾期喷40％腈菌唑可湿性粉剂8000倍液。果园内提倡覆草，优化土壤环境，提高土壤肥力，促进土壤微生物活动，加速有机质分解，提高根系的生理活性。果园铺膜，可降低果园小环境内的空气湿度，减少病害发生。早春铺塑料膜，可以使土中的越冬害虫不能出蛰。

3. 谢花后至果实第一次膨大期

主要防治对象是细菌性穿孔病、真菌性穿孔病、缩叶病、疮痂病、炭疽病、梨小食心虫（彩图2-11）、卷叶蛾、桃蛀螟出土幼虫、蚜虫类（彩图2-12）、桃潜叶蛾（彩图2-13）等，可于花后7～10天左右喷施80％代森锰锌可湿性粉剂800倍液，加2％阿维菌素乳油4000倍液，还可加入适量的硼和钙等微量元素。喷40％腈菌唑可湿性粉剂8000倍液防治疮痂病；喷24％腈菌唑可湿性粉剂5000倍液防治褐腐病；喷80％福美双水分散粒剂1000倍液或3％中生菌素可湿性粉剂1000倍液防治细菌性穿孔病；地面树冠下喷施48％毒死蜱乳油500倍液防治桃小食心虫；喷24％甲氧虫酰肼6000倍液防治卷叶蛾、潜叶蛾等。

4. 果实硬核期

喷施80％代森锰锌可湿性粉剂800倍液，或纳米锌1000倍液，或70％甲基硫菌灵可湿性粉剂等杀菌剂，根据测报结合防治病害，混加52.25％高氯·毒死蜱乳油2000倍液防治梨小食心虫，同时兼治桑白蚧、桃潜叶蛾等。当叶螨类发生时可混加73％炔螨特乳油2000倍液。此期间介壳虫发生严重的果园，再喷一次48％毒死蜱乳油1500倍液。

5. 果实第二次膨大期

可根据测报交替喷布上述药剂。实施果实套袋，减少或避免病虫侵蚀。在桃树的生长期内，还可通过物理防治，诱杀或刺伤害虫。危害枝干的桃红颈天牛（彩图2-14），可采用塞孔熏杀。利用昆虫的趋光性、趋味性、假死性、群聚性来防治害虫。如灯光诱杀、糖醋液诱杀、性引诱剂诱杀、黏虫板诱杀、振落捕杀、人工捕

杀、绑草把等，都能起到很好的防治效果。

6. 果实成熟前

在桃果实成熟前都可以利用生物防治法来进行害虫防治。如虫害的生物防治可采用人工繁殖、保护天敌，利用生物农药等。病害的生物防治是利用有益生物的拮抗性、寄生性、诱导抗病性等，以菌治菌、配合农用抗生素来防治病害。

7. 休眠期

秋末初冬时刨树盘，将地表的枯枝落叶埋于地下，把越冬的害虫翻于地表，能有效地减少害虫发生，同时疏松土壤，有利于土壤熟化和根系的活动。

合理修剪，改善光照条件，合理施肥灌水，合理负载量，增强树势，提高树体本身的抗病虫能力。修剪时剪去潜伏着越冬病菌、虫卵和其他越冬害虫的枝干，集中烧毁。树干、大枝涂白，既能消灭病菌虫卵，又能防止日灼，减少天牛产卵。

第六节　设施桃高产优质栽培新技术

从目前的研究和生产实际中可以看出，设施桃栽培，早期丰产不是生产中的主要问题，主要问题是如何提高品质，如何维持连年丰产。消费者普遍反映保护地栽培的桃果实小，风味淡，这当然与品种有关，但栽培技术等也是重要的因素。由于栽培管理不善，果实整齐度差，畸形果比例高，含糖量低，风味淡，果个小，果实着色差，油桃栽培有时出现裂果现象等，价格上不去，影响了果农的经济效益。生产中由于部分果农没有更好地掌握果树破眠技术，过早升温，休眠不足，萌芽不整齐等也造成了很大的经济损失。因此，应从加强综合管理，改善设施内光照条件，加强施肥技术、控冠技术等方面入手，提高设施栽培桃的果品质量。

一、目前设施桃栽培的主要类型及设施类型

1. 栽培类型

按照桃树设施栽培的性质和功能分，一般分为以下几类：

（1）早熟促成栽培　为目前保护地栽培的主要形式。早熟促成栽培在我国开始于 20 世纪 90 年代，现在以辽宁栽培面积最大，其次是山东；栽培种类日趋丰富，由最初的以早熟的水蜜桃为主，到现在以油桃和蟠桃为主；栽培技术的研究逐步完善。部分地区已经成为果农致富的好项目。

（2）延迟栽培　目前面积还很少。主要是发挥极晚熟桃的优势，当年栽植、当年形成花芽、当年秋冬扣棚防冻，早春设法（早春要盖严草帘和加冰墙的方法），尽量保持棚内处于低温状态，抑制花、叶芽的萌发，使其延晚开花。一般可使桃树延迟开花 15～30 天。经过生长季生长以后，夏秋扣棚延迟生长，一般于 8 月下旬，

天气逐渐转凉，当室外最低气温降到15℃时，及时扣上棚膜，扣膜最晚不超过9月初，加盖草帘最晚不超过9月10日。冬季12月至元月即可采收桃鲜果上市。

(3) 避雨栽培　主要是指南方栽培，因为南方雨水比较多，加上早春阴雨连绵，表现出坐果率低、病虫害严重等现象。周年频繁用药，既提高了成本，又污染了果实，栽培油桃还要套袋防止裂果等。而采用避雨栽培，为桃树良好的生长发育创造了条件，有利于坐果和提高果实品质。

(4) 观赏桃栽培　主要是用于观赏桃品种的苗木，栽在花盆内（彩图 2-15），经过一年的精心培养，并形成大量的花芽，当品种的需冷量满足后移进棚内升温，一般从升温到开花需一个月时间，可根据需要，合理安排棚桃进入休眠和升温。

2. 主要的设施类型

(1) 塑料日光温室（暖棚）　为目前主要的设施类型，具有保温性能，冬季可以生产。为了增强温室的保温效果，同时也利用温室后面的空地，可在温室后搭建一个小温室，种植耐阴作物，这个小温室常被称为"子母棚"（彩图 2-16）。

(2) 塑料大棚（冷棚）　投资少，管理方便，效益也很高。在熊岳地区，塑料大棚可在2月20日以后开始扣棚升温，大约扣棚12～15天（3月2日左右）后桃树开始萌芽，扣棚30～35天后开花。

(3) 改良式大棚（半冷半热棚、桥棚）　在塑料大棚上搭建横桥，安装卷帘机，覆盖草帘、保温被等，保温效果介于日光温室和塑料大棚之间，走向以南北为主（彩图 2-17）。东西走向的一般后帘比前帘晚卷2个月左右，花期一般能相差1周，不便于树体管理。

3. 目前薄膜塑料日光温室存在的问题

(1) 温室结构设计不合理　表现在温室高跨比不适宜，高度矮，跨度大，采光屋面角较小，透光率低，升温效果差。同时温室高度较矮，一般不抗雪载。有的温室方位不合理，偏东或偏西的角度过大，直接影响温室的升温和采光效果。有的温室建造简单，抵抗能力差，墙体过薄，保温性能也不好，一旦遇到恶劣气候条件，果树的产量和品质就受到严重的冲击。

(2) 机械化程度低，劳动强度大　目前大部分地区多数已安装自动卷帘机，省时、省力，提高了效率，但温室内自动控温仪安装的较少，放风主要还是人工完成，比较费时、费力，温度控制不精确；温室内肥水一体化设备普及得不多，多数种植户还是采用常规施肥灌水方法，需要改进。需要现代化、智能化温室取代传统温室。

(3) 温室保温材料、覆盖材料也有待于改善　目前所用的保温材料多为传统的草帘，尽管保温性能尚好，但沉重，不耐用，每年需要添加部分新草帘，同时对棚膜磨损严重，易造成棚膜破损，使用比较费力；现在部分使用的保温被，存在保温效果差、防雨防水性能不好等问题，将来需要保温效果好、耐老化、防水的现代的轻型材料所取代。棚膜透光、保温、耐候性、弹性、抗老化性能等，不适应果树保护地栽培的要求，缺乏果树保护地专用棚膜。

因此，要根据各地的气候特点，科学、合理地进行各种类型温室的设计，增加科技含量，使温室增强对环境因子的调控能力，同时，加强对覆盖材料、墙体的保温性能以及果树设施专用棚膜的研究，以适应现代果树设施栽培发展的需要。

二、桃对环境条件的要求及调控技术

1. 光照

桃是喜强光的树种，光照充足时，树体健壮、枝条充实、花芽饱满、落叶后枝条为红色（彩图 2-18），所结果实色艳味浓。如果管理不善，光照差，会造成枝条徒长，树冠郁闭，内膛枝细小纤弱，甚至枯死，果实品质差。开花期与幼果膨大期光照不足，受精胚会因缺乏营养而脱落。光照不良不仅对果实生长有影响，也影响果实的可溶性固形物和干物质含量。

保护地栽培是在弱光的冬春季进行生产，加上薄膜对光的反射、吸收，支柱的遮阴等影响，室内的光照强度明显小于室外，一般室内 1m 处的光照强度只有室外的 60%～80%，特别是在阴天的时候，室内的光有效辐射均在光饱和点以下。另外，屋面角或大棚弧形角不同，太阳高度角变化，会使室内不同部位形成强光区和弱光区。温室的南侧到近中柱处为强光区，后部和两侧山墙在午前、午后形成弱光区。在强光区，光照强度在中下部水平方向差异不大，0.5m 以下的相对光照强度在 55% 左右，这一区的桃树产量高，品质好。而在弱光区，光照相对不足，光照相对时间也短，表现为枝条徒长，叶片薄，果实品质差。在塑料大棚中一天各部位的光照也不同。

光照对生长的影响主要是通过光合作用来实现的。设施内，桃的光合生理特性对设施内的光、温环境会产生一定的适应性变化。因此，在建造设施时，除了选择合理结构外，还要在以下几个方面做好管理工作。

(1) 采用优质棚膜 选择透光率高、无滴型膜，减少光的损失。如普兰店市元台镇采用无滴膜和普通膜对照，结果无滴膜透光率提高近 20%，室温也高出 2～4℃，油桃可早上色 3～5 天，颜色更亮泽。目前生产上应用的主要有两种塑料薄膜：以聚氯乙烯（PVC）树脂为原料生产的聚氯乙烯薄膜和以聚乙烯（PE）树脂为原料生产的聚乙烯薄膜。聚乙烯薄膜具有比重轻、吸尘少、低温下不易脆化等优点，但也存在着保温能力差、无滴的持效期短和均匀性差等缺陷，所以目前应用较多的是聚氯乙烯无滴耐老化膜。

(2) 地膜覆盖＋滴灌（或渗灌） 可减少土壤水分蒸发，降低空气湿度，增加光照，而桃树也可得到充分的水分供应，使果实发育良好、病害轻、质量好。

(3) 挂反光幕，地面铺反光膜 日光温室后墙张挂反光膜形成幕状，可以反射照射在墙体上的光线，增强光照 25％ 左右。地面铺反光膜可以反射下部的直射光，有利于树冠中、下部叶片的光合作用，增加光合产物，提高果实质量。

(4) 采用人工补光措施 阴天散射光也有增光、增温作用，也要揭苫见光。在持续阴天时间超过 3～4 天时要补充光照。可采用碘钨灯、灯泡照明。一般 0.5 亩日光温室可均匀挂上 1000W 碘钨灯 3～4 个或 100W 灯泡 10～15 个进行辅助补光。

(5) 清扫棚面 由于草帘掉屑和空气尘埃、风沙污染棚面，应经常清扫（彩图 2-19）。

(6) 合理整形修剪 尤其生长季要采用疏、拉等方法，改善群体光照条件和树冠下部光照条件。

2. 温度

桃树较耐寒，但休眠期气温达 −25～−23℃ 时就会发生冻害，在 −18℃ 左右持续一段时间花芽开始表现受害，低于 −27℃ 时整株冻死。土温降至 −11～−10℃ 时，根系就会遭受冻害。当树体满足需冷量结束自然休眠后，给以合适的温度、湿度，即开始活动。之后其耐寒力显著下降，若气温再度下降时即使未达到受冻，也极易造成伤害。桃的生殖器官以花蕾的耐寒力最强，能耐 −3.9℃，花朵能耐 −2.8℃，幼果在 −1.1℃ 即受冻。开花期温度越低，开花持续时间就越长，果实成熟期就越不整齐。根系开始活动的土温为 4～12℃，最适宜的生长土温为 18℃。温室升温前期，空间温度上升快，一般在 15～25℃，而土温上升慢，为 5～10℃，需要提高地温以实现根系生长和开花、长叶的平衡，否则将严重影响坐果率。气温高达 31～32℃ 时生长缓慢，气温低于 10℃ 时生长迟缓，气温在 −5℃ 时根系停止活动。果实发育期需要一定的高温。据报道，桃生长期月平均气温 18℃ 以下，则品质差；达到 24.9℃，则产量高，品质好。果实膨大期以 25～30℃ 较好，成熟期以 28～30℃ 为好。果实成熟期昼夜温差大，湿度较低，干物质积累多，风味浓。

温室内温度变化是有规律的：棚室升温后，可比露地气温提高 5～15℃。一般每天最低气温出现在凌晨，日出后随太阳高度角增大温度上升，到上午 8～11 点上升最快，密封条件下每小时可上升 5～8℃。室内最高气温出现在下午 1 点，下午 3 点以后明显下降，平均每小时下降 5℃ 左右。日较差在晴天大于阴天。地温变化平缓，尤其是采用地膜覆盖后变幅更小。日光温室中位置不同其温度也不同。距北墙 3～4m 处即温室的中间部位温度最高，由此向南、向北呈递减状态，可达每米递减 1～1.5℃。南侧气温白天上升快，晚间降温也快，变幅大。北侧后坡白天上升慢，晚间降温也慢，到凌晨揭帘前为全温室温度最高处，所以从桃的产量看，一般中部产量高，前脚、后坡产量低。从垂直水平看，上下温差可达 5℃。以近地面 2cm 处最低，向上逐渐上升，所以树冠上部果实先熟，下部和内膛后熟。

根据上述情况，在建造温室和栽培管理时要特别做好以下几项管理工作。

(1) 严格设施建造，充分受光，严密保温 在墙体、骨架、棚膜建造时都要充分考虑接受更多的热量。这里需要指出的是，如果墙体为砖、砖石结构，一定要注意施工质量。有材料调查，墙体厚度相同，中间填充麦草和不填充相比，温室的平均温度可相差 2.4℃。

（2）掌握正确揭帘时间，合计蓄保热量　在不影响保温的情况下，草帘要尽早揭开，晚上晚放，以延长进光时间。温室要充分利用太阳光，散射光也要利用。一些人错误地认为阴天没光，不揭帘，并担心揭去草帘后会降温，冻死桃树，甚至有些人不揭草帘，在室内加温，结果晴天突然揭草帘后出现大量死亡。河南焦作市博爱县资料：1998 年 1 月中旬阴天持续七天，低温－10℃，正常拉盖草帘的农户，黄瓜、番茄受冻较轻；而五天未拉草帘的冻害在 90% 以上；三天未拉，晴天后猛拉且持续时间长的冻害率为 100%。原因是：第一，长时间低温无光，植株长期处于消耗状态，没有光合积累，形成生理饥饿，如果再加温更会加剧这种消耗；第二，阴天高湿条件下植株水分蒸发少，在放晴后迅速升温，室内相对湿度急剧下降，地温却较低，植株吸水困难，出现失水萎蔫，甚至死亡现象。因此，在连续阴天时，应局部打开草帘，或隔一揭一，这样可以保证有一定的光照同时保温。在极端寒冷或大风天气，要适当早盖晚揭。雨、雪天气，如果不是温度很低，可以全部揭开草帘，以防压塌温室。

（3）地膜覆盖增加地温，寒冷时辅助加温　覆盖地膜可有效提高地温 1～3℃，降低湿度，增加光照。如果遇特别寒冷的天气要进行加温或辅助加温。寒冷地区还要做好多层覆盖。

（4）适时通风降温，提高坐果率和产量　晴天升温快，一般通过扒口放风来降低温度。要掌握适当的放风时间，常在某一物候期要求的上限温度到来时放风，风口大小根据天气和棚室结构而定。若放风不及时，后果严重。有些人误认为温度越高，成熟就越早，产量越高，但结果适得其反。调查结果表明，花期晴朗天气，温度很高，合理放风、放风不及时和不放风的效果是完全不一样的，如表 2-1 所示。

表 2-1　不同放风措施对产量的影响

管理措施	花期棚内最高温度/℃	产量/kg	成熟期
合理放风	23	15	正常
放风不及时	27	5	推迟 1 周
不放风	42	0	

所以，不同时期，要给桃树以适宜的温度条件，尤其是花期，要严格控制温度，使之正常开花坐果。

3. 湿度

桃树呼吸旺盛，是耐旱不耐涝的树种，因此，在保证桃树正常生长的条件下，适当的干旱对桃树花芽形成是有利的，排水不良或地下水位高的桃园短期内积水就会引起叶片黄化、落叶，甚至死亡。因此，桃树应种在地下水位较低且排水良好的地方。土壤严禁水分过大，尤其是保护地栽培，设施结构严密，桃树处于一个相对密闭的环境中，若土壤水分过大，形成一个高湿环境，这样不仅会引起桃树徒长，同时易诱发病害，表现出节间长，花芽分化少，果实着色差、品质低、裂果多、病虫害严重等。特别在开花期，空气湿度过大，花药不易开裂，影响授粉受精，还易出现花腐病等，萌芽期可适当增加空气湿度，有利于芽萌发。因此，湿度的调节，对产量和品质至关重要。生产上，可以通过以下措施调节空气和土壤湿度。

(1) 通风 通过通风将高湿的热空气放出，引进低湿的新鲜空气，在晴天效果很好。但在冬季天气不良时常带来室温的迅速下降，通风就要注意温度的变化。规模发展温室或大棚群时，常配以热风炉，既可调节温度，又能降低湿度。

(2) 地膜覆盖 空气中的水汽相当一部分是从地面土壤蒸发而来的。利用地膜覆盖可显著减少地面蒸发，降低空气湿度。

(3) 滴灌或渗灌 地膜覆盖不便采用漫灌方式，可配以滴灌或渗灌，以满足根系对水分的需要。渗灌即是把渗水管理在桃树根系集中分布的地方，由管壁上肉眼看不见的透水微孔渗水，直接供应根系水分。这种方法具有节水、防止土壤养分流失、稳定地温（漫灌常降低地温）的作用，效果好。

(4) 改变浇水方法，进行膜下灌溉 在没有条件不能实行滴灌、渗灌时，可采用膜下灌溉。灌溉最好在晴天上午进行，中午前后放风，排除一部分湿气。

4. 土壤

土壤是桃树生长的基础。桃树要求土壤疏松肥沃，无盐渍化，pH 值以 5.5～6.5 为好（不超过 8），排水良好，地下水位较低。过于黏重的土壤，桃树易发生流胶病，沙地易出现根结线虫病、根癌病。地下水位高、盐渍化程度高时，桃树发生黄化，遇涝死树。因此要加强管理，改良土壤结构和提高土壤肥力。桃树是一种需肥较多的果树，由于生长速度快，新梢萌发多，枝、叶鲜嫩，当年可以形成花芽，花芽量又很多，所以对土壤中各种营养元素的要求都比较高。尤其是氮、磷、钾三大元素的供应，其他营养元素如钙、镁、铜、锰、铁、锌、硼等元素也是桃树生长发育不可缺少的。如春季桃树的小叶病就是由于缺锌引起的，雨季桃树的失绿症是由雨水过量、土壤通气不良、微生物活动减少和铁元素的可吸收态浓度降低引起的。

因此在桃的保护地栽培管理上，首先应选择适于桃树生长的土壤，最好是肥沃的壤土或砂壤土。黏重的土壤要掺沙或施用有机肥进行改良。调节土壤环境的措施有：深翻土壤；多施有机肥；改土换土，黏重的土壤，可掺沙或施用有机肥进行改良。

近些年在生产中发现，设施栽培内存在土壤盐渍化的问题比较严重，盐类积聚引起的土壤溶液浓度增高不仅降低了土壤的肥力、缓冲能力和有效微生物的比例，而且对桃树造成了许多不利的影响。主要表现为：植株生长矮小，发育迟缓，抵抗病虫害的能力下降，果实品质变劣，严重时甚至造成植株死亡。

造成保护地土壤盐渍化的主要原因是：①化肥用量过大，导致土壤含盐量增加，尤其是偏施 NH_4NO_3、KNO_3、KCl 等使 pH 值降低的化肥，更易造成土壤溶液浓度升高，加剧土壤盐渍化；②保护地土壤由于有棚膜覆盖，长期缺少自然降水的淋洗作用，使所施化肥中剩余的盐分残留土壤表层造成盐害；③土壤表层水分蒸发使土壤深层的盐分随毛管水上升到地表积聚；④为防止保护地内湿度增加和地温下降，习惯用小水勤灌的方式，但是这种方式不但不能将多余的盐分带到土壤深层，还易造成土壤板结，反而增加盐分在耕层的积累；⑤土壤耕层中未腐熟的有机肥分解后，释放的硫酸盐、硝酸盐、氯化物等造成了土壤盐渍化；⑥长期种植不耐盐的蔬菜，如豆类、黄瓜等，会加重盐害。

采取的管理措施：①采收后及时解除棚膜或漫灌洗盐，灌足灌透；②多施有机肥，减少化肥的施用量；③每年深翻改土，改善土壤物理状况，中耕松土，切断毛管，防止土壤板结；④棚栽期间，进行地膜覆盖或覆草，减少表层土壤水分的蒸发，降低盐的上升速度；⑤科学施用化肥，要根据土壤养分状况、肥料种类、作物的需肥特性，确定合理的施肥量和施肥方式，做到测土配方施肥、平衡施肥。

三、关于果树的需冷量和需热量

1. 需冷量

打破自然休眠所需的有效低温时数叫做需冷量。桃树需冷量是指在桃树落叶后，以日平均气温稳定通过 7.2℃ 时为起点，桃所经历的打破自然休眠所需的 0～7.2℃ 累计低温时数。了解桃树的需冷量，对温室桃升温时间的确定有重要意义。落叶果树的不同树种和品种的需冷量不同，其中桃是对需冷量要求极为严格的果树，若需冷量不足，就会表现为花芽发育不良，萌芽、开花、展叶延迟，且不整齐（彩图 2-20），易落花落果，果实小，严重降低果实的商品价值。

早熟促成栽培桃树，需冷量越短，温室升温的时间就可越早，果实成熟上市就越早。所以短低温品种是目前生产上迫切需要的品种。北方桃大部分品种所需的低温量为 500～1200 小时，设施栽培所选择的品种大多需冷量在 500～750 小时，如早红 2 号油桃的需冷量是 500 小时，艳光、曙光、早红宝石、超红珠丽春等的需冷量为 650～700 小时，中油 4 号的需冷量是 600 小时。

早醒艳是辽宁农业职业技术学院选育的早熟低需冷量品种，需冷量仅 117 小时，在辽宁熊岳地区温室栽培可于 11 月上中旬升温，12 月中旬开花，果实 3 月上中旬成熟。需冷量在 400～650 小时的品种叫中低温品种，需冷量在 400 小时以下的品种叫短低温品种。我们国家的科研部门正在进行短低温优良桃品种选育，如中国农业科学院郑州果树研究所就正在进行这方面的研究，相信不久的将来，会有更短低温品种选育成功，用于生产。

如果不采用任何促进桃树休眠的方法，升温时间是根据每年当地的气温变化而定。各地区温度变化的时间是不同的。同一地区不同年份降温的时间也不同。我们可以通过每年测定温度，确定休眠的时间。了解当地气温达到 7.2℃，桃树进入休眠时间确定以后，再根据品种的需冷量，就可以确定温室桃升温的具体升温时间了。例如：1989 年秋熊岳地区日平均气温稳定通过 7.2℃的初始日期是 11 月 5 日，温室栽培早红 2 号油桃，其需冷量是 500 小时，约 21 天，温室升温日期应为 11 月 5 日加 21 天，即 11 月 26 日。

辽南地区 1 月份（最冷月）的气温和辽北地区相比较高，温室的升温可早些，12 月上旬的 1～10 日桃就可以升温。而在辽宁北部地区，虽然落叶早，可以早扣棚、早休眠，但能否提早升温还要取决于升温后温室内有无加温设备，如果有临时加温设备，可早升温，如果没有加温设备，休眠期虽然已经解除，但也不能升温太早，因为升温太早，花期正是 1 月份寒冷季节，花芽容易受冻害，影响授粉受精，应以 12 月中下旬升温为宜。

如果人为采取一些促进休眠的措施，也可适当地促使果树提早进入休眠。如何才能使桃尽早进入休眠呢？当然主要的条件就是低温。也就是说当环境温度稳定达到 0～7.2℃时，果树就进入休眠了。目前生产上采用的方法是提早扣棚，使棚内温度提前降到桃树的休眠温度，人为创造一个适宜桃树休眠的低温条件。扣棚后可采用白天放下草帘，晚上揭开草帘，打开温室通风口的方法，这样可以使温室内的桃树比露地正常进入休眠的要早一些。熊岳地区，一般在 10 月中下旬夜间平均气温可以达到 8～9℃，这时就可以开始扣棚，使桃树处于休眠状态。再根据各品种休眠期长短，在满足其自然休眠以后，大约在 12 月上中旬即可解帘升温。应用含 50%单氰胺的新型果树破眠剂喷布，可代替 20%～30%的需冷量，依品种不同，升温时期可提前至 11 月中下旬。其次还可采用促使桃树提前落叶来缩短休眠期，即采取手工摘除叶片或用化学药剂如落叶促眠剂等催落。

还有报道，秋季适当的干旱、适当控制灌水、暗光条件都可以促使桃尽早进入休眠。但不是主要条件，北方果树的休眠主要还是通过低温来进行。

2. 需热量

需热量是指品种在满足自然休眠所需的需冷量以后，萌芽、开花所需的热量。不同树种、品种的需热量不同。只有当需冷量满足以后，需热量才是影响开花的主导因素。需热量不仅有量的概念，而且也存在积累速度的问题。桃树保护地栽培在解除自然休眠后进行扣膜加温，如果升温过快，花器官分化发育太快会不充实。目前，桃树保护地栽培普遍存在只开花不结果或结果很少的现象，其直接原因就是升温过快而造成的花器官败育。因此在保护地栽培时，应该注意需热量的满足速度，并不是越快越好。

3. 有效积温

有效积温是作物某生长发育时期内日有效温度（即日平均温度减去生物学零度的差值）的总和。与活动积温相比，有效积温变化小，且较为稳定，多应用于作物生长发育速度的计算和发育时期的预报。此外，有些作物还存在上限温度，即当温度上升到一定界限以后，温度再升高，并不能使作物的发育速度明显加快，甚至会起抑制作用。在适宜温度范围内（在上、下限温度之间），作物发育速度与温度呈线性关系，此时温度为实际有效温度，其累积值为实际有效积温。

因此，在保护地生产中，要在保证不超过果树各物候期温度的上、下限温度的情况下，尽量采取措施，加强保温，保证果树有效积温的累积，从而使果实提早成熟，提早上市。为什么目前生产上，同是一天揭帘升温，有的温室果实成熟得早，有的成熟晚，就是温室保温效果不同，有效积温积累时间不同所致。所以采取一定的温室保温措施，包括放风口、后坡、山墙、前底角、门等地方防止缝隙散热，可以保证有效积温的累积。

四、品种选择

目前生产上应用的桃品种几乎均为露地栽培的早熟、晚熟品种，在设施内栽培难以适应弱光高湿的特殊气候环境，必然会出现树冠难以控制、产量低、品质差、揭膜后树体旺长等问题，因此选育适于设施栽培的桃优良品种势在必行。要以低需冷量、树体矮化紧凑、自花结实、丰产优质、抗逆性强、适应温室生产的品种为好。通过对具有潜在利用价值的国内外品种进行综合评价和比较试验，筛选出一批适合我国北方地区可控环境下栽培的专用品种（系）。目前设施内栽培比较多的品种有：春雪、早红2号、中油4号、12-6油桃、红珊瑚等。

五、花果管理

1. 疏蕾

因为桃树的花芽多为复芽，花量较大，一般油桃的坐果率又比较高，所以可在桃树露萼期进行疏蕾（彩图2-21），一般在初花期疏花，疏双花，留单花。这样可以节省树体营养，促进保留下来的花蕾膨大和授粉坐果。

2. 授粉

桃虽然自花结实率高，对有的品种也配置了授粉树，但日光温室栽培桃，温室内无风、无昆虫，自然授粉受到限制，因此，为了提高保护地栽培桃树的坐果率，必须进行授粉。传粉的方法主要应用人工授粉或花期放蜂。

若进行人工授粉，首先要采集花粉，然后进行授粉。授粉品种的花期要早些，授粉前2～3天开始采集鲜花，所采集的鲜花要含苞待放，采集时要结合疏花疏去多余的花。将采下的花朵，用镊子把花药剥下，或用两朵花的花蕊与花蕊对着摩擦的方法，使花粉囊脱落，然后筛除花丝、花瓣，把纯花药集中在一起，摊在纸上，放在室内自然温度下干燥，阴干。经过一昼夜花粉囊破裂，花粉粒露出来，可放出黄色花粉，将其收集到一起放入瓶中备用。授粉器一般用毛笔、橡皮头等，授粉时用授粉器蘸取花粉授到刚刚开放的花朵柱头上。这种方法比较费工，但效果好。一般桃树开花1～3天授粉，均有效，但以当天开花当天授粉的效果最好。授粉时间一般以上午9～10点到下午3～4点为好，如天气不好，应该多授几次。

因为桃是虫媒花，在开花期应用蜜蜂授粉，可以省时省工，授粉均匀，效果好，是提高坐果率的有效方法。一般每亩日光温室桃放蜜蜂1～2箱（彩图2-22），即可收到良好的效果。蜂箱蜜蜂出口在温室的朝向，以向着温室设施的走向为好，以防蜜蜂飞出蜂箱后受到损失。

如果不应用人工授粉和蜜蜂授粉，在盛花期喷布赤霉酸可以提高坐果率。一般使用的浓度是1包（1g）兑水15kg。坐果后看萼片是否脱落，如果不脱落，则容易落果，有时果面会有花纹，这时可再打一次赤霉酸，促进果实生长，让其被顶掉。这次使用的浓度可小些，一般1包（1g）兑水20～25kg。

3. 疏果定果

疏果于花后2周开始，分2～3次疏果，第一次在玉米粒大小时先疏成堆、成串果和畸形果、梢头果；第二次，间隔7～10天；第三次，5～10天后幼果膨大，出现大小果以后，硬核前进行细致定果。树冠内果实分布要均匀，果距5cm以上，留10%保险。但应注意，开花不整齐，花量少，低温影响授粉受精的应当少疏轻疏；坐果率高的品种应当早疏，坐果率低的品种应晚疏；成年树可以早疏，幼树可以适当晚疏。

定果数量要根据品种特性、树势强弱、枝条类型、肥水条件、病虫害和自然灾害等不同情况灵活掌握。肥水条件好的，树壮，可以多留果；修剪留下的结果枝多而长，每个结果枝上应适当少留果；结果枝稀少，果实易遭受伤害的桃园，应适当多留果。一般的留果指标是2000～3000kg/亩，如每亩栽200株，欲获产量2600kg，每株平均产量13kg，多留10%，每株产量14.3kg就够了。以早红2号为例，平均单果重0.15kg，每株需留果96个。

4. 套袋

温室油桃套袋可使果实表面光洁光亮、鲜艳。一般套袋17～19天即可，摘袋3～5天即可采摘。也就是在采收前20天左右套袋，套袋过早，果实生长反而缓慢。具体时间一般在3月中旬左右。用0.02～0.25元的纸袋较好，其内层纸蜡较多，避光效果好。若要果面贴字，应摘袋后立即贴字（彩图2-23）。

5. 摘叶

由于叶片多，果实着色会不均匀，未套袋的果实在采收前7～10天，将挡光的叶片或紧贴果实的叶片少量摘去，可以使果实全面着色，套袋果在摘袋后摘叶。摘除贴果叶、果实周围的遮光叶（彩图 2-24）。疏除树冠上部遮光严重的旺长新梢，以利于着色，根据成熟度分批采收。

6.吊枝

待果实硬核开始膨大时，要及时吊枝，以防因挂果过多而压断枝条，尤其是幼树更要多吊枝（彩图 2-25）。果实开始着色后，阳面已部分上色，将结果枝或结果枝组吊起，使原背阴面也能见到直射光，增加果实着色面积。

六、土肥水管理

由于利用设施栽培桃树，打破了其固有的年生长周期，不同程度地改变了其自然生长和发育的环境，因此对土肥水管理的要求就更加严格。

1. 土壤管理

由于桃树根系发达，吸收根多且呼吸旺盛，要求土壤透气性好，排灌便利。因此土壤管理的关键就是采取一切措施改变土壤的团粒结构，使其利于通气，并培肥地力，增加土壤有机质含量。生产中常采用深翻改土、中耕除草、覆盖地膜等措施。

2. 水肥管理

设施桃树栽培要重视基肥的施用，基肥的施用时期以 8 月中旬～9 月上旬为宜。因为秋季施肥断根可以很快恢复，有利于根系对肥料的吸收，肥料易腐熟分解，从而提高桃树秋季贮藏营养的水平，对充实花芽、第二年开花结果均有良好的效果。秋施基肥以腐熟的优质鸡粪、猪粪、饼肥为主，施肥量为 4000～6000kg/亩，混施复合肥 0.2～0.4kg/株（或每株追施土粪 30kg，并加磷酸二铵 250g。或每亩施牛粪 4.5m^3，鸡粪 3.0 m^3，同时每株施尿素 100g）。方法是行间、株间挖 30～40cm 深、20～30cm 宽的条沟，肥土混拌均匀后，回填底土，并及时灌透水。

桃树在不同的生长时期对各元素的要求也不同，尤其是桃树前期生长对氮的需求以及果实后期对钾的需求量都较大，因此需要定期追肥。当年定植的桃苗要实现当年定植、当年扣棚，需根据植株长势进行 1～2 次追肥促进营养生长，才能在 7 月份之前形成较大的树冠，使覆盖率达到 80% 以上。也可结合喷药，进行叶面喷肥。第二年在温室升温后，重点在以下几个时期进行追肥。一是花前追肥，一般以氮肥为主，适量配合磷肥，以促进萌芽，并使开花整齐，提高坐果率，增加新梢生长量。每株施 60g 尿素。二是硬核期追肥，这次追肥应在硬核期之前进行，施以氮肥为主的复合肥。硬核期由于种核的发育，消耗大量的营养，及时追肥可以促进核的发育和花芽的分化，不仅可提高当年的产量，对第二年的产量也有重要作用，每株施氮磷钾复合肥 100～200g。三是采前追肥，采前 2～3 周果实迅速膨大，追施的肥料以钾为主。可增大果个，增加着色，提高含糖量，提高果实品质。四是采后补肥，目前生产上在采收后所有结果枝基本留 2 个叶芽控冠重修剪，一般修剪后 1

周，每亩施尿素 50kg，灌 1 遍透水，约 10 天以后，可长出新梢，每一剪口部位只留 1 芽，其余抹去，并按原树形整枝，此间，每隔 10 天喷 1 次 0.3% 磷酸二氢钾溶液，7 月中旬左右形成较理想的再生树冠后，控水、控氮、增磷钾肥。追肥方法可采取沟施，有条件的可实施肥水一体化技术。五是根外追肥，花后 10 天每隔 15 天喷布一次，重点喷叶背。与农药混用时，浓度要降低，以免发生肥害、药害。以氮磷钾及微量元素为主，如尿素、磷酸二氢钾等，浓度一般在 0.3%～0.5%，根外追肥，简单易行，用肥量小，发挥作用快，能及时补充桃树对养分的需要，并可避免磷、钾在土壤中的化学和生物固定作用，尤其在缺水季节或缺水地区及有盐碱的土壤上喷肥更为重要。每年坚持硅钙镁肥的施用，以有利于温室内的土壤调理。

根据施肥和桃生长发育状况进行浇水，一般在萌芽前，坐果后，果实发育中、后期施基肥后，及越冬后各浇一次水。露天生长后期、开花期控制浇水。

七、当年定植当年成花技术

当年定植当年成花技术简称"四当"技术（当年定植、成花、扣棚、成熟），就是在定植后的生长季节里，精心管理实现翌年丰产，实现早收益。全年的管理要做到"前促后控"。所谓"前促"是指定植后至 7 月上旬，加强土、肥、水管理和病虫害防治，促进树体迅速成形；所谓"后控"是指 7 月上旬以后，控肥、控水，利用修剪手法及生长调节剂，使其由营养生长向生殖生长转化，形成多而优的花芽。具体措施如下：

1. 前促（促长）时期

定植到 7 月中旬，促进成形。方法：①多次摘心促冠，新梢长 20cm 时就摘一次，共摘 2～3 次，从而可增加枝量迅速形成树冠。②地下肥水管理，新梢长 15cm 左右时，每半月追一次肥，以腐熟人粪尿及氮肥为主。③叶面喷肥，每隔 10 天左右结合喷药喷一次 0.3% 的尿素和 0.4%～0.5% 磷酸二氢钾，连续喷 3～4 次。

2. 后控（促花）时期

这是与促长完全相反的过程，7 月中旬以后，抑制营养生长促进花芽形成。方法：①拉枝开角，抑制生长，改善光照。②停止地下追肥，控水、氮，尤其是氮肥，可每隔 10 天结合喷药，喷一次 0.3% 的磷酸二氢钾，连续 3～4 次。此期如果土壤墒情好，一般不灌水。雨季及时排水防涝，雨后可中耕松土，并结合除草。③应用多效唑或 PBO 抑制新梢生长，大约在 7 月中旬最后一次摘心长出的枝条多数在 20cm 时进行，每间隔 10 天喷一次 15% 多效唑 150～200 倍液或喷布 300 倍液 PBO，新梢的生长点一定要喷到。可喷布 2～3 次，喷的浓度和次数要根据抑制的效果和桃树的长势而定，及时观察长势防止耽误抑制效果，低浓度多次喷布比高浓度一次喷布效果好。同时要注意多效唑的副作用，就是过量施用会引起雄雌蕊生长不协调，产生对顶果、双子房等现象。④疏枝晒条。疏除过密枝，徒长枝。⑤限根生长。起垄栽培，用表层土和中层土堆积起垄成行，垄高 20cm 以上，宽度 60～150cm。起垄后，土壤透气性增强，有利于提高土温，根系所处的水、肥、气、热稳定适宜，吸收根生长量大，生长根比例小；根系垂直分布浅，水平分布范围大，有利于树体矮化紧凑，易早成花，早结果。

八、整形修剪

1. 设施栽培常用树形

设施桃的树形由设施结构、株行距确定。日光温室前端和塑料大棚两侧空间小，一般采用两主枝开心形，中后部有效空间大，可采用三主枝小冠自然开心形或自由纺锤形。在一个设施内为了充分利用有效空间，其树形可灵活运用。

(1) 三主枝小冠自然开心形　这种树形的特点是主枝少，无侧枝，结果枝组多，立体结果，整形容易，成花快，主枝斜向延伸，能控制顶端优势，结果枝分布均匀，树冠开心，光照条件好，内膛和下部枝组健壮，寿命长，是日光温室比较好的丰产树形（彩图 2-26）。

树体结构：一般干高 20～30cm，三主枝斜向延伸，主枝角度以 50°～60°为好，大、中、小型结果，直接着生在主枝上，无侧枝。每个主枝选留 1～2 个大型结果枝组，2～3 个中型结果枝组，3～5 个小型结果枝组，全树高 1.5～1.8m。一般 2 年可完成树形。

(2) 二主枝开心形（"丫"字形）　这是一种适合高密度栽培的树形。特点是全树两个主枝，大、中、小型结果枝组直接着生在主枝上，无侧枝。骨干枝少，树体结构简单，整形容易，结果早，光照条件好（彩图 2-27）。

树体结构：干高 20～30cm，全树只有两个主枝，主枝角度 45°，每个主枝上选留大型结果枝组 1～2 个，中型结果枝组 2～3 个，小型结果枝组 3～5 个，树高 1.5～1.8m，树冠形状成扁形。两个主枝方向为了适合日光温室栽培采取东西向，以利于采光。

(3) 自由纺锤形　这种树形的特点是小主枝多，无侧枝，无明显的层次，分枝级次少，单轴延伸，整形简化，光照分布均匀（彩图 2-28）。

树体结构：干高 20～30cm，树高 2m 左右，小主枝 8～10 个，均匀分布，伸向各方，螺旋形排列，无明显层次。在小主枝上直接着生中、小结果枝组，小主枝角度 70°～80°，小主枝长 0.7～1m，主干与小主枝粗度之间保持 1∶0.5 的比例，小主枝与枝组粗度之间也应保持 1∶0.5 的比例。

(4) 一根棍树形　这种树形是近些年山东等地在设施内或露地密植栽培采用的一种树形，有的也称主干形。适应密植栽培，可以充分利用设施内的空间，光照条件好，整形修剪方法简便，产量高，见效快（彩图 2-29）。

树体结构：整体一株树类似通常的一个主枝，中心干明显，树高 2m 左右，其上直接着生 30 个左右的结果枝，树冠上部结果枝稍短，下部结果枝稍长。与纺锤形树形相同的是都有明显的中心干，不同的是纺锤形主干着生不同的结果枝组，而一根棍树形其主干上直接着生结果枝，树冠更细长，更适应高密栽培。

2. 与露地栽培不同的修剪措施

设施桃属高密栽培，棚室内空间小、光照弱、温度高、湿度大，桃树生长时间长，管理不当时，表现为旺长、树冠郁闭、枝条部充实、内膛枝细弱、花芽分化质量不高，因此与露地栽培的整形修剪措施有所不同。

(1) 早培养，早成形，早结果 露地栽培桃树，一般株行距较大，定植前两年以长树为主，尽可能扩大树冠，注意培养永久性骨干枝。而设施栽培因密度大，要获得早期较高收入，就必须以培养结果枝为主，所以前期要猛促生长，早成形；后期控制生长，多成花。

(2) 采后控冠修剪 这是日光温室桃树栽培特殊的修剪方式，即果实采收以后，在结果枝基部 2～3 个芽处短截，促发新梢（彩图 2-30），作为下一年的结果枝。短截时要留一部分细弱枝，保证一定的叶面积，否则树体损失太大，影响花芽质量。待短截枝新芽长出 10～15cm 时，再将细弱枝疏除。以后通过多效唑控制生长，或控氮施磷钾肥，促进花芽分化。

(3) 适时间伐，不断改形 整形修剪以在单位空间内获得最高有效叶面积为目的。随着树体的不断扩大，光照条件越来越恶化，这就需要通过疏、截、缩的方法改变树体结构，尤其是第一、二年为了得到前期产量，枝量增多，会出现郁闭情况，这时需要对单株和整体结构做相应的调整。如果采收后需要间伐桃树，间伐后，对保留树的主枝头及有空间的结果枝要适当轻剪，辅以拉枝，开张角度。对永久株的树，当树冠达到一定生长范围后，每年采后控冠修剪，就要采用缩、放相结合的修剪方法，以保证疏密适中的留枝量。为充分利用设施内有效空间，要不断改形，做到有空"插"，无空"让"，以获得最高产量。

(4) 重（勤）夏剪，精（细）冬剪 桃生长季修剪占整个修剪量的 70% 以上，设施栽培更要重视。夏剪以控制枝条多数旺长，解决通风透光，促进花芽分化和果实成熟为主要目的。尽早疏除直立枝、并生枝、过密枝、角度和方位不适合的枝；有空间的可摘心培养；采收后对结果枝组要进行重回缩，强短截，促其形成新树冠。冬季修剪重点是维持树形，精细修剪各类结果枝，以产定枝，以枝定果，以果定芽。

九、温湿度管理

由于桃树的萌芽、受粉、果实生长、果实品质等方面与温度有着密切的关系，因此，温室升温后，要按桃树各物候期要求严格控制温湿度，尤其开花期时温度不宜过高，后期棚内要提高温度，才能保证桃树正常开花坐果及果实正常生长。具体可按表 2-2 进行控制。

表 2-2　日光温室桃各物候期的适宜温湿度

项目		催芽期	开花期	展叶期及新梢生长期	硬核期及果实肥大期	着色期及采收期
温度	最高温度/℃	23～25	22	25	25	28
	最低温度/℃	5	6～7	10	10～15	15～18
湿度/%		70～80	50～60	60 以下	60 以下	60 以下

十、品种更新技术

我国的保护地桃发展十几年来，由于前几年所栽培的品种较少，主要以早红2号、早红宝石、艳光等为主，果实上市时间较为集中，价格较低，加之大部分桃树在设施内已超过经济栽培的年限，产量和经济效益逐年下降。随着新的优良品种不断出现，许多栽培者面临着品种重新选择与更新问题，这是生产目前面临的问题，品种更新可参考以下技术。

1. 重新定植

(1) 换土与施肥　重新定植前应做好换土和施肥工作，其目的主要有以下几点：

① 消除多效唑的影响。目前生产上大多采用多效唑达到控树成花目的，每年都应用一两次，多效唑在土方中分解慢，残效期长，对新植树生长影响很大，明显抑制树体的生长和发育，幼树成形慢，表现出新梢节间短、叶片皱缩等症状。

② 防止再植病。残留在土壤中的桃树根系在腐烂过程中会分解出桃苷，抑制新根生长，易发生再植病。

③ 防止土壤盐渍化。由于长期使用化肥、勤灌水，土壤表面蒸发快，土壤板结，使土壤盐分上移，易发生土壤盐渍化，使桃树生理病害发生严重。

换土与施肥的方法是，将温室内自地表至 35cm 以内的土全部取出，回填新土，并施入农家肥（猪粪、鸡粪、牛粪、马粪等），一般每亩施农家肥 2000～3000kg，撒施后耕翻 25～30cm，搂平作畦放水，使土壤沉实。对生产年限较短的温室，可以只对栽植穴处的土壤进行更换并施入农家肥拌匀。

(2) 苗木的定植　先将所选品种苗木假植在编织袋内，并按照温室管理技术对其进行管理，待温室内果实采收后淘汰老树并换土施肥，把预先栽植在编织袋内的苗木移入温室内，除去编织袋，重新定植。如外界温度较高，可用遮阳网或放下部分草帘进行遮阴，及时浇水，确保成活率。

(3) 大树的移栽　所移大树可以通过两种方式获得：一是事先用营养袋或其他容器定植，假植在田间，并按每株苗木将来在温室中所栽位置有计划地完成整形；

二是直接定植在田间并完成整形。栽大树时间可在温室采果后，或早春化冻至萌芽前（3月上旬～4月中旬）进行。所不同的是采果后移栽的树已经展叶，如果管理不到位成活率很难保证，但这时移树却保证了下一年的产量。而在萌芽前移树，拔树整地等工作要在前一年做好，所以有一年没有产量，但可以确保成活。无论何时移树，对移栽树的根系破坏较多，恢复能力很弱。为保证成活率，要比移栽假植苗更仔细周到。

为了提高大树移栽的成活率和生长势，对准备移栽的树在前一年3～4月或9～10月，以距树干50～70cm为半径，挖一宽15～20cm、深30～40cm的环状沟，切断根系。对较大的断根用剪子剪平伤口（剪口向下），然后用园田表土和土粪混合后填沟并浇水，以利发出较多的新根。带土坨移植是提高大树移栽成活率最重要的技术措施。移栽时如土壤较干，应提前2天灌一次透水，待土壤稍干后，再在预先断根处稍外挖树。挖树时尽量保护细侧根，挖出的土坨半径至少不小于树干直径的5倍。对断根进行修剪整理后，用草绳或草袋等包扎土坨，然后运到温室栽植。无法带土坨的树栽植时应用泥浆蘸根保护或喷洒生根剂。栽植穴要比所挖树的根系半径大些，中央稍高，以利根系舒展。栽植时先放一层松土，将树放入穴内，理顺根系，然后填土踩实，尤其是土坨下部的空隙要用木棒等将土壤捣实，使根与回填土充分接触。

大树移栽后灌足水，待地表略干后中耕并覆盖地膜，以利保墒和提高地温，促进根系活动和生长。以后视土壤墒情及时补水，到6～7月份撤去地膜。如果移栽的树较大，还应用1～3个支柱加以固定，防止风吹摇动。树体成活后进行叶面喷肥或土壤追肥，追肥应本着少量多次的原则。移栽当年不能让其结果，要疏除所有花芽。

2. 高接换头

（1）芽接法　果实采收后进行整形修剪，对备接枝重新培养新梢。一般在6月上中旬枝条半木质化以后进行。采用"T"字形芽接，芽接部位尽量靠近主枝（干），在接芽上保留五六片叶摘心，并抹除副梢。接芽长至10～15cm时在接口上方0.5cm处剪掉上部。

（2）硬枝接　采果后进行整形修剪，对预留骨干枝剪（锯）留25cm，采用劈接、切腹接，并用塑料条缠好。所选品种接穗应在前一年准备充足并进行沙藏，嫁接前一天取出接穗并用水浸泡12～24小时，然后将接穗剪成枝段，每段2～3个芽，并将顶部用塑料条或腊乳液等封顶。也有的在温室升温萌芽后，应用冬季剪下的一年生接穗，选择角度好位置适宜的主干或一二年生枝进行硬枝接，待果实采收后，将原品种剪掉，改成嫁接后的品种（彩图2-31）。

（3）嫁接后管理　及时灌一次透水。及时去萌，在去萌时要注意观察接穗，如未成活，在合适位置应保留一个芽，使其萌发，采用芽接法进行补接。当新梢长至

30cm 左右时进行摘心促发二次枝，使树早成形。及时除去嫁接口处塑料条，防止枝条生长快而造成绞缢现象。

十一、棚桃秋冬季管理新技术

棚桃秋冬季管理主要是 9 月中下旬以后到升温时的管理。这个时段的管理重点是控制树体生长，促进树体早进入休眠，促使枝条早解除休眠。

1. 促进树体早进入休眠的措施

（1）秋季强制提早落叶　提早落叶可使树体尽早进入休眠并缩短休眠期。秋季天气变凉，日照变短时，激发了桃树植株内产生乙烯信号激素，这种信号激素诱导体内产生大量的脱落酸。脱落酸在树体里面以叶片含量最多，而且大多数是由叶片产生，在掉落前，叶片会本能地把自身的营养物质与激素回流传导至枝芽及根内，使芽内有大量的脱落酸，从而起到较强的抑制作用，使芽处于休眠状态，以避过严寒冬季可能造成的危害。

脱落酸是重要的抑制剂，其含量多少决定休眠期的长短。试验表明，在桃树还未开始自然落叶，脱落酸还没回流至芽或树体内时就进行人工强制摘叶，则花芽与叶芽就没有脱落酸积累或少有积累，就不会进入生理休眠或深休眠，只要外界给予加温并满足其他生长条件，芽就可正常萌发，提前进入下一轮的生长发育。所以适时促使尽早落叶可以减少芽内脱落酸的积累。但何时强制促进落叶是关键，过早，花芽没有分化完全，产量受到影响；过晚，已有部分脱落酸回流到枝或芽内，导致生理休眠开始，影响温室提早升温。一般可以在显微镜下观察，当绝大多数芽已完成完全花分化时，就可摘叶。但生产中，更适于农民的方法还是目测法，也就是叶与枝的着生角度，当叶与枝的角度变大至 90°或下垂时，说明花芽已完全分化好，此时就要及时摘叶。试验表明，辽南地区在 9 月 25 日以后强制落叶，将不会影响树体对养分的积累，此时可以进行摘叶处理（彩图 2-32）。强制落叶可以采用人为摘叶或者喷布新型落叶剂等方法。

（2）提前扣棚（闷棚）　桃树进入休眠的主要条件就是低温，低温休眠的过程是减少脱落酸分解的过程。通常认为脱落酸物质的分解最好是在 0～7℃的范围内，在这种环境下分解最快。有报道 5～6℃打破果树芽休眠效果最好，经专家研究发现温度在 2.5～9.1℃打破桃休眠的效果最好。1.4℃以下或大于（等于）13℃时没有作用，16℃以上的温度能抵消低温的作用。通过调查资料发现，辽宁熊岳地区一般在 10 月中旬夜间平均气温可以达到 8～9℃。经调查熊岳从 1981 年到 1997 年的 17 年气象资料，应用五日滑动平均法，确定了熊岳地区平均各年秋冬季气温稳定通过 7.2℃的初始日期为 11 月 7 日，正常开始休眠的时期是从这天开始的。但是为了促进桃树早进入休眠，可以应用"人工低温暗光促眠"的措施（闷棚），即提前扣上草帘，白天放下草帘，晚上揭开草帘，打开温室通风口和前底脚覆盖，尽可能降低并保持温室内比露地较低的温度（0～7.2℃）。进入 11 月中旬以后，注意棚内的温度不要低于 0℃，低于 0℃不但对休眠没有作用，反而对萌芽升温不利。因为一方面低于 0℃不利于树体内脱落酸的分解；另一方面，土层被冻，地温过低，升温时不利于根系生长。

（3）秋季干旱 秋季适当的干旱、适当控制灌水，抑制了树体的生长，也可以促使桃尽早进入休眠。

2.促使枝条早解除休眠的措施

目前促使枝条早解除休眠主要是使用化学药剂来实现。如有报道硫脲加硝酸钾，低浓度范围（小于 0.5%）可促进果树芽的萌发，应用高浓度反而延迟芽的发育。应用石灰氮可打破葡萄休眠，用赤霉酸可打破草莓休眠。赤霉酸不能打破桃休眠，但能刺激桃叶芽膨大。对于桃树打破休眠，辽宁农业职业技术学院试验表明，目前破眠效果最好的是应用 50%含量的单氰胺新型果树破眠剂 60～80 倍液喷布，它可促使桃提早萌芽、萌芽开花整齐，提前成熟效果明显。

单氰胺是一种植物休眠终止剂，应用后可刺激作物生长，终止休眠。在温室桃、葡萄、大樱桃、蓝莓、无花果等果树上应用都可以打破休眠、提前萌芽、提早成熟、改善品质，提高经济效益。

（1）新型果树破眠剂单氰胺在棚桃上的使用效果

① 提前 10～15 天萌芽，花期提早一周，开花整齐、花期短（彩图 2-33）。

② 果实成熟提早 5～12 天。

③ 增加果实着色度。

（2）使用浓度 油桃 60～80 倍液；毛桃、蟠桃 40～50 倍液。依树势强弱、枝芽饱满程度、喷布的重轻程度来确定喷布浓度。配制药剂时可适当加入展着剂。

（3）使用时期 北方温室、大棚喷布最好在升温当天进行，或升温前、后的 2～3 天内完成，升温第 4 天以后不建议使用，否则容易烧芽。

（4）使用方法 将药液按浓度配好后，直接用喷雾器喷布在桃树的枝条及主干上（彩图 2-34）。用药后在 3 天之内灌一次水，有利于枝芽的萌发。

（5）使用注意事项

① 当年生温室大棚桃树不建议使用，若要使用需降低喷布浓度。对于当年生长势旺盛、花芽不饱满的树，需降低使用浓度。②每株树上枝条不得漏喷，喷到即可，宜轻不宜重，更不能重复喷。若用电动喷雾器喷布，因喷雾较快，需降低喷布浓度。若掌握不好喷布火候，可适当增加兑水量，降低使用浓度，适当重喷。③喷药后当天下午必须等药液干后再放草帘。④不得与其他化学农药、叶面肥混用。⑤由于用药后对桃、大樱桃叶芽刺激作用较大，因此，当叶芽长到 1.5～2.0cm 时，需用 PP_{333} 或 PBO 处理 1～2 次（PP_{333} 或 PBO 浓度在 120 倍左右）。⑥喷施后的果树，应在用药后当天及时浇水灌溉，保持土壤湿润，以保证用药效果。⑦本品对眼

睛和皮肤有刺激作用，直接接触后，会引起过敏，表皮细胞层脱去，需戴手套操作，操作后用清水洗眼，并用肥皂仔细洗脸、手等易暴露部位。操作前后 24 小时内严禁饮酒或食用含酒精的食品。⑧对于无防寒措施的冷棚果树，使用本药剂后，在萌芽期注意预防早春寒流危害。

十二、病虫害防治技术

要使设施栽培生产出无公害的桃果实，就必须严格按照无公害桃果品生产操作规程的要求，进行病虫害的防治。以农业防治和物理防治为基础，以生物防治为核心，科学使用化学防治等综合防治技术，有效控制病虫危害。禁止使用福美砷、五氯硝基苯等高残留杀菌剂和对硫磷、氧化乐果等高毒农药，有限制地使用高效氯氟氰菊酯、毒死蜱等农药（且在采收前 1 个月禁止使用），提倡使用阿维菌素、灭幼脲、石硫合剂、多抗霉素等高效低毒无公害农药。

温室、大棚升温启动时喷 5 波美度的石硫合剂，杀死越冬病虫。落花后喷 8% 宁南霉素 2500 倍液，防治细菌性穿孔病；落花后两周喷 80% 的代森锌可湿性粉剂 500 倍液防治桃黑星病；用 50% 多霉清可湿性粉剂 800~1000 倍液可以防治桃褐腐病；用 65% 菊·马乳油 1000 倍液防治梨小食心虫；防治桃潜叶蛾，可用 20% 灭幼脲 3 号悬浮剂 1500 倍液；用 15% 哒螨灵乳油 2000~3000 倍或 3000~4000 倍液，可防治山楂红蜘蛛等。

十三、油桃裂果的原因及对策

1. 油桃裂果的原因

(1) 品种 不同油桃品种裂果情况不同，早红珠基本上不裂果，NJN76 裂果较重，严重年份可达 40%。

(2) 水分 目前多数油桃品种均存在不同程度的裂果现象。露地栽培，同一品种在不同年份因降水量及降水时期等气候条件不同，裂果率不等。凡是在果实第二迅速生长期或中期遇到较大降雨的年份，裂果较重，在温室栽培中，如果油桃第二迅速生长期灌水过大也同样会加重油桃裂果。

(3) 土壤及地势条件 砂壤土栽培裂果率低，土壤黏重、空气湿度大的果园几乎 100% 裂果，且果锈严重，有的完全失去商品价值。

(4) 果实着生部位 树冠外围、受直射光照射的，朝天生长的果易裂，粗壮果枝上的果实比中短果枝及花束状果枝上的果实易裂。

(5) 果实第二次速生期的生长速度 油桃裂果始于果实第二次速生期的初期和中期，并且果实生长速度快的大果裂果率高。

2. 防止油桃裂果的方法

① 选择适宜的品种，这是防止油桃裂果的根本措施。

② 选择地势较高、排水较好的地块栽培油桃。

③ 栽培中应注意土壤水分的调节，土壤水分变化幅度要小，果实成熟前20～30天适当控制水分的供应。

④ 疏果时树冠外围可适当多留果，控制外围果实的发育速度，多留向下生长的果实，不留朝天生长的果实；多留中短果枝及花束状果枝上的果实；对油桃进行套袋栽培等。

⑤ 喷施赤霉酸125mg/L或氯化钙0.1mol/L或PP_{333}等，都对减轻裂果有效。

第三章

葡萄栽培技术

第一节 葡萄品种介绍

  建设优质无公害葡萄园，要求适宜的年平均气温为 8～18℃，最暖月份的平均温度在 16.6℃ 以上，最冷月份的平均温度在 −1.1℃ 以上，无霜期 200 天以上；年降水量在 600mm 以内，年日照时数 ≥2000 小时，海拔高度一般在 200～600m。葡萄对土壤适应性强，除特潮湿或盐碱过重外，大部分土壤均可种植。一般要求葡萄种植园应选择地势平缓，不积涝，有灌溉条件的山、坡地，土层厚度在 50cm 以上或改良不少于 50cm，土壤有机质含量 1% 以上，pH 值 6.0～7.5 的砂壤土和壤土为宜。

  要根据当地气候特点、土壤特点，结合品种的类型、成熟期、品质、耐贮运性、抗逆性等制订品种规划方案；同时考虑市场、交通、消费和社会经济等综合因素，选用抗病、优质、丰产、果粒大而整齐、着色均匀、含糖高、抗逆性强、适应性广、商品性好的品种。

  世界上的葡萄品种近万个，但在中国广泛用于栽培的品种不过几十个。按品种起源区分可分为欧亚种葡萄、美洲种和欧美杂交种；按葡萄成熟期早晚区分为早熟品种、中熟品种和晚熟品种；按葡萄果实主要用途区分为鲜食品种、酿造品种、制汁品种、制干品种等，本章主要介绍部分鲜食品种和酿造品种。

一、鲜食品种

1. 着色香

  辽宁省盐碱地利用研究所育成。1961 年从玫瑰露×罗也尔玫瑰有性杂交后代中选育出来的鲜食、制汁兼用型葡萄品种。2009 年 8 月通过辽宁省种子管理局组织的品种备案鉴定。果穗圆柱形，有副穗。平均穗重 175g，大穗重 250g；果粒椭圆形，平均果粒重 5g，经无核处理后可达 6～7g。果皮紫红色，果粉中多，皮薄（彩

图 3-1）；果肉软，稍有肉囊，极甜，可溶性固形物含量 18%，可滴定酸含量 0.55%，有浓郁的草莓香味，品质上等。出汁率 78%。该品种树势强健，萌芽率高，结果枝率高。定植后 2 年见果，4 年丰产，亩产 1000kg 左右，稳产性好。该品种为雌能花品种，栽培上需配置授粉树，无核化栽培效果更好。在辽宁盘锦地区 4 月下旬萌芽，6 月上旬开花，8 月下旬成熟，果实发育期 120 天左右，属早中熟品种。耐盐碱，抗寒性较强，抗黑痘病、白腐病和霜霉病，不裂果，有小青粒现象。

2. 夏黑

发源于日本，巨峰和汤姆森杂交而成，早熟欧美杂交种，三倍体无核葡萄。特点是早熟，我国山东烟台地区 8 月初就可以上市。穗圆锥形或有歧肩，平均穗重 420g 左右，果穗大，整齐，果粒着生紧密。果粒近圆形。无核，高糖低酸，香味浓郁，肉质细脆，硬度中等，在欧美葡萄里算比较硬的。长势比巨峰强，需要控制它的长势，否则会对结果有些影响。抗病性中等，不及巨峰，不抗炭疽病、白粉病。果实是紫黑色到蓝黑色，颜色浓厚且果粉厚，容易着色，着色成熟一致（彩图 3-2）。果皮厚而脆，基本无涩味。果肉硬脆，无肉囊，果汁紫红色。味浓甜，有草莓香味。可溶性固形物含量 20%。它的一个比较大的缺点是果粒小，平均单粒重不到 2g，需要膨大剂处理（生产上先拉穗，再无核、后膨大），多次处理后单粒重可以达到 8g。成熟时有落粒现象，品种处理后不耐贮放，不适宜大面积栽培发展。

3. 维多利亚

该品种由罗马尼亚德哥沙尼葡萄试验站杂交育成。亲本为乍那和保尔加尔，欧亚种。1996 年河北葡萄研究所从罗马尼亚引入我国。果穗大，圆锥形或圆柱形，平均穗重 630g，果穗稍长；果粒着生中等紧密，果粒大，长椭圆形，粒形美观，无裂果，平均果粒重 9.5g，最大果粒重 15.0g；果皮绿黄色，果皮中等厚韧，果肉硬而脆，味甘甜爽口，品质佳（彩图 3-3）；可溶性固形物含量 18.0%，含酸量 0.37%，果肉与种子易分离，每果粒含种子以 2 粒居多。植株生长势中等，结果枝率高，结实力强，每结果枝平均果穗数 1.3 个，副梢结实力较强。在山东省烟台地区 4 月 26 日左右萌芽，5 月 30 日左右始花，8 月上旬果实充分成熟。成熟后若不采收，在树上挂果期长。抗灰霉病能力强，抗霜霉病和白腐病能力中等。果粒着生极牢固，果实成熟后不易脱粒，耐贮运。该品种生长势中等，成熟早，极丰产，宜适当密植，可采用篱架和小栅架栽培，中短梢修剪。该品种对肥水要求较高，施肥应以腐熟的有机肥为主，采收后及时施肥，栽培中要严格控制负载量，及时疏穗疏粒，促进果粒膨大。生长季要加强对霜霉病、白腐病害的综合防治。适宜在干旱或半干旱地区推广。

4. 阳光玫瑰

也叫夏音玛斯卡特，欧美杂交种，原产地日本。日本植原葡萄研究所 1988 年杂交培育，2006 年品种登记，2009 引入我国。果粒黄绿色，果面有光泽，果粉少。

穗重 500～1000g，一般粒重 12～14g，不裂果，盛花期和盛花后用赤霉酸处理可以使果粒无核化并使果粒增重 1g。果实可溶性固形物 22％以上，最高可达 26％。香甜，有玫瑰香味，鲜食品质优良。成熟期 8 月中下旬成熟，成熟后在树上能挂果 2～3 个月。不裂果，不脱粒，丰产，抗逆性较强，综合性状优良，易管理，外形美观，可进行大面积推广。

5. 金手指

日本原田富一氏于 1982 年用美人指×Seneca 杂交育成。以果实的色泽与形状命名为金手指，1993 年经日本农林省注册登记，登录号第 3406 号，1997 年引入我国，在山东、浙江、辽宁等地进行引种栽培。在本地区 8 月底成熟，属于中熟品种。嫩梢绿黄色，幼叶浅红色，绒毛密。成叶大而厚，近圆形，5 裂，上裂刻深，下裂刻浅，锯齿锐。叶柄洼宽拱形，叶柄紫红色。一年生成熟枝条黄褐色，有光泽，节间长。成熟冬芽中等大，两性花。果穗中等大，长圆锥形，着粒松紧适度，平均穗重 445g，最大 980g，果粒长椭圆形至长形，略弯曲，呈菱角状，黄白色，平均粒重 7.5g，最大可达 10g（彩图 3-4）。每果含种子 0～3 粒，多为 1～2 粒，有瘪籽，无小青粒，果粉厚，极美观，果皮薄，可剥离，也可带皮吃。含可溶性固形物 20％以上，有浓郁的冰糖味和牛奶味，品质极上，商品性高。不易裂果，耐挤压，贮运性好，货架期长。根系发达，生长势中庸偏旺，新梢较直立。始果期早，定植第 2 年结果株率达 90％以上，结实力强，每亩产量 1500kg 左右。3 年生平均萌芽率 85％，结果枝率 98％，平均每果枝 1.8 个果穗。副梢结实力中等。在山东大泽山地区，该品种 4 月 7 日萌芽，5 月 23 日开花，8 月上旬果实成熟，比巨峰早熟 10 天左右，属中早熟品种。抗寒性强，成熟枝条可耐－18℃左右的低温；抗病性强，按照巨峰系品种的常规防治方法即无病虫害发生；抗涝性、抗旱性均强，对土壤、环境要求不严格，全国各葡萄产区均可栽培。适宜篱架、棚架栽培，特别适宜"Y"形架和小棚架栽培，长、中、短梢修剪。适宜露地和保护地栽培。由于含糖量高，应重视鸟、蜂的危害。

6. 粉红亚都蜜

又名红萝莎、亚都蜜、兴华一号、矢富萝莎，属欧亚种。它是由日本东京都町田市矢富良宗以乌巴罗扎×玫瑰香为母本，潘诺尼亚为父本杂交选育而成，于 1996 年 11 月进行的品种登记。目前在中国北方的河北、山东、山西、宁夏等地有栽培。嫩梢绿色，带有紫红色附加色，有中等密的绒毛。成龄叶片中等大或较大，近圆形或心脏形，3～5 裂，上侧裂刻深，下侧裂刻较浅，叶缘锯齿，较大锐，叶柄洼呈拱形。枝条节间中等长，充分成熟为红褐色。果穗大，圆锥形，平均穗重 450～550g，最大穗重 1230g，果粒着生中等紧密，平均粒重 9g，最大粒重 13g，椭圆形，果柄韧，果刷较长，果粒着生牢固，极耐运输。果皮中等厚而韧，充分成熟呈鲜紫红色，果粉薄（彩图 3-5），果肉厚而脆，无香味，清甜，可溶性固形物含量 16％～

18%，含酸量 0.4%～0.5%。植株生长势较强或强，结果枝占新梢总数的 45%～55%。每个结果枝上平均穗数为 1.2～1.3 个，副梢结实力强，丰产，在河北中南部地区 7 月底 8 月初充分成熟，在辽南熊岳地区一般在 8 月中、下旬成熟。从萌芽到果实充分成熟生长期为 115～125 天，属早熟品种。该品种坐果好，果实颜色鲜艳，果粒大，不裂果，不脱粒，无日灼，耐运输。抗病力中等或较强，棚架篱架均可栽培，中、短梢修剪，特别适宜少雨干旱地区及保护地栽培。

7. 无核白鸡心

又名森田尼无核，属欧亚种。美国杂交育成，1983 年沈阳农业大学从美国引入。目前辽宁、河北、山东、京津地区、新疆、陕西等地均有栽培。果穗大，平均穗重 500g，圆锥形，最大穗重 1300g。果粒长卵圆形，略成鸡心状，平均重 6.9g，经赤霉酸处理后可达 10g 左右。果皮黄绿色，充分成熟后黄色，外观美丽诱人，皮薄而韧（彩图 3-6），不裂果，果肉硬而脆，香甜爽口，可溶性固形物 16%，无籽，品质极上。从萌芽到果实充分成熟生长期为 115～125 天。在辽南熊岳地区 8 月中、下旬果实成熟。该品种树势旺，抗病能力较弱，易染黑痘病、霜霉病，篱架栽培枝条容易徒长，常因徒长而影响花芽形成。宜棚架栽培。保护地内栽培表现良好。

8. 藤稔

别名乒乓葡萄，欧美杂交种。原产日本。是井川 682 与先锋杂交培育的四倍体品种。1986 年引入我国，全国各地均有种植，以浙江金华种植最多。果穗较大，圆锥形，或短圆柱形，平均果穗重 450g，果粒着生中等紧密。果实紫黑色，近圆形，果粒特大，平均粒重 15～16g，果皮厚，果肉多汁，味酸甜，可溶性固形物含量 15%～17%，含酸量 0.6%～0.75%，稍有异味，每果有种子 1～2 粒（彩图 3-7）。植株生长势较强，萌芽力强，但成枝力较弱，花芽容易形成，结果枝占新梢总数的 70%，平均每结果枝有 1.6 个花穗，较丰产。在北京地区 4 月上旬萌芽，5 月下旬开花，8 月下旬成熟，从萌芽到果实完全成熟需生长约 135 天左右，需活动积温 3200℃。属中熟品种。适应性强，较抗病，但易感染黑痘病、灰霉病和霜霉病。藤稔生长健壮，适宜棚架、篱架栽培，中短梢修剪结合，以中梢修剪为主。藤稔扦插生根率较低，而且自根苗根系较不发达，应采用适当的砧木进行嫁接繁殖，以增强树势。由于植株生长旺、果粒大，对肥的需求较高，栽培中要特别重视肥水的适时适量供应，以增强树势。为保证果粒大、品质好，应注意及时疏穗疏粒。结果期要注意对黑痘病、霜霉病和灰霉病的防治，实行套袋栽培。果实成熟后易落粒，要及时采收，尽快销售。

9. 里扎马特

又名玫瑰牛奶。属欧亚种，原产苏联，是以可口甘为母本，巴尔肯特为父本杂交选育而成。1961 年引入中国。在中国北部的河北、内蒙古、山西、甘肃、辽宁、新疆等地有栽培。嫩梢黄绿色。幼叶平滑无绒毛。成龄叶片中等大，圆形，3～5

裂均浅，叶片正面背面均无绒毛，叶缘锯齿，中锐，叶柄开张，呈拱形。两性花。果穗大，平均穗重800～1000g，最大穗重2350g，圆锥形或分枝状圆锥形，无副穗。果柄稍长，果粒着生较松散，平均粒重10.5g，最大粒重20g，长椭圆形，玫瑰红色或紫红色，果皮薄，果粉少，果肉细较脆，汁多，味酸甜，风味佳，可溶性固形物含量11.5%～14%，含酸量0.5%～0.6%，品质上等。植株生长势强，枝条节间长，充分成熟枝条为黄褐色。结果枝占新梢总数的35%～40%，每一个结果枝上平均穗数为1.1～1.2个，副梢结实力弱，丰产性中等。在辽南地区8月下旬至9月初成熟，从萌芽到果实充分成熟生长期为125～135天，属中熟品种。该品种耐运输，抗病力中等，易染黑痘病、霜霉病，着色期间或成熟期遇雨有裂果现象。栽培时应控制产量，以提高品质。宜棚架栽培，中、长梢修剪，最为适宜华北、西北、旱地区、大棚、温室以及避雨栽培。

10. 巨峰

欧美杂交种，原产日本，亲本为大粒康拜尔和森田尼。1954年定名，四倍体品种。1959年引入我国，已有几十年的栽培历史，目前，全国各地都有栽培。果穗大，平均穗重550g，最大穗重1000g以上，圆锥形，有副穗，果粒着生稍疏松。果粒大，近圆形，平均粒重11～12g，最大粒重20g以上，圆形或椭圆形。果皮紫黑色，果粉多。果皮中等厚，果肉软，黄绿色，有肉囊，味甜，有草莓香味，果皮与果肉、果肉与种子均易分离，果刷短，成熟后易落粒。果实含糖量16%～20%，含酸量0.53%～0.59%，每果粒含种子1～2粒。辽南地区在5月初萌芽，6月初开花，果实9月中旬成熟。从萌芽到成熟130～140天，中熟品种。8月中旬新梢开始成熟。该品种为早期育成的优良四倍体大粒鲜食品种。树势强，抗病力较强，适应性强，全国各地几乎均可栽培。植株生长势强，芽眼萌发率高，结实力强。温室内栽培克服了花期遇雨、低温对开花授粉的不良影响，坐果率高，产量比较稳定。温室栽培可在5月中旬上市，大棚栽培可比露地提早一个月成熟。但设施内结果过多或着色期高温，果实着色不良。

巨峰是我国引进最早的欧美杂交种四倍体品种，生长势强，果穗大，果粒大，抗病性强，是当前我国栽培面积最大的鲜食葡萄品种，也是一个优良的鲜食品种。但长期以来，由于缺乏严格的良种繁育制度和科学的管理方法，品种退化现象较为普遍，生产上要重视巨峰品种的提纯复壮，栽培上要提倡合理负载，加强综合管理，培养健壮稳定的树势，采用综合技术防止落花落果，提高果实质量，以充分发挥巨峰品种固有的良种特性。栽培时棚、篱架均可，中短梢混合修剪。防止落花落果是栽培成功的关键。

11. 辽峰

欧美杂种，原产地中国，是辽阳市柳条寨镇赵铁英发现的巨峰芽变品种。历经8年的扩繁和观察鉴定，发现该品种综合性状稳定。2007年9月通过辽宁省种子管理局专家组审定，并命名为辽峰（彩图 3-8）。其果穗圆锥形，长 20cm，宽 15cm，有副穗，平均穗重 600g，最大穗重 1350g。果粒大，呈圆形或椭圆形，2 年生幼树单粒重 12g，成龄树 14g，单粒纵径 3.2cm，横径 2.95cm。果皮紫黑色，果粉厚，易着色，果肉与果皮易分离，果肉较硬，味甜适口，可溶性固形物 18%，每果粒含种子 2～3 粒。成熟枝条为红褐色，枝蔓粗壮，嫩梢灰白，有绒毛，中多。幼叶绿色，成龄叶片大，心形，平展，3～5 裂，锯齿锐，裂刻浅。叶表面深绿色，背面灰绿色，两性花。树势强健，萌芽率 75.7%，结果枝率 68.6%，每个结果枝平均花序数为 1.7 个，开花坐果性状与巨峰基本相同。在辽宁省灯塔市，该品种 5 月 1 日左右萌芽，6 月上旬始花，8 月上旬开始着色，不用采取任何催熟措施，9 月上中旬浆果充分成熟，属中熟品种。从萌芽至成熟约需 132 天，有效积温为 2842℃，枝条开始成熟期为 8 月上旬，采收时新梢成熟节数为 8 节。该品种树势强旺，叶片肥大，适合小棚架栽培，独龙干形整枝，修剪主要为短梢修剪。栽植行株距 (3.5～4)m×(0.7～0.8)m。花前少施氮肥，防止新梢徒长。做到早抹芽、早定枝、早摘心（花前 3～5 天）、早修果穗（花前 2～3 天），减少养分消耗，防止落花落果。重摘心、重修穗，合理进行疏粒，每果穗保留 40～50 粒，穗重控制在 600～750g 左右。

12. 玫瑰香

欧亚种，原产英国，英国斯诺于 1860 年用黑汉与白玫瑰杂交育成。现已遍布世界各国，在我国已有 100 多年的栽培历史，各地均有栽培。果穗中等大或大，圆锥形。平均重 450g，果粒着生疏散或中等紧密。果粒中小，平均重 4.5g，椭圆形或卵圆形；果皮黑紫色或紫红色，果粉较厚，果皮中等厚韧，易与果肉分离；果肉黄绿色，稍软，多汁，有浓郁的玫瑰香味。含糖量 18%～20%，含酸量 0.5%～0.7%，出汁率 76%，果味香甜。树势中等。成花力极强，结果枝占总芽眼总数的 75%，平均每结果枝着生 1.5 个花穗，自结果母枝基部第一节起即可抽生结果枝，而第五至第十二节的结果枝结实率较高，果穗多着生于第四、第五节。副梢结实力强，一年内可连续结果两三次。玫瑰香适应性强，抗寒性强，根系较抗盐碱，抗病性较强，但易感染生理性病害水罐子病。在辽南地区 9 月上中旬果实成熟，中晚熟品种。玫瑰香为世界性优良鲜食品种，在我国栽培历史较长，但长期以来因缺乏系统的良种繁育，品种退化较为严重，生产上应高度重视玫瑰香品种的提纯复壮工作。栽培中要加强病虫防治和肥水管理，合理确定负载量，采用综合技术，防止落花落果和水罐子病。篱、棚架整形均可，中、短梢混合修剪。开花前要及时摘心掐穗尖，促进果穗整齐、果粒大小一致，提高果实商品质量。

13. 美人指

欧亚种，原产日本，其亲本为龙尼坤和巴拉底 2 号。果穗中大，无副穗，一般穗重 450～500g，最大 1150g，果粒大，细长型，平均粒重 10～12g，最大 20g，果实先端为鲜红色，润滑光亮，基部颜色稍淡，恰如染了红指甲油的美女手指，外观极奇特艳丽，故得此名（彩图3-9）。果实皮肉不易剥离，皮薄而韧，不易裂果，果肉紧脆呈半透明状，可切片，无香味，可溶性固形物达16%～19%，含酸量极低，口感甜美爽脆，具有典型的欧亚种品系风味，品质极上，市场售价一般高于美国红地球30%。在我国山东省烟台地区8月下旬开始着色，9月中下旬成熟。在不影响第二年树势的前提下，可延后留树20天左右，含糖量还可增加。果实耐贮运，是继美国红地球后引入我国的晚熟葡萄新秀。

14. 秋黑

秋黑是美国人注册为"黑提"商标品牌的品种之一，属于欧亚种。它是美国加利福尼亚大学以美人指为母本，黑玫瑰为父本杂交选育而成。1987年引入中国，现在河北、山东、北京、辽宁等地有栽培，辽宁省栽培面积最大。嫩梢橙黄色，有稀疏绒毛。幼叶黄绿色，正面平滑无绒毛，背面有稀疏绒毛。成龄叶片中等大，浅绿色，近圆形或心脏形，5裂，上裂刻中等深，下裂刻浅，叶片正面青面均光滑无毛，叶缘锯齿锐，中等大，叶柄洼开张，呈矢形。两性花。果穗大，平均穗重480～600g，最大980g，圆锥形。果粒着生中等紧密，平均粒重8.8g，最大粒重10.8g，紫黑色或蓝黑色，长卵圆或长椭圆形，果粉厚（彩图3-10），果皮厚，果肉硬，质脆，味酸甜，可溶性固形物含量16%～17.8%，品质上等。植株生长势强，结果枝占新梢总数的55%～65%，每一个果枝上的平均果穗数为1.2～1.3个。丰产性强。在河北省中南部地区9月中、下旬成熟，在辽南地区10月上旬成熟。从萌芽到果实充分成熟生长期为150～160天，属晚熟品种。该品种对白粉病、白腐病、黑痘病、炭疽病抵抗力均强，抗病力优于红地球。果穗大，极耐贮运，但不宜早采，过早采收会影响果实品质。宜棚架栽培，适宜北方积温较高、生长期较长的地区栽培。

15. 晚红（红提、红地球）

欧亚种，美国杂交育成。1987年沈阳农业大学从美国引入，1994年通过品种审定。该品种具有穗大、粒大、形色美、品味佳、不落粒、极耐贮运的特点，目前新疆、陕西、山西、山东、河北、辽宁、北京、天津等地区发展较快，栽培面积已超过4万公顷。果穗长圆锥形，平均穗重800g，最大可达2500g。果粒近圆形，重12.2g，最大粒重可达22g。果皮中厚，鲜红色，高纬地区皮色加深为紫红色（彩图3-11）；肉质硬而脆，半透明状，味甜，可溶性固形物含量16%～19%，品质上。果刷拉力强，极耐贮运。成熟期比巨峰晚10～15天。辽宁熊岳地区10月上旬浆果成熟。从萌芽到果实成熟为150～160天，属于晚熟品种，适于在无霜期大于160天的干旱地区栽培。树势旺盛，秋季新梢易徒长，新植幼树枝蔓成熟稍差。抗病性差，喜干燥气候。在高温潮湿地区易患霜霉病、白腐病、炭疽病、黑痘病。枝条成熟较差。栽培时宜棚架栽培，要合理调节和控制单株和单枝负载量，加强夏季病虫害防治。花前整花序，花后严疏果，提高单粒重以及套袋栽培等一系列技术管理措施，成龄树亩产宜控制在 2000kg 以下。总之，就目前晚红葡萄管理水平来讲，该品种是一个商品价值较高而栽培难度较大的品种。最适宜生长期较长的干旱、半干旱地区及避雨栽培。

二、酿酒品种

1. 赤霞珠

原产于法国，是使波尔多酒享誉世界的三大主栽品种之一，也是世界著名的干红酿造品种，在世界各地栽培普遍，近年其栽培面积呈强劲的上升趋势，预计已超过 15 万公顷。目前在我国也得到了大规模引进和发展。其嫩梢尖钩状，密布白色绵毛，边缘红色。幼叶酒红色。成叶圆形，中大，深绿色，裂片极多，达 7～9 片，锯齿中大，拱形，侧面凸鼓。叶面呈细泡状，叶背有稀疏丝毛。秋叶边缘变红。发芽很晚，一般不易受春霜冻的危害。赤霞珠生长势较旺，树势直立，枝条粗壮，副梢多。结实性较好，可长短梢混剪、篱架栽培。适应性强，抗病性也较强，果实病害发病较轻，但叶片易感白粉病和锈壁虱，对枝干病害也较敏感，修剪时要尽量避免造成大伤口。成熟比佳丽酿早 1 周，果穗中小，较紧密，果粒小，蓝黑色被浓果粉（彩图 3-12），果皮厚，富含多种花色素，果肉稍硬，果汁具特别香味如紫罗兰和野果香味，稍涩，糖酸潜势为中糖高酸，即积累糖的能力中等，积累酸的能力较强。其酒新酿成时颜色深紫，单宁味和青草味过于突出而显生硬，必须经过橡木桶长期陈酿，才能显现优良本色。因此在波尔多从不单独种植赤霞珠，而是和梅鹿辄、品丽珠、味而多等一起种植和酿造，以使酒尽快成熟。即便是冠以赤霞珠之名的品种酒，其赤霞珠含量也就 70%，该类型的酒色泽深宝石红，解百纳香型突出，酒质醇厚，回味悠长。一般添加 15% 以上的优质赤霞珠即可以使勾兑酒具有其品种典型性。我国目前引进的赤霞珠很多，注意品种搭配和酒种选择是非常重要的。

2. 蛇龙珠

1892 年引进烟台，一向被国人认为是法国品种，并且与赤霞珠、品丽珠合称三珠姊妹系，但实际上法国并无此品种之名，德国也无此品种栽培。该品种与解百纳系列的品种有着密切的亲缘关系。其嫩梢尖黄绿覆绒毛。幼叶绿覆灰白绒毛，成叶中大，深绿色，圆形或心形，5 裂中深，叶背有绒毛，叶柄洼尖拱形开张，锯齿尖拱形中大。成熟枝条淡褐色，直立性强。因在我国长期栽培在不同地区发生了一些形态变化，如栽培在山东蓬莱的叶片厚而大，秋叶不变红，而栽培在龙口的叶片向下反卷，秋叶早早变红，有暗紫红色斑块，果穗小，有小青粒。这些变化可能是品系的变化，也可能是病毒尤其是卷叶病毒感染的后果。在烟台地区 4 月中旬发芽，6 月上旬开花，8 月中旬转色，9 月中旬果实完熟，生长期约 150 天，属于中晚熟品种。树势较强，抗旱，耐瘠薄，抗病性中等，对炭疽病和黑痘病不太敏感，结实力中等，进入结果期较晚。适于篱架栽培，中长梢修剪。风土适应性较强，尤其适于在沿海地区的砂壤土上栽培，在黏土或肥沃的平原地上栽培表现为枝条旺长，结实不良。果穗中大，平均232g，圆锥形，歧肩，中紧。果粒中大，平均2.1g，皮厚，蓝黑色（彩图3-13），出汁率75％左右，中糖低酸，有明显的青草味。所酿酒宝石红色，单宁不突出，口味柔爽，有解百纳的香气。

3. 西拉

原产法国，在罗纳河流域栽培最多，是目前流行品种之一，意、奥、美及南非等地均有栽培，我国也已批量引进。嫩梢尖密布白毛，边缘桃红色。幼叶浅黄，叶背布粉白色绒毛。成叶中大，圆形，5裂中深，叶面有皱泡，叶常波浪翻卷。叶柄洼竖琴式开张，锯齿中大，拱形。新梢四棱明显，节间长，节红色。成熟枝条米色。秋叶仅边缘变红。发芽较晚，与梅鹿辄同时成熟。生长势中等，但新梢生长速度快，节间长而易折，故抗风性差，需要及时绑缚。丰产性较好，但基部芽结实性差，需长短梢混剪。果实后期成熟进程快，熟后果穗易脱水落粒。因此，应掌握好成熟时间及时采收。同时，也不适于机械化采收。总之，该品种风土适应性较好，在青岛地区表现综合抗病能力较强，可在北方试栽。果穗中等，圆柱形，歧肩，紧实。果粒小，卵圆形，蓝黑色被浓果粉（彩图3-14），皮薄而韧，肉软多汁，糖酸潜势中等。所酿造的干红酒度高，色泽深，呈蓝色，适于陈酿，发酵后产生的复合型果香典型性突出，具有紫罗兰、橄榄香或皮革香。酒质细腻，醇厚，酸度相对较低。用其酿造的桃红酒果香丰富，品质极好。

4. 威代尔

欧美杂交品种。原产地法国。属于白色葡萄类品种，是白玉霓和白赛必尔的杂交后代，是加拿大酿造冰葡萄酒的栽培品种之一，国内于2000年从加拿大引进该品种并在辽宁省试栽。新梢深绿色，具绒毛，新梢平均生长量1.3～1.8m，成熟度好，3年平均达到69.2％，成熟枝条褐色，节间长。树势中庸，萌芽率较高，3年平均占86.6％。在萌发枝中，结果枝比例为70％，结果系数2.0，每果枝平均结果1.7穗，结果早，较丰产。较抗霜霉病，易感白腐病，有少量褐斑病。果穗圆锥形，中大，平均穗重360g，果穗长19.35cm，穗宽12.36cm。果粒圆形，粒重2.08g，直径1.48cm，果皮黄白色，皮薄有果粉（彩图3-15）。肉质软、多汁，有浓郁香气，出汁率达82.48％。果实含可溶性固形物21.75％，总酸1.032％，单宁0.034％。酒质浅金黄色，澄清透明，具有纯正、优雅、怡悦、和谐的香气，属甜型酒。在辽宁桓仁地区，该品种5月上旬萌芽，5月中旬新梢开始生长，5月下旬至6月上旬开花，6月中旬幼果开始生长，7月上旬果实迅速膨大，9月中下旬果实成熟，10月下旬至11月上旬落叶，12月中旬采收（经过两次霜雪）。适于在无霜期大于155天的地区栽培。适于小棚架栽培，株行距1m×3m或1m×4m，留双蔓。也可篱架栽培，1m×2m。栽植前挖深宽各80cm的定植沟，每亩施优质农家肥5～7t，与表土充分拌匀回填，灌水沉实。栽后浇水并覆盖黑色地膜。

5. 熊岳白

辽宁熊岳农业高等专科学校张维昌教授于1967年用龙眼×（玫瑰香×山葡萄）杂交选育的适合酿造高档白葡萄酒的新品种，这在通常是红色的杂交后代中选育出来是比较少见的。植物学性状似欧亚种亲本，幼叶黄绿色，光亮，正面无毛，叶背有稀疏绒毛。成叶中大，心形，深5裂，上裂深，下裂较浅，叶面平滑，叶背有混合毛，叶柄洼拱形，锯齿大。成熟枝条色泽似龙眼，节间较长。多年生枝蔓上易发气生根。辽南地区4月中下旬萌芽，6月初开花，9月下旬成熟。有效积温2900℃。结果枝率80%左右，每枝平均2穗果，第一穗果着生于第三、四节上，丰产性强，产量可达2500kg/亩。抗寒力强，在当地除了对一、二年生幼树进行简易防寒外，大树不需防寒可安全越冬。抗病性强，抗霜霉病、白粉病，基本不用打药。耐盐能力较强，在盘山县盐碱地生长良好。果穗中小，160～250g，圆锥形或圆柱形，歧肩，中紧。果粒圆形或稍扁，平均2.4～2.80g，成熟时能透过果皮看到果实里的种子，每粒果实含种子含1～3粒，多数为2粒；果皮浅黄绿色，果粉少，皮较厚，果肉为黄绿色，肉质软，出汁率高，为70%～75%，果汁无色透明，抗氧化性强，每千克鲜果含维生素C 230mg，可溶性固形物达20%～25%，10月上旬采收平均达到25%～27%，含酸量0.7%～0.9%；酿酒时可不加糖和二氧化硫，发酵时间短澄清快，酒色微黄带绿，清澈透明，回余味舒快，是一种适合酿造高档白葡萄酒的优质品种，用其制成的干白葡萄酒销往日本和欧洲多个地区。

6. 霞多丽

原产法国，是目前世界上最流行的白色品种之一，二十多个国家引种栽培，总面积超过8万公顷。主要栽培于法国（2.5万公顷，在布尔高涅产区生产干白，在香槟产区酿制香槟酒）、美国加利福尼亚州（2.5万公顷）、澳大利亚（5000hm²）、南非（2300hm²）等。我国最早于1979年引进，近几年又大批引进，在青岛地区的大泽山和沙城地区规模栽培，表现良好。嫩梢尖绒毛中少，边缘桃红。幼叶黄绿带红晕。新梢及副梢红色。成叶中大，鲜绿色，圆形，全缘或浅五裂，叶柄洼矢形并裸脉为典型特征。锯齿偏小，叶面较少皱泡、叶背有少量柔毛。发芽早，易遭遇春霜冻。中早熟，比黑彼诺晚几天。生长势较强，枝势半直立，结实力中等偏下，适于长梢剪。风土适应性较强，冷热区均可栽培，较适于中等肥力的钙质壤土、朝阳山坡地。抗寒性较好，抗病性中等偏弱，易感灰霉病、炭疽病、白粉病及黄金叶病，较耐霜霉病和黑痘病。果穗中小，紧实。果粒小，黄绿色，完熟时金黄色带晕斑，皮薄多汁（彩图3-16），中糖高酸，具清香，也有的品系带淡玫瑰香。霞多丽可酿制高档干白，酒体协调、强劲、丰满、爽口，其经橡木桶陈酿后酒香和干果香气十分典型。由于霞多丽含酸量高，产气性好，也是酿制优质起泡酒的首选品种。

7. 贵人香

原产地是奥地利、意大利或罗马尼亚，尚无定论。主要栽培于东南欧，如奥地利（5000 hm²）、意大利北方（2100hm²）、保加利亚、克罗地亚等地。青岛地区广泛栽培。当地也叫意斯林。嫩梢尖淡绿色布绵毛。幼叶黄绿色，光亮，成叶中小绿色，心形，5 裂中深，叶柄洼矢形闭合，叶片薄，光滑，锯齿大而尖，叶背有柔毛。叶柄短，略带紫色。发芽晚，成熟晚，在烟台地区 9 月下旬成熟。生长势中旺，枝势直立。风土适应性强，喜肥水，丰产性好，幼树结果早、易丰产，适于篱架栽培、中、短梢修剪。抗病性中等，易感灰霉病。果穗中小，带副穗，紧实。果粒中小，浅黄色带褐斑及红晕，果脐明显（彩图 3-17）。皮薄，肉软多汁，中糖高酸，味清香。可酿成优质酒，酒色浅黄，果香浓郁，谐和爽口，经得住陈酿，也适宜做起泡酒。适宜在我国生长季节长的地方推广。

第二节　土肥水综合管理

加强葡萄园的土肥水综合管理是生产优质葡萄的基础。为给葡萄生长创造良好的土壤环境，在建园时要对土壤进行改良，在葡萄生长过程中还需要进行耕作，以做好调节土壤疏松度、酸碱度等土壤管理工作。葡萄对土壤的适应性较强，在沙砾土、沙土、黏土等各种类型的土壤中均能生长，对土壤酸碱度的适应幅度较大，一般在 pH 值 6.0～7.5 时生长表现较好。葡萄耐涝性差，故应避免在排水不良的涝洼地上栽植，一般要求地下水位能常年控制在 1m 以下。

一、土壤管理

建园时土壤改良可进行土壤深翻，深度在 50～80cm，深翻的同时，可将切碎的秸秆或农家肥施入，压在土下。土壤黏性大、过于板结时，可掺入一定量的沙土，土壤含沙过多时，可运来客土掺入，盐碱地可灌水洗盐压碱，降低土壤含盐量。在葡萄苗栽植前的秋季，根据株行距挖栽植沟改良土壤，栽植沟的深宽均不小于 80cm，要求上下同宽，挖栽植沟时，把表土与底土分开放，挖好后，先在沟底撒一层 10～15cm 厚的有机质如麦稻草、切碎的玉米秆、饼肥等有机肥混合的肥土，填入底土，浇足一次水，使土壤下沉，以便于次年春定植苗木。对于地下水位较高且黏性较重的地块，不必挖栽植沟，可在土壤深翻后，撒一层有机肥在栽植行上，然后将两边的土堆到栽植行上，形成高约 50cm 的高垄，实行高垄栽植。

葡萄园建园以后，对于土壤贫瘠的葡萄园，要进行深翻改土。深翻改土要分年进行，一般在 3 年内完成。在果实采收后结合秋施基肥完成深翻。在定植沟两侧，隔年轮换深翻扩沟，宽 40～50cm，深 50cm，结合施入有机肥（农家肥、秸秆等），深翻后充分灌水，达到改土目的。

葡萄园内的杂草，可根据杂草发生和土壤板结情况进行中耕，一般每年 3～4 次。葡萄园除草不是见草就除，而应是"适时除草、适时生草、视草为利、变草为宝、以草养园、提高果园生态效益"。在新梢抽发期、展叶期、果实膨大期需要大量水分和养分时应及时除草，减少杂草跟树体争夺营养。若夏季雨水多，杂草生长快而旺盛时，可割倒后覆盖地面。若夏季高温干旱时，不宜除草，而应让其生长，形成生物覆盖，以利于保墒和调节地温，减轻日灼病的发生。为确保葡萄园生产安全、保护生态环境，应提倡采用人工、物理、机械方法除草。因为这些方法的最大优点是安全、保护环境，但除草成本较高。在规模果园除草，可科学合理使用化学除草方法，采用化学除草法时要正确选择化学除草剂，应选择安全性好、不伤害作物、在土壤中无残留毒害的除草剂。

二、葡萄园施肥

1. 需肥机理

葡萄植株从萌芽生枝到开花结果，每个生长阶段都需要大量营养物质，这些营养物质一方面主要依靠根系从土壤里吸收矿物质养分，另一方面依靠叶片的光合作用制造有机养分。为了保证葡萄植株的正常生长、结果和果实品质，必须每年向土壤中增施有机质肥料和化学肥料，以满足生长和结果的需要。因此，充分了解葡萄的需肥特点，合理、及时、充分地保障植株营养的供给，是保证葡萄生长健壮、优质、稳产的重要前提条件。

葡萄生长旺盛，结果量大，因此，对土壤养分的需求也明显较多。在其生长发育过程中对钾的需求和吸收显著超过其他各种果树，被称之为钾质果树。在一般生产条件下，其对氮、磷、钾需求的比例为 1∶0.5∶1.2，若为了提高产量和增进品质，对磷、钾肥的需求比例还会增大，生产上必须重视葡萄这一需肥特点，始终保持钾的充分供应。缺钾，叶缘会出现焦边。葡萄除需钾量大外，对钙、铁、锌、锰、硼等微量元素肥的需求也明显高于其他果树。在生产过程中要注意微量元素肥的补给。葡萄在不同生长阶段，对各元素肥料需求侧重是不同的。一般在定植后的第一年以氮素肥料为主，以满足枝蔓发育生长。在萌芽至开花前需要大量的氮素营养；进入开花期要施足硼肥，以满足浆果发育需要；坐果后，为确保产量和品质、促进花芽分化，需要施足磷、钾、锌元素，果实成熟时需要钙素营养，采收后，还需要补充一定的氮素营养。

葡萄根系年生长高峰集中发生有两次：第一次是在春末夏初，从 5 月下旬到 7 月间，有大量新根发生，持续时间长；第二次在秋季，发根量小于春季。因此施肥、灌溉应根据其根系活动规律科学安排。

2. 施基肥

基肥多在葡萄采收后、土壤封冻前施入，一般在 9 月下旬至 11 月上旬进行。

基肥以迟效性的有机肥为主，种类有圈肥、厩肥、堆肥、土杂肥等。有机肥的特点是含有效营养成分量较少，但成分全，施用量大，肥效期长，并有改良土壤的作用，施肥量约占全年60%，以秋季施肥为好，其次也可早春出土后施用（彩图3-18）。因秋季正值葡萄根系第二次生长高峰，伤根容易愈合，且发出的新根具及早恢复吸收养分的能力，因此秋施基肥可增加树体内细胞液浓度，提高抗寒、抗旱能力，对第二年春季根系活动，花芽继续分化和生长提供有利条件。如果早春伤流后再施基肥，由于根系受伤，会影响当年养分与水分的供应，造成发芽不整齐，花序小和新梢生长弱，影响树体恢复和发育，因此应尽量避免，如晚春施应浅施或撒施。施肥前应先挖好宽40～50cm，深40～60cm的施肥沟。沟离植株50～80cm（具体根据土壤条件和葡萄植株大小而灵活掌握）。沟挖好后，将基肥（堆肥、厩肥、河泥）中掺入部分速效性化肥如尿素、硫酸铵，可使根系迅速吸收利用，增强越冬能力。有时还在有机肥中混拌过磷酸钙、骨粉等，施肥后应立即浇水。

3. 追肥

根据葡萄生长发育各个阶段的特点和需求进行适期施用，多用速效性肥料。

（1）萌芽前追肥　以速效性氮肥为主，配合少量磷、钾肥。例如，萌芽前10天左右，株施复合肥50g、尿素50g。随着葡萄进入伤流期，根系开始活动，萌芽前追肥对早春葡萄生长需要的营养补充很重要，对促进新梢生长、增大花序有明显效果。

（2）幼果膨大期追肥　在花谢后10天左右，幼果膨大期追施，以氮肥为主，结合施磷、钾肥（可株施45%复合肥100g）。这次追肥不但能促进幼果膨大，而且对新梢及副梢的花芽分化都极为重要，是一次关键肥。这次施肥量约占全年肥量的20%。其主要作用是，促进浆果增大，减少小果率，促进花芽分化。同时，此时正值根系开始旺盛生长，新梢增长又快，葡萄植株要求大量养分供应。如果植株负载量不足，新梢旺长，则应控制速效性氮肥的施用。

（3）浆果成熟期追肥　在葡萄上浆期，以磷、钾肥为主，并施少量速效氮肥，根施、叶面施均可，以叶面追施为主，这对提高浆果糖分、改善果实品质和促进新梢成熟都有重要的作用。采后肥以磷、钾肥为主，配合施适量氮肥，目的是促进花芽发育、枝条成熟，可结合秋施基肥一起施用。根外追肥是土壤施肥的补充，是葡萄缺肥时的一种应急措施，特别是补充铁、锌、硼等微量元素肥料，但不能用根外追肥代替土壤施肥。常用的肥料有尿素0.3%、硼砂0.3%、硫酸亚铁0.3%、氨基酸钙或硫酸钙0.3%、磷酸二氢钾0.3%～0.5%等。根外追肥宜在10时前或14时后进行，避开高温时间，喷洒部位主要是叶片背面。最后一次追肥在距果实采收期20天以前进行。

三、葡萄园灌水

葡萄比苹果、梨、桃等果树抗旱能力强，但葡萄的需水量也大，适时灌溉可以保证优质高产。土壤含水量60%～70%时，葡萄根系和新梢生长最好。持水量超过

80％，则土壤通气不良，地温不易上升，对根系的吸收和生长不利。土壤水分持水量降到 35％以下时，则新梢停止生长。新梢旺长期适度干旱还有助于控制营养生长，促进花芽形成和葡萄品质提高。

1. 葡萄萌芽前灌水

葡萄发芽，新梢将迅速生长，花序发育，根系也处在旺盛活动阶段，此时是葡萄需水的临界期之一。北方春季干旱，葡萄长期处于潮湿土壤覆盖下，出土后，不立即浇水易受干风影响，造成萌芽不好，甚至枝条抽干。

2. 开花前 10 天灌水

开花前 10 天新梢和花序迅速生长，根系也开始大量发生新根，同化作用旺盛，此时蒸腾量逐渐增大，需水多。

3. 开花期

开花期一般要控制水分，因浇水会降低地温，同时土壤湿度过大，新梢生长过旺，对葡萄受精坐果不利。在透水性强的沙土地区，如天气干旱，在花期适当浇水有时能提高坐果率。

4. 落花后约 10 天灌水

落花后 10 天新梢迅速加粗生长，基部开始木质化，叶片迅速增大，新的花序原始体迅速形成，根系大量发生新侧根，根系在土壤中吸收达到最旺盛的程度，同时浆果第一个生长高峰来临，是关键的需肥水时期。

5. 浆果着色期

浆果生长极快，浆果内开始积累糖分。新梢加粗生长和开始木质化，花序迅速发育，这个时期供给适宜肥水，不但可以提高当年的产量与品质，还对下一年的产量有良好作用。

6. 浆果成熟期

一般情况下在灌溉或水分保持较好的地区，土壤水分是够用的。如若降水量不足，土壤保水性差，或施肥大的情况下则需要灌水。浆果成熟期土壤水分适当，果粒发育好，产量高，含糖量也高。如水分大，浆果也能成熟好，但含糖量降低，香味减少，易裂果，不耐贮运。

第三节　花果管理

一、保花、保果的新梢重摘心

未经摘心新梢的养分主要是向新梢顶端生长点运送，促使新梢向前延伸生长。

摘心后，前端的生长点被掐去，新梢也就停止向前延伸，养分的运送方向由前端转向被摘心部位以下的枝、叶等各部位。因此摘心后的营养物质就可用于叶片的增大、加厚，防止落花落果以提高坐果率，并对促使芽眼饱满、花芽分化、枝蔓充实、改善光照条件等均有良好作用。落花落果重的品种如紫玫瑰香和巨峰等，一般摘心程度较重，摘心起始时间要早，具体操作时要周密和彻底。要求对结果枝在开花前6～7天在果穗以上留5～6片叶，摘去顶部，摘心后，副梢相继萌发，除顶副梢留4叶摘心外，其余副梢留1叶摘心，第二次副梢萌发后仍留1叶摘心，对发育枝应同时进行摘心，可根据生长强弱留10～12片叶。此法适用于大部分品种。

二、疏穗与花穗修整

为使葡萄高产优质，在开花前人为疏去一部分多余的、发育欠佳的花穗，以减少开花期花穗之间的养分竞争，留下优质花穗，提高坐果率。再经过花穗修整、调节结果量、疏粒等措施，使果穗与叶面积（新梢）保持合理比例。

1. 疏穗

从减少树体养分的损失来看，疏穗当然是越早越好，但过早花序尚未伸展，难以全面鉴别花穗的质量，所以疏穗通常在花序伸展后到开花前完成（彩图 3-19）。在全园定产的基础上，区别旺树、中庸、弱树，按株分配产量。旺树多留果穗，弱树少留果穗。疏果穗先疏弱树后疏旺树，以果穗调节树势。如巨峰含糖量17度以上并充分着色，果穗紧凑，平均果粒重10g，单产1000kg/亩则要求梢果比为2∶1。根据新梢生长势留果穗，旺长新梢留2～2.5个果穗，中庸留1个花穗，弱枝2枝留1个，叶数少于5～6片的细弱枝不留果穗，作预备枝。选留果穗时选留花穗大、发育整齐的，疏除花器发育不好、花穗小、穗梗细的劣质果穗。由于巨峰系落花落粒严重，花前的果穗疏除数量要严格控制，待巨峰落花落粒期过去，还可以疏果穗以控制产量。

2. 修整花穗

葡萄花穗上的小花有数百朵乃至上千朵，巨峰约537朵，而新玫瑰可达2266朵，若任其自然开放，会使养分分散而坐果率低。花穗修整是疏去一部分发育欠佳、质量不好的花蕾，减少小花之间的竞争，同时利用剪口的刺激促使树体有机养分多流向花穗，以提高坐果率。修整花穗是除去过长穗尖、歧肩，使果穗的花期一致，成熟一致，外观一致，成为标准化、规格化、便于包装出售的优质商品。花穗修整应在开花前5～7天开始到小花穗1～2个开放为止，过早花穗小不便鉴别，过晚效果不好。在田间操作时，将已伸展的花穗除去副穗（彩图 3-20）与花穗的尖部（彩图 3-21），一般品种仅留中部发育良好的12～14个小花穗，约8～10cm。各个品种之间由于花穗大小、着粒疏密、果粒大小有所不同，花穗的修整略有差异。

三、疏粒与疏分枝

不同葡萄品种之间的坐果率相差悬殊，着果率低的品种固然影响产量和外观，但是坐果率太高的品种常使果粒过于紧密，相互挤压甚至变形，既影响果穗的美观，又影响对果穗的防病管理（药液喷布不到各果粒间隙之中），疏去小果粒、过密的果粒、横向生长在穗内的果粒，可使剩下的果粒生长均匀，提高果实品质。这一措施对鲜食品种尤为重要，对加工品种可不进行疏果。疏果多在落花落果终止后，果粒介于黄豆粒和花生仁大小之间进行，这时坐果多少已成定局，可根据坐果稀密适度进行。

1. 疏单果

这个方法比较细致而费工，要根据各部位的果粒密度一粒一粒地疏除，先疏去小形果和畸形果，再疏去密挤果粒、内膛果粒。疏果程度要根据品种特性和果粒大小而定，要求疏果后能保持果实充分发育，成熟后全穗葡萄的果粒密而不挤，给人以穗形丰满、美观，果粒大而匀称的感觉。

2. 疏分枝

这个方法比较省工，可疏去果穗上的小分枝，一个小分枝一般有 3～5 个果粒，疏去一个小分枝可腾出一个较大的空间，在实际操作中两种方法可结合进行，先在密集处疏去几个小分枝，然后再疏去过密的单粒。疏粒的时期与方法：在开花后 15～25 天，果粒约有黄豆粒那样大小时进行这项作业。由于不同品种的果粒重标准与果粒大小有差异，因此留粒数也不同。以巨峰为例，标准果粒重 350～400g，单粒重 10～12g，那么每穗留 35 粒左右即可。疏粒时首先疏除病虫果、裂果、日灼果及畸形果，再疏去过大、无种子小果，选留大小一致排列整齐向外的果粒。

四、果穗套袋

果穗套袋，即在葡萄坐果后，果粒似黄豆大小时，用专用纸袋或旧报纸等制成的纸袋将果穗套住，加以保护（彩图 3-22）。套袋能有效地防止或减轻黑痘病、白腐病、炭疽病和日灼的感染和为害，尤其是预防炭疽病的特效措施，对预防白腐病效果也很明显；能有效地防止或减轻各种害虫，如蜂、蝇、蚊、粉蚧、蓟马、金龟子、吸果夜蛾和鸟等为害果穗；能有效地避免或减轻果实受药物污染和残毒积累；能使果皮光洁细嫩，果粉浓厚，提高果色鲜艳度，使果实美观，商品性高。需要指出的是，袋内光照较差，着色较慢些，成熟期要推迟 5～7 天；果实含糖量和维生素 C 含量稍有下降趋势；较费工，增加纸袋成本等。生产实践证明，套袋利多弊少，是一项低成本、行之有效的措施。

1. 套袋时期

果穗疏粒和用大果宝或赤霉酸处理后即套袋，在幼果似黄豆大小时进行。炭疽病是潜伏性病害，花后如遇雨，孢子就可侵染到幼果中潜伏，待到浆果开始成熟时才出现症状，造成浆果腐烂。为减轻幼果期病菌侵染，套袋宜早不宜迟。

2. 套袋材料和制作

国内有两种纸袋在生产上使用。①旧报纸做袋，有三种规格：a. 一张大报纸做4只袋，长28cm，宽19cm左右，用于轻整穗、疏果、重500g左右的果穗；b. 一张大报纸做3只袋，长28cm，宽26cm左右，用于大穗型栽培，穗重500~700g的果穗；c. 一张大报纸做2只袋，长38cm，宽28cm左右，用于穗重700g以上的特大果穗。旧报纸做袋以缝纫机缝制为好，一边缝住，底口有三种做法，分别为全缝住、缝一半、全空。以缝一半为好，一半留作孔缝，便于成熟期检查果穗成熟度；全缝住在果穗成熟期要破袋检查；全空，金龟子等害虫还会侵入为害。有的用糨糊糊制，这是不可取的，因其遇雨袋易裂开，且在梅雨期糨糊易产生霉菌。②涂蜡白纸袋：日本普遍采用，国内已引进试用，规格 26.5×18.5cm（相当于一张大报纸做4只袋），既可防病，又可增光。在袋口一端埋有6cm长的细铁丝，操作方便，袋底左右各有3cm的孔隙，便于通气。鉴于我国的国情，从减轻成本、提高经济效益出发，应先推广旧报纸袋，5800g旧报纸可制1000只袋，成本连缝制约2分。每亩按3000个果穗计算，成本60元左右。有条件的可用涂蜡白纸袋，但成本较高，每亩约3000个果穗，袋的成本费近千元。

3. 套袋方法

扎袋口材料可用细铁丝捏紧，也可用钉书钉订住。袋口应扎在新梢上或果柄上，要小心，防止折断果穗。袋口不能有孔隙，否则雨水流入袋内也会带菌侵染。一般1小时可套袋100只左右。有的用塑料带、麻皮、粗线等扎，但速度太慢，不可取。

4. 除袋时期

除袋时间，视成熟期天气而定，如即将成熟时天气无雨晴好，可提前2~3天除袋或撕破袋，以改善光照，促使着色和成熟；但一个果园不宜一次性除袋或破袋，因葡萄开始着色，除袋或破袋成熟很快，必须根据销售安排分批除袋或破袋，否则销售跟不上，过分成熟（紫黑色）会降低果品质量。如成熟期天气不好，以不提前除袋或破袋为宜，直至成熟，连纸袋一起采下运到室内拆袋整穗，能减少损失。山区金龟子、吸果夜蛾及鸟害较严重的，不宜提前除袋或破袋。

注意事项：①套袋前必须对果穗细致喷洒杀菌剂和杀虫剂，防止病虫在袋内为害。如果使用大果宝浸果，可将防病药按规定浓度掺入大果宝中，效果更好。待果穗干后即抓紧套袋。②套袋期间勤检查。因风雨等原因袋破损或因果粒膨大而胀破袋，应及时补套新袋。③提前除袋或破袋的，在除袋或破袋后应立即喷10%丙硫咪唑悬浮剂1500倍液等杀菌剂保护果穗，尤其在破袋后遇雨，对防治炭疽病突发而引起烂果，效果较好。

第四节　葡萄架式与整形修剪

一、葡萄的架式

葡萄作为一种蔓性植物，在生长过程中，需要相应的支架，保持一定的树形，使枝叶能在一定的架面上合理分布，以得到充足的光照和良好的通风条件，便于在田间进行技术管理。葡萄的架式是多种多样的，但在生产中采用的架式大致可以归纳为篱架和棚架两大类。

1. 篱架式

篱架的架面与地面垂直，沿着植株行向，每隔5~6m左右，设立一根木桩或者水泥柱为支柱，顺行牵拉铁丝，形状与篱笆相似，故称为篱架。

(1) 单臂篱架　简称单篱架，高度一般在1.3~2m，支柱2~4道铁丝（图3-1）。架高1.3~1.5m的为矮篱架，架上拉2~3道铁丝，这种架式省架材，在地方较差的土壤中建园或选用长势较弱的品种时宜采用矮篱架栽培。架高1.8~2.0m的属于高篱架，架上拉3~4道铁丝，主蔓和结果枝绑在第一第二道铁丝上，大部分新梢引绑在第二第三第四道铁丝上。高篱架较矮篱架结果面积大，通风透光好，病虫害少，产量高，但架面过高不便管理，对修剪、引绑枝蔓以及采收等一系列人工操作造成不便，因此采用篱架时，一般架高以2m左右为宜。

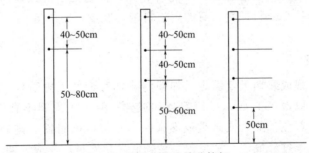

图3-1　不同高度的单臂篱架

(2) 双臂篱架　又称双篱架，沿着葡萄植株的行向，在两侧形成两排单篱架，即可将一行的植株交替向两侧各一排引绑分布，也可采用带状双行栽植，形成一个宽行距，一个窄行距。由窄行距的两侧形成双篱架，向外倾斜，基部60~80cm，顶部100~120cm（图3-2）。双篱架能增加架面50%~60%，便于密植，又能容纳较多的新梢和获得较高产量。其缺点是通风透光不及单篱架，肥水要求高，夏季管理要求较严格，不便于机械化作业，病虫害防治也较困难，需要架材较多。

(3) 改良式双臂篱架　该架式是单篱架的一种发展。在立柱上端加道长80~

100cm 的横梁，在横梁下面 45～50cm 处加一道长 60cm 左右的横梁，在两道横梁的两端和距地面 80～100cm 处各拉 2 道铁丝，共需拉 5 道铁丝，下部是单行栽植，上部是双臂引绑，同单、双篱架均不同，故称为改良式双臂篱架（图 3-3）。

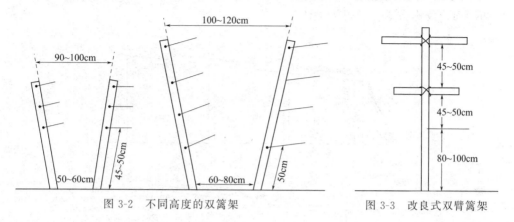

图 3-2　不同高度的双篱架　　　　　　图 3-3　改良式双臂篱架

2. 棚架式

在垂直的立柱上加设横梁，在横梁上拉铁丝，形成一个水平或斜状的棚面，使葡萄枝蔓分布在棚面上，故称棚架式。这类架式在中国应用历史悠久，分布广，其构造大小有很大差异。一般分为倾斜式大棚架、小棚架、棚篱架、水平架等。

（1）大棚架　架长 7m 以上称为大棚架，在我国葡萄产区应用较多，如辽宁熊岳、山东平度、河北昌黎等地有广泛的应用。架的后部（靠近植株的近根部）高 1.3～1.5m，架的前部（架的梢部）高 2～2.5m，架长可按品种长势而定，一般为 8～12m，可设 4～5 根立柱（图 3-4）。这种架式对复杂条件下的山地可起到充分利用土地的作用，但成形慢，进入丰产期较迟，结果部位容易前移，造成后部空虚，不易控制，下架埋土及出土上架多有不便，平地通风透光差。

（2）小棚架　其形式与大棚架基本相同，只是架面较短，一般 4～6m（图 3-5）。该架式在辽宁的大连、新疆的吐鲁番、浙江、河北等地应用较多，新疆的无核白品种应用的小棚架，后部高 1.0～1.2m，前部高 1.4～1.5m，架长 4～6m，棚架面上拉 6～8 道铁丝。近些年，河北、辽宁等一些地区的小棚，后部高 1.5m 左右，前部高 2m 左右。这类架式有一定优势，如进入盛果期较早，结果部位容易控制，便于埋土防寒，易更新，通风透光好，果品质量高。架高通常为 1.8～2.0m，架长约 4～5m，整个棚面与地面大致平行，在棚顶纵横拉上铁丝，并呈水平形，故称为水平式小棚架。该架式因架面高，便于管理，通风透光好，病害少，果品质量高，适应高温多湿地区。

（3）棚篱架（连叠式小棚架）　该架式实质上是小棚架和篱架的一种结合和变形，与棚架不同之处就是提高了靠近架根外的棚架面，增加了一定的篱架面，故称为棚篱架（图 3-6）。这种架式能充分利用空间，达到立体结果。由于增加了架面，产量有所提高。

（4）屋脊式棚架 由两个小棚架的架梢（棚架的远根部）对头组成，形成屋脊状的棚面，故称为屋脊式棚架（图 3-7）。

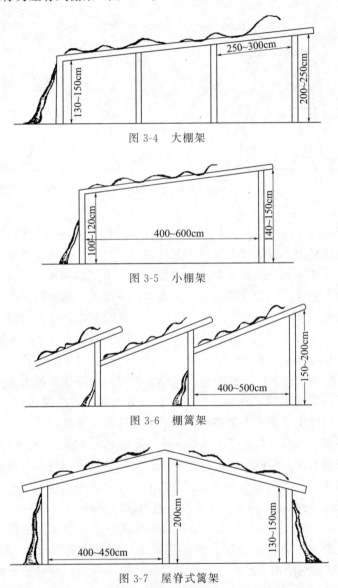

图 3-4　大棚架

图 3-5　小棚架

图 3-6　棚篱架

图 3-7　屋脊式篱架

二、不同架式适应的树形及整形方法

不同品种、不同的栽培方式，有其不同的架式，在整形方面各有差异。适宜篱架的树形有单干双臂水平龙干树形、双干双层水平龙干树形、单干双层水平龙干树形、无干多主蔓扇形等。单干双臂水平龙干整形，如果由 3 道铁线组成，双臂固定在第 1 道铁线上，新梢绑缚在第 2、3 道铁线上。一般当年培养一个直立粗壮的枝梢，冬剪时留 60～70cm。第二年春选留生长强壮的、向两侧延伸的 2 个新梢作为臂枝，水平引缚，下部其余的枝蔓均除掉。冬季修剪时，臂枝留 8～10 个芽剪截，而对臂枝每个节上抽生的新梢进行短梢修剪，作为来年结果母枝。以后各年均以水平臂上的母枝为单位进行修剪或更新修剪。

无主干多主蔓扇形整形是定植后的第一年，从地面附近培养 3～4 个新梢作为主蔓，秋后冬剪时，将较粗壮的 1～2 个一年生枝剪留高 60～80cm，细弱的 1～2 个一年生枝剪留 2～3 个芽。第二年冬剪时，对上年长留枝上发出的新梢，选顶端粗壮一年生枝作为延长蔓，进行长梢修剪，其余枝短梢修剪培养结果枝组；对上年短留枝发出的枝条，

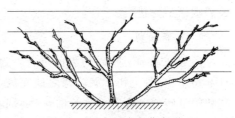

图 3-8　无主干多主蔓扇形

同样选粗壮一年生长枝作主蔓进行培养。第三年继续培养主蔓，常规的篱架扇形整形 3～4 年即可完成（图 3-8）。

适宜棚架的树形主要是龙干形。对当年定植的幼树，从基部选留 1 个主蔓的称为独龙干整形，选留 2 个主蔓的称为双龙干整形，选留 3 个主蔓以上的称为多龙干整形。双龙干整形的两个主蔓，可以引绑在同一个架面上，形成大小棚架；也可以向两个相反方向引绑，形成屋脊式棚架。龙干整形当年生长季枝蔓长到 1.6～1.8m 时摘心修剪，冬剪时可从距地面 0.8～1.2m 处剪接。第二年生长季当主梢长到 2～2.5m 时，对主梢进行摘心，以促使枝条充分成熟，冬剪时一般可剪留 2～2.5m。第三年以后，主蔓继续培养，其余一年生侧枝留 1～2 个芽剪接。以后逐年修剪基本同上年，一般四年或五年龙干形基本完成（图 3-9）。

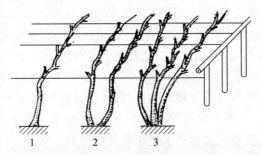

图 3-9　龙干形葡萄植株
1—一条龙（独龙干）；2—两条龙（双龙干）；3—三条龙

三、修剪时期与方法

葡萄的修剪分为冬季修剪和夏季修剪。冬季修剪，在埋土地区为了便于防寒，大都在埋土之前进行冬季修剪。东北寒冷地区，为了防止芽受冻，可在埋土前轻剪，春季出土后再进行复剪。辽宁大多冬季不是很寒冷的地区，埋土防寒前一次性冬剪，不需要春季复剪。不埋土地区从落叶后到第二年伤流前1个月或严寒期过后可进行修剪。夏季修剪是指从萌芽到落叶之前对新梢的修剪，可根据植株枝叶的生长需求而随时进行。

1. 冬季修剪

冬剪在葡萄落叶后伤流前进行，过早过晚都不科学。辽宁地区冬剪一般在10月下旬至11月上旬下架防寒之前完成，此时葡萄枝蔓贮藏的营养由当年枝蔓向老蔓和根部转移，而春季伤流前1～2周，贮藏营养开始向枝蔓转移。冬剪的主要目的是完成整形任务、保持固有树形、实现枝蔓不断更新、剪除病虫残枝，最终实现调节生长与结果的良好关系。

(1) 剪留长度和粗度　整形过程中主蔓延长枝剪留50cm，其他枝及完成整形的所有枝可根据品种不同，一般剪留2～3芽。进行大更新时则应根据更新要求合理剪留。剪口粗度应达到0.7cm以上。

(2) 结果母枝的选留　结果母枝的数量与葡萄产量、品质等有着直接的关系，生产上通常是以产定枝。

(3) 结果母枝的更新　结果母枝更新的主要作用是防止或减缓结果部位外移。通常有下列3种方法。

① 留预备梢法　每个结果母枝新梢发出后选留2个，先端的作为结果梢，靠近主蔓的作为预备梢不留果，冬剪时疏除结果梢，预备梢留2～3个芽短剪作为下年的结果母枝，年年如此。

② 不留预备梢法　每个结果母枝新梢发出后只留一个结果梢，冬剪时仍留2～3芽短剪，年年如此。

③ 结果梢变位法　采用结果梢变位更新时，应适当多留结果母枝，即缩小结果母枝间距，一般间距为10cm，每株葡萄主蔓上留结果枝10个，比正常修剪多留3个母枝。生长期每结果母枝选留一个新梢，共留10个新梢，其中选7个较好的作结果梢，选3个较差的作为预备梢。冬剪时10个新梢全部留2～3芽短剪。以后每年都从10个母枝中，以不固定位置选留7个结果梢，3个预备梢，使结果梢年年变位，这样既保证了结果量，又达到了年年更新的目的。

2. 夏季修剪

夏剪是葡萄整形修剪的重要时期。传统的夏剪技术措施中，对新梢的处理方法，一是要及时绑梢，每个新梢都要在适当的时候绑缚于架面上，这样做造成了架面叶幕结构的平面化，使光能利用率低，通风透光条件差，病虫防治费力、费药、效果差；二是对摘心后发出的副梢，留 1 至数个叶片，并进行反复摘心，这样不仅费工，处理不当还极易造成架面郁闭。对新梢进行绑梢和留副梢反复摘心的做法，有利于助长先端优势，在这种技术管理条件下，冬芽的发育情况是新梢基部和先端的芽质量差，中部的芽质量最好。如果实行单干双臂整形、短梢修剪，就会把新梢中部的好芽全部剪掉，使来年的产量受到影响。因此，必须对夏剪技术进行改革。夏剪改革后的主要任务，一是提高新梢基部冬芽的质量，实现丰产稳产；二是通过改善架面通风透光条件，提高果实品质。

(1) 抹芽定梢 抹芽应尽早进行，以充分利用树体贮藏营养。第一次抹芽在萌发后及时进行，凡双芽、多芽的均抹多留一，选择健壮的、位置好的，而将无用的芽除掉；第二次抹芽在能见芽序时进行，此次抹芽也是第一次定梢，因每个结果母枝冬剪只留 2～3 芽，所以每个结果母枝就留 2～3 个梢；第三次抹芽即最后定梢，原则是以产定梢，根据产量要求、不同品种的单穗重、平均每梢结果穗数，最后决定留梢量，一般每结果母枝定 2 个结果梢。结果母枝的数量与葡萄产量、品质等有着直接的关系，生产上通常是以产定枝。以赤霞珠葡萄为例，每亩葡萄 333 株，主蔓 666 个，每结果母枝留 2 个结果梢，每梢平均留 2 穗果，单穗平均重 0.17kg，计划亩产 1500kg 时，加上 30% 的保险系数，每株葡萄需培养 10 个结果母枝，间距约为 10cm。

(2) 弓形绑梢 垂直绑缚的枝条顶端优势强，生长旺盛，容易徒长，不利于基部形成花芽和开花坐果。主蔓延长梢按整形规则平缚，绑到架面上，绑梢时要避免新梢与铁丝接触。其他新梢，包括结果梢一般情况不绑，但必须及时摘心和处理副梢，生长势较强时可行弓形绑梢，即将梢头压低，使新梢形成弓形，让果穗处于较高的弓背部位，这样有利于减缓生长势，提高基部芽的质量和浆果品质。这样做不仅省工，而且新梢、果穗自然下垂，可使叶幕开张，通风透光，果穗悬垂，病虫害减轻。

(3) 摘心 摘心是夏剪的主要内容。主梢延长梢可一次摘心，也可分段摘心。一次摘心就是达到摘心高度时，一次完成摘心任务。分段摘心就是未达到摘心高度时先进行第一次摘心，摘心后在先端选留一个副梢继续延长生长，当延长副梢生长达到摘心高度时，进行第二次摘心，完成摘心任务。分段摘心有利于提高中下部芽的质量，对酿酒葡萄幼龄树主梢延长梢实行分段摘心，有利于幼树优质丰产。结果梢摘心要掌握好两点：一是摘心时间，掌握在花前一周，此时长度够的摘，长度不够的也要摘；二是摘心部位，掌握好在花序以上留 5～9 片叶。架面中上部强旺梢留 6～9 片叶摘心，中下部中庸梢、弱梢留 5～6 片叶摘心。强旺梢留两穗果，弱梢留一穗。同时品种间也有差异，辽峰葡萄生长势旺，需在花序上留 2～3 片叶摘心，然后用副梢叶片补充；着色香品种可在蘸第一次拉花药的前 1～2 天，果穗以上 3～4 片叶摘心。

（4）副梢处理 新梢摘心后，对萌发的副梢要及时进行处理，处理不当会造成架面郁闭，影响通风透光，同时影响主梢的正常生长和冬芽的质量，给冬剪带来麻烦，影响短梢修剪技术的实施。副梢处理方法是主梢延长梢有延长任务的，主梢摘心后顶端留一个副梢延长生长，其余副梢全部抹去，此副梢留4～6片叶进行摘心，其上发出的二次副梢只留先端1～2个，留2～3片反复摘心，到8月下旬就不再留副梢了，有副梢就要及时抹去。结果梢上的副梢处理，采取憋冬芽法，即摘心后所有副梢全抹。由于重力作用，新梢梢头适当下垂，新梢上的先端可能会萌发出1～2个冬芽，而基部冬芽不仅不会萌发，而且会更加充实饱满，这种方法有利于提高结果梢基部冬芽质量。在结果梢不绑梢的前提下，这种副梢处理方法是完善单干双臂整形、短梢修剪的技术关键。

第五节　病虫害防治

一、葡萄常见病虫害种类

葡萄常见的真菌性病害有黑痘病、霜霉病、白腐病、炭疽病、黑腐病、灰霉病、白粉病、褐斑病、蔓枯病、房枯病和穗轴褐枯病等；葡萄常见的病毒性病害有扇叶病和卷叶病；葡萄常见的细菌性病害为根癌病。另外，在葡萄生产中，非侵染性病害——缺素症很常见，如缺硼、锌、镁、氮等，最常见的是缺铁性黄叶病。

葡萄常见的虫害主要有：绿盲蝽、蓟马、短须螨、透翅蛾、金龟子、斑衣蜡蝉、根瘤蚜等。

二、全年葡萄病虫害防治的主要方法

1. 萌芽前

出土上架后，在芽刚萌动的绒球期之前，鳞片刚展开时喷一次光杆药。主要喷布5波美度石硫合剂，要细致周到，除植株外，对架杆、地面都应细致喷布，以铲除越冬后的病原体，预防白腐病（彩图3-23）、毛毡病（彩图3-24）、白粉病、炭疽病、介壳虫、红蜘蛛等。

2. 新梢叶片生长到2～3叶期

喷布波尔多液或波尔·锰锌等防治黑痘病、炭疽病、白粉病等，也可用70%代森锰锌可湿性粉剂800倍液＋10%吡虫啉可湿性粉剂1000倍液防治以上病害和绿盲蝽。

3. 花序展露期

在花序还没有完全分开时，喷布吡虫啉防治绿盲蝽，喷布多菌灵防治穗轴褐枯病。

4. 花序分离期

这个时期是防治灰霉病、黑痘病、穗轴褐枯病、炭疽病、霜霉病、绿盲蝽、蓟马的重要时期，是开花前最为重要的防治点，也是补硼的重要时间。在一般情况下，喷 78% 波尔·锰锌可湿性粉剂 600 倍液＋20% 速乐硼 2000 倍液＋4.5% 高效氯氰菊酯乳油 1000 倍液。如果花序展露期之后降水发生，应使用 50% 多菌灵可湿性粉剂 600 倍液＋4.5% 高效氯氰菊酯乳油 1000 倍液处理。

5. 落花后 2~3 天

防治黑痘病、霜霉病和穗轴褐枯病，一般可采用 78% 波尔·锰锌可湿性粉剂 600 倍液＋50% 多菌灵可湿性粉剂 600 倍液＋20% 速乐硼 2000 倍液防治。如果花期前后雨水较多，要用 40% 氟硅唑乳油 8000~10000 倍液＋80% 代森锰锌可湿性粉剂 800 倍液＋20% 速乐硼 2000 倍液处理。

6. 落花后 10~15 天

花后第二次用药是在果粒如黄豆粒大小时进行，防治重点为褐斑病（彩图 3-25）、霜霉病（彩图 3-26）、灰霉病和炭疽病，一般情况下选用 78% 波尔·锰锌可湿性粉剂 600 倍液防治。

7. 套袋前

重点防治白腐病、炭疽病、灰霉病。重点喷果穗或蘸果穗，防止在袋内发病，一般可用 50% 多菌灵可湿性粉剂 600 倍液或 70% 甲基硫菌灵可湿性粉剂 1000 倍液、80% 代森锰锌可湿性粉剂 1500 倍液等防治。

在我国各地的葡萄产区，根癌病（彩图 3-27）时有发生，如发现树势衰弱、地上生长不良时，可扒开根部，先将肿瘤切除，然后用土霉素 400 倍液，或用 5~10 波美度石硫合剂、20% 的石灰乳、1∶2∶50 波尔多液涂抹伤口。刨出的病穴可用 100 倍的硫酸铜溶液灌根，进行土壤消毒。

8. 套袋后

套袋后一段时间，可根据白腐病、霜霉病、炭疽病等病害发生情况分几次防治，一般药剂可使用波尔多液、波尔·锰锌、多菌灵等，也可用保护性药剂如 80% 代森锰锌可湿性粉剂 800 倍液预防。

葡萄生长期内，病毒病也很常见，如葡萄扇叶病、卷叶病。葡萄扇叶病病毒主要靠标准剑线虫传播，其次是意大利剑线虫，如果葡萄园有这些线虫，应对土壤进行熏蒸消毒，使用杀线虫剂来防治。葡萄卷叶病的防治方法是利用现代生物技术，繁殖脱毒苗木，建立无病毒苗木繁育体系和检测体系；严格执行检验制度，防止感毒繁殖材料和苗木向外扩散。

9. 封穗期至转色期

以铜制剂为主，10 天左右使用一次。在霜霉病发生严重的危害期，可喷 78％ 波尔·锰锌可湿性粉剂 700 倍液＋50％烯酰吗啉水剂 3000 倍液处理。白腐病、炭疽病、房枯病、霜霉病、叶斑病也要注意防治，可用代森锰锌和福美双交替防治。

10. 采收后到落叶前防治

此期防治的目的是保证大部分葡萄叶片健壮，让枝条充分成熟，冬芽饱满。一般情况下，采收后应立即使用保护性杀菌剂如 1：0.7：200 波尔多液，之后也以铜制剂保护为主，重点是防治霜霉病、褐斑病。采收后如出现严重的霜霉病，立即使用 1～2 次内吸性杀菌剂，5 天后使用保护性杀菌剂封闭。如褐斑病严重，首先使用一次 10％多抗霉素可湿性粉剂 1500 倍液或 12.5％烯唑醇可湿性粉剂 3000 倍液，然后喷一次 80％代森锰锌可湿性粉剂 800 倍液，再使用一次波尔多液。

11. 落叶休眠期

秋季落叶后，应及时清理田间落叶深埋或焚烧。修剪后的枝条，收出园外集中处理，减少越冬的病虫菌源。

三、葡萄缺素症的防治

葡萄在生长发育过程中，需要吸收多种营养元素，一旦某种元素缺乏，植株就会表现出相应的缺素症状，生产上多以此作为诊断缺素、采取补救措施的依据。

1. 缺氮症

表现为叶片失绿黄化，叶小而薄，较正常叶片色黄，枝条和叶柄呈粉至红色，新梢生长缓慢，枝蔓细弱、节间短等。补救措施：及时在根部追施氮肥，也可用 0.5％尿素溶液根外追肥。

2. 缺磷症

叶片向上卷曲，出现红紫斑，副梢生长衰弱，叶片早期脱落，花穗柔嫩，花梗细长，落花落果严重。补救措施：发现缺磷，及时用 2％过磷酸钙浸出液或用 0.2％～0.3％磷酸二氢钾溶液喷洒叶面。

3. 缺钾症

叶片边缘、叶脉失绿黄化，发展成黄褐色斑块，严重时叶缘呈烧焦状；枝蔓木质部不发达，脆而易断；果实着色浅，成熟不整齐，粒小而少，酸度增加。补救措施：发现缺钾，及时用 0.2％～0.3％磷酸二氢钾溶液或草木灰浸出液喷洒叶面。

4. 缺钙症

幼叶脉间及叶缘褪绿，随后近叶缘处出现针头大小的斑点，茎蔓先顶端枯，叶片严重烧边，坏死部分从叶缘向叶片中心发展。补救措施：在施用有机肥料时，拌入适量过磷酸钙；生长期发现缺钙，及时用2%过磷酸钙浸出液喷洒叶面。

5. 缺镁症

老叶脉间缺绿，以后发展成为棕色枯斑，易早落。基部叶片的叶脉发紫，脉间呈黄白色，部分灰白色；中部叶脉绿色，脉间黄绿色。枝条上部叶片呈水渍状，后形成较大的坏死斑块，叶皱缩，枝条中部叶片脱落，枝条呈光秃状。补救措施：及时用0.1%硫酸镁溶液喷洒叶面。

6. 缺铁症

枝梢叶片黄白，叶脉残留绿色，新叶生长缓慢，老叶仍保持绿色；严重缺铁时，叶片由上而下逐渐干枯脱落。果实色浅粒小，基部果实发育不良。补救措施：及时用0.1%~0.2%硫酸亚铁溶液喷洒叶面。

7. 缺硼症

新梢生长细瘦，节间变短，顶端易枯死；花穗附近的叶片出现不规则淡黄色斑点，并逐渐扩展，重者脱落；幼龄叶片小，呈畸形，向下弯曲；开花后呈红色的花冠常不脱落，不坐果或坐果少，果穗中无籽小果增多。补救措施：在开花前一周发现缺硼时，用0.2%硼砂溶液喷洒叶面。

8. 缺锰症

最初在主脉和侧脉间出现淡绿色至黄色，黄化面积扩大时，大部分叶片在主脉之间失绿，而侧脉之间仍保持绿色。补救措施：发现缺锰，及时用0.1%~0.2%硫酸锰溶液喷洒叶面。

9. 缺锌症

新梢节间缩短，叶片变小，叶柄洼变宽，叶片斑状失绿；有的发生果穗稀疏、大小粒不整齐和少籽的现象。补救措施：在开花前一周或发现缺锌时，用0.1%~0.2%硫酸锌溶液喷洒叶面。

第六节 设施葡萄高产优质栽培新技术

一、园地选择与栽培类型

设施栽培园地应选择地势平坦、背风向阳、东西南三面没有高大遮阴物体的地点。土质以肥沃的砂壤土为好。栽培设施的主要类型有日光温室（暖棚）（彩图3-28）、塑料大棚（冷棚）（彩图3-29）及改良式大棚（桥棚）（彩图3-30）三种。为了充分利用温室后部空间，维护好温室内的温度，可在温室后部接建一后背棚，简称子母棚（彩图2-16）。日光温室的走向为坐北朝南，方位角由各地区的地理纬度确定；塑料大棚和改良式大棚以南北走向为好。

二、品种选择

提早成熟上市，选择极早熟、早熟和中熟葡萄品种；延后在晚秋或冬季成熟上市，选择极晚熟品种或易多次结果的品种。辽宁地区设施栽培多选择以下品种进行栽培：巨峰、无核白鸡心、粉红亚都密、维多利亚、夏黑、晚红、着色香等。

三、架式选择

温室的葡萄架式可采用篱架和棚架两种方式，栽植第一年可采用篱架栽培，第二年以后随着枝蔓生长量增加，当葡萄枝蔓能爬上架面时，采用棚架栽培。在整形修剪中若采用果实采后进行平茬更新的办法，每年都可用篱架栽培。塑料大棚栽培多采用双臂篱架栽培。

四、定植

1. 定植时期

定植一般在 4 月中旬到 5 月上旬进行，对已经进行生产的温室，如若更换品种，在 5 月下旬至 6 月中旬浆果全部采收后，立即拔除所有葡萄植株清园后进行定植；需将其在 4 月上旬至 5 月上旬预先栽植在大型营养袋中，生长健壮的苗木移栽到温室内进行定植，最迟不得晚于 6 月底。

2. 栽植密度

栽植密度依据品种、土壤、架式等而定。温室葡萄栽培行向以南北向为宜。具体密度为单行栽植（0.4～0.5）m×（1.5～1.8）m；双行栽植（0.4～0.5）m×0.5×2m。

3. 苗木栽植前处理

定植苗木应选用大苗、壮苗，有条件的可使用脱毒苗木。先将苗茎剪留 2～3 个饱满芽，对底层的侧根进行适当修剪，对上层侧根进行短截，剪出新鲜茬口。再将苗木根系浸水 24 小时左右，使其充分吸足水。用 2000mg/L 的萘乙酸或 1000mg/L 吲哚丁酸的 70％酒精溶液浸根 5～10 秒，或将上述药剂与泥浆混合浸根后即可定植。温室大棚内建议将苗假植于营养袋内，成活后定植大苗，挑选长势一致的栽植一行，以保证其整齐度。

4. 整地定植

对黏重或沙性较强的土壤，通过掺沙或掺黏进行改良；对坚实、黏重的土壤，进行深翻，打破不透水层。同时施入足量有机肥，每亩施优质腐熟厩肥 4m³ 或腐熟鸡粪 1.5～2.5m³。挖栽植沟，沟宽 0.6～1m，深 0.5～0.6m，表土与底土分放。

苗木栽植时，嫁接口与地面相平，将根系舒展向四周均匀分布，并将苗木扶直，左右对准，使其纵横成行。填土时先将表土和足量腐熟有机肥、适量过磷酸钙肥混匀填入并踩实，底土撒开作畦，灌透水，全园覆膜，1 周后再浇水 1 次。

五、扣棚与升温

1. 扣棚与升温原则

满足葡萄自然休眠或部分满足自然休眠并采取一定的破眠技术，同时设施内达到葡萄生长发育的环境条件后，根据计划果实的上市日期和果实发育期，确定升温时期。

2. 升温时期

日光温室于秋季冬剪后覆盖薄膜、草帘，在辽南一般 12 月上旬即可开始揭帘升温，需冷量短的品种或应用果树破眠剂的温室可提前到 11 月上、中旬升温。升温前一周或升温当天及升温后的 3～4 天涂抹或喷布果树破眠剂 20～30 倍液于葡萄的结果母枝。一年生葡萄枝蔓从基部 40cm 处开始向上涂抹，顶芽一般不做处理。塑料大棚于外界日平均气温为 5℃时（2 月下旬～3 月中旬），葡萄扣棚、出土、升温。

六、环境调控

设施葡萄不同生长发育期温、湿度调控范围参考表 3-1。

表 3-1　设施内葡萄各生长发育期适宜温、湿度

生长发育期	温度/℃		相对湿度 /%
	白天	夜间	
催芽期第一周	10～20	6～10	80～90
催芽期第一周后	28～30	13～15	80～90
花前新梢生长期	25～28	13～15	50～60
开花期	25～28	16～18	50～60
果实膨大生长期	25～28	18～20	70～80
着色至成熟期	28～30	≤15	50
休眠期	−6～7		≥90

葡萄是喜光性植物，要通过选用无滴塑料薄膜、铺设反光膜等措施增加光照；通过加大放风、施用固体二氧化碳等方法补充室内二氧化碳的不足。

七、土肥水管理

1. 土壤改良与耕作

在浆果采收后结合秋施基肥对土壤进行深翻熟化。深翻时沿栽植沟两侧，将表

土放在一边，心土放在一边，深度与原栽植沟一致。沟底可填入秸秆，然后再回填表土，最后将心土和粪肥（其中拌入过磷酸钙等）混合，填入栽植沟表层。根据杂草发生和土壤板结情况，在整个生长发育周期中进行 5～8 次中耕松土和除草。中耕的深度为 10～15cm，多在雨后或灌水后进行。

2. 施肥

基肥以有机肥料为主，适当掺入一定数量的矿质元素，于浆果采收后或在早秋的 8～9 月份进行。在根系周围挖施肥沟（穴）施入土壤和撒施于池面，每亩施充分腐熟有机肥 5000kg～8000kg，过磷酸钙 100kg。追肥于萌芽前、开花前每亩追施一次复合肥 20kg 或尿素 15kg～20kg；浆果膨大期、果实着色期每亩追施一次复合肥 15kg 和过磷酸钙 15kg；叶面肥在果实着色前每隔 10～15 天喷施一次 0.3% 尿素或以氮素为主的叶面肥，果实着色后每 15 天喷施一次 0.3%～0.5% 磷酸二氢钾。

3. 灌水

萌芽前灌水 1 次，花序出现至开花前 10 天灌水 1 次，浆果膨大期根据具体情况灌水 3～5 次，浆果着色初期灌透水 1～2 次，浆果采收后立即灌水 1 次，落叶后灌透水 1 次，以利于根系正常越冬。提倡覆膜，采用膜下滴灌。

八、整形修剪

1. 整形

单龙干形，株距 0.5～0.6m，定植当年从萌发出的新梢中，选留 1 个生长健壮的新梢作主蔓培养。夏剪时主蔓不留副梢，直到主蔓长至整形长度后，进行摘心，控制延伸生长。如果主蔓生长较慢，北部地区 8 月中下旬还达不到整形长度，则此时也应及时摘心，促进新梢加粗生长和枝芽成熟。冬剪时，根据主蔓粗度和成熟度剪截，一般剪口下要求枝粗直径达到 0.8cm 以上，定植当年主蔓剪留长度不超过 1.5m，以防剪留过长中下部出现"瞎眼"现象。若主蔓粗度在 0.8cm 以下，应留 3～5 芽平茬，翌年重新培养主蔓。双龙干形，从定植苗中选留 2 个生长势相近的新梢作主蔓培养。如果苗木只抽生 1 个新梢，则待该新梢生长 5～6 片叶时，摘心促发副梢，选其中 2 个生长强壮的副梢作主蔓培养，其他副梢贴根抹除。夏剪和冬剪的技术与要求，与单龙干形主蔓培养方法相同。

2. 修剪

（1）生长期修剪

① 抹芽和疏枝　新梢长到 5～10cm 左右时，将过多的发育枝、主蔓靠近地面 30～40cm 内的枝芽以及过密过弱的新梢抹去，同一芽眼中出现 2～3 个新梢，只保留一个健壮的新梢。新梢长到 15～20cm 时，再进行一次疏枝。根据树势强弱和架面大小确定留枝量。单篱架新梢垂直引缚时每隔 10～15cm 留 1 个新梢；棚架每平

方米架面保留 15～20 个新梢。抹芽和疏枝后，结果枝与发育枝比例以（1～2）：（0.5～1）为宜。

② 结果枝摘心　开花前 5～7 天至始花期，在花序以上留 4～6 片叶摘心。副梢处理：定植当年的葡萄苗木萌发后，其新梢作预备枝培养结果母枝时，在主梢摘心后，其上的副梢除顶端一个留 1～2 片叶反复摘心外，余者全部从基部抹除；作为延长生长用的梢可将其上副梢各留 1～3 片叶进行摘心，以后发出的副梢保留 1 片叶反复摘心。

（2）葡萄开始结果后修剪

① 主梢在花序前 4～6 片叶摘心后，果穗以下的副梢从基部抹除，顶端 1 个副梢留 3～4 片叶反复摘心，其余副梢留 1～2 片叶反复摘心，使果枝上的叶片数最终达到 12～15 片。

② 主梢摘心后，只保留顶端一个副梢 4～6 片叶摘心，以后始终只保留前端 1 个副梢 2～3 片叶反复摘心。

（3）除卷须及新梢引缚　在生长季修剪中结合其他工作，随时对卷须加以摘除。当新梢长到 40cm 左右时，即需引缚到架面上。篱架栽培可将部分新梢向外呈弓形引缚；棚架栽培可将 30％左右的新梢引缚，其余的使之直立生长，以利通风透光。

（4）采收后修剪　根据品种的生物学特性和枝条生长的具体情况，对部分枝梢进行适当回缩、短截和疏除。日光温室栽培在 6 月中下旬以前采收完以后采用主干更新（大更新）（彩图 3-31）和结果枝更新（小更新）的办法进行采后修剪。塑料大棚因采收期较晚，不适应采后更新修剪。

（5）休眠期修剪　结果母枝的休眠期修剪一般会根据品种不同采用短梢修剪（2～4 芽）、中梢修剪（5～7 芽）和长梢修剪（8 芽以上）。中、长梢修剪时，采用双枝更新的修剪方法，即在中梢或长梢的下位留一个具有 2～3 个饱满芽的预备枝，当中、长梢完成结果后，在预备枝的上方剪除。预备枝上留下的 2 个新梢，靠上位的休眠期修剪时，仍按中、长梢进行剪截，下位的新梢剪留 2～3 个芽作为预备枝。短梢修剪时，采用单枝更新修剪法，即短梢结果母枝上发出 2～3 新梢，在冬剪时回缩到最下位的一个枝，并剪留 2～3 个芽作为下一年的结果母枝。

九、花果管理

1.疏花序与花序整形

对果穗重 400g 以上的大穗品种，壮枝留 1～2 个花序，中庸枝留 1 个花序，短弱枝不留花序；对小穗品种，壮枝留 2 个花序，中等枝留 1 个花序为主，个别空间较大处可留 2 个花序，短细枝不留花序。花序整形上，对于果穗圆柱形、圆锥形的品种，花序一般不用整形，部分花序过长的，于开花前 7～10 天将花序顶端用手指掐去其全长的 1/5～1/4；果穗较大、副穗明显的品种，将过大的副穗剪除，过长的分枝和过长的穗尖掐去，使果穗紧凑、果粒大小整齐。

2. 疏穗和疏粒

疏穗在盛花后 20 天左右进行，篱架上按二年生葡萄每株保留 4～6 个果穗，多年生葡萄架面每平方米保留 5～8 个果穗的原则，将多余的果穗疏除。疏粒于落花后 15～20 天进行，果粒小、着生紧密的果穗以 250～350g 为标准，果粒大、着生稍松散的果穗以 750～850g 为标准，果粒中等、松紧适中的果穗以 450～550g 为标准，疏除部分过密果、畸形果和小粒果。

3. 提高着色率

在浆果开始着色时，通过调整果穗位置，摘掉结果新梢基部的 3～4 片老叶和疏除部分遮盖果穗的无用新梢，架下铺设反光膜等措施，促进果穗着色。

4. 化学调控

无核化处理于盛花期和盛花后 11～14 天进行，采用 30～50mg/L 的赤霉酸溶液浸蘸花序和果穗各一次。浆果膨大处理在有核葡萄于谢花后 15～20 天进行，无核葡萄于谢花后 5 天和 20 天进行，采用 10mg/L 的葡萄膨大剂溶液浸或喷果穗，或无核葡萄于谢花后 12～15 天，用 30～50mg/L 的赤霉酸浸或喷果穗。

十、破眠技术

破眠技术是设施葡萄栽培的重要技术之一，尤其是葡萄的早熟促成栽培，通过应用破眠技术，可以缩短其休眠期，使萌芽整齐等。目前应用效果较好的是单氰胺含量为 50% 的新型果树破眠剂。

新型果树破眠剂在温室大棚葡萄栽培中的应用效果：①破眠效果好于石灰氮，具有发芽整齐、发芽早、花序好的效果（彩图 3-32）。处理后可使温室葡萄提前 25～30 天发芽，果实成熟提早 20～25 天。使用方法好于石灰氮，无需温水溶解，操作简单。新型果树破眠剂生产上完全可以替代石灰氮。②增加葡萄冬芽萌发的数量，促进分化出更多的花序。③由于增加嫩枝数量，从而增加了产量。④使每穗葡萄的果粒体积变大，硬度增强，含糖量提高。

1. 使用浓度与时期

使用浓度：配制浓度为 20～30 倍，依品种、树势、枝芽饱满程度、喷布程度、升温时期来确定喷布的浓度。适当添加展着剂效果更好。

使用时期：温室葡萄可在升温前 1 周开始喷布或涂抹，或在升温当天及升温后的 2～3 天内进行。冬季不下架防寒的冷棚葡萄，按照以往不破眠处理时发芽的前 30 天喷布。冬季下架埋土覆盖防寒的冷棚葡萄，出土撇出覆盖物后，需尽早喷布或涂抹破眠剂。

2. 使用方法

将药液配好后，直接用喷雾器喷布（彩图 3-33）或用刷子蘸取配制好的溶液，均匀涂抹在芽和枝干上（彩图 3-34），或戴两层手套（内层为胶皮手套，外层为线手套），蘸取配制好的溶液，用手捋葡萄枝蔓，使其芽眼浸入药液（彩图 3-35）。用药后 3 天之内灌一次水，有利于枝芽的萌发。喷雾器喷布效率高。

3. 注意事项

① 每株树上枝条及芽眼不得漏喷，喷到即可。若用电动喷雾器喷布，因喷雾较快，可降低喷布浓度适当重喷。涂抹以湿透芽眼为好。

② 喷药后当天下午必须干后再放草帘。

③ 巨峰、晚红葡萄可用 20 倍液喷布或涂抹，维多利亚、奥古斯特、美人指等品种应用 30 倍液喷布或涂抹。直立生长的葡萄枝蔓保留顶端的 1～2 个芽眼不处理，以防徒长。

④ 涂抹或喷施后的果树，应在用药后当天及时浇水灌溉，保持土壤湿润，以保证用药效果。

⑤ 本品对眼睛和皮肤有刺激作用，直接接触后，会引起过敏，表皮细胞层脱去，需戴手套操作，操作后用清水洗眼，并用肥皂仔细洗脸、手等易暴露部位。操作前后 24 小时内严禁饮酒或食用含酒精的食品。

⑥ 对于无防寒措施的冷棚果树，使用本药剂后，在萌芽期注意预防早春寒流危害。

⑦ 不得与其他化学农药、叶面肥混用。

十一、病虫害防治

葡萄温室大棚设施种植，以前期促成后期避雨的高效栽培模式为宜，它解决了不利气候因素的制约，不但避开了不良天气的影响，而且能提早成熟，填补市场空白，经济效益显著。然而在种植大棚葡萄的过程中，容易产生多种病虫害，如黑痘病、炭疽病、霜霉病、灰霉病、白腐病、白粉病等。不同类型的病虫害，发病的原理也有较大差异，因此需要针对不同病虫害采用多种防治措施。

葡萄病虫害的防治有多种方法，可概括为人工防治、物理防治、农业栽培措施防治、生物防治及化学防治，本着"预防为主，综合防治"的方针，突出无公害防治这一重点来制订病虫害的综合应对措施。

防治黑痘病、炭疽病用 43% 戊唑醇悬浮剂 1500 倍液或 40% 氟硅唑乳油 8000 倍液喷雾；防治霜霉病用 72% 霜脲·锰锌可湿性粉剂 700 倍液或 58% 甲霜灵锰锌可湿性粉剂 1500 倍液喷雾；防治灰霉病用 50% 腐霉利可湿性粉剂 1500 倍液喷雾；防治白粉病用 15% 三唑酮可湿性粉剂 1000 倍液喷雾；防治白腐病用 50% 井冈·多菌灵可湿性粉剂 500 倍液喷雾。

十二、葡萄避雨栽培

葡萄的避雨栽培，也是设施栽培的一种形式，是在葡萄架上设防雨棚，使大自然的降雨不能落在枝、叶、花、果上，避免雨水对葡萄的直接影响，保持葡萄架面上叶幕的小气候相对干燥，这样可减轻葡萄病害。葡萄的许多病害都是由雨水进行传播蔓延的，花期遇雨影响坐果，果实成熟期遇雨会造成落果、裂果、染病、着色不良等，使果实品质下降。日本有许多类似连栋大棚式的遮雨棚，也有架长廊式遮雨棚。我国南方许多地区，如上海等地区，采用遮雨栽培，使一些欧亚种取得良好效果。辽宁农业职业技术学院校内实训基地的鲜食葡萄辽峰（彩图 3-36）、酿酒葡萄赤霞珠（彩图 3-37）等也实施了钢架结构的避雨栽培，取得了较好效果。部分地区也采取简易避雨栽培措施（彩图 3-38）。未来随着绿色安全果品需求的不断扩大，葡萄避雨栽培的应用将会越来越广。

十三、设施葡萄周年结果的成熟期调节技术

葡萄是深受人们喜爱的水果之一，随着生活水平的不断提高，人们更加需求鲜食葡萄的四季供应，这也是农业科技工作者在不断努力实践的目标。在设施栽培条件下，可以人为地控制环境条件，满足葡萄生长的需要。根据葡萄的生物特性，采用相应的农业技术措施，使葡萄一年四季结果是完全可以实现的。依据葡萄品种及其生长结果特性，并依据种植区域，生态环境与市场效益等因素，对葡萄的生长、开花、结果、成熟进行调节，达到提高质量、增加产量、提高效益的目的。成熟期调节的目的第一是使葡萄在最有利环境下结果成熟，提高果实质量；第二是充分利用当地光热资源和葡萄的生产潜能，在一年内增加一茬或两茬产量；第三是针对市场淡季的需求提供优质产品上市。广西农业科学院园艺所通过引进我国台湾两收葡萄栽培技术，结合广西温光资源优势，研究开发成功了适合广西气候条件的葡萄一年两收栽培技术。辽宁农业职业技术学院近几年来，通过北方日光温室栽培优系着色香葡萄进行无休眠一年两熟栽培试验，实现了元旦、春节两个销售旺季新鲜葡萄上市，既满足了广大消费者的需求，同时也提高了生产者的经济效益。根据最近调查，着色香葡萄在不同地区、不同设施类型的实施栽培，已经实现了鲜食着色香全年上市。如在辽宁日光温室着色香于 3 月至 6 月上市，山东冷棚着色香为 6 月至 7 月上市，内蒙古冷棚着色香 7 月中下旬至 8 月上市，吉林露地着色香 8 月至 9 月上市，辽宁通过温室栽培二次果和延迟栽培生产，可以在 12 月至翌年 2 月上市，云南栽培的着色香也可以在 12 月至翌年 2 月上市，这样就形成了着色香鲜食葡萄周年供应链条（表 3-2）。

在辽宁利用加温日光温室进行优系着色香无休眠一年两茬栽培，目前有两种栽培方式：一是产量以第一茬为主，第二茬为辅的原则进行生产。即在 6 月下旬～7 月上旬暖棚采收以后，结合小平茬修剪，开始生产二茬果，于 10 月下旬～11 月上

旬二茬果成熟采收，然后休眠 20～30 天，开始启动升温进行春茬生产。2019 年分别在辽宁西丰县和辽南调查，发现这种栽培方式在第一茬产量为 2250kg（16.00元/kg，即 3.6 万元）的基础上，第二茬果产量可以达到 1000kg（18.00 元/kg，即 1.8 万元），全年累计 5.4 万元。二是产量效益以第二茬为主的原则进行生产。即春茬果实采收以后，加强肥水管理，于 8 月上旬～8 月末，对暖棚正在生长的葡萄进行修剪处理，启动生产第二茬果，果实可以于元旦至春节成熟，采收后继续启动生产春茬葡萄。这种栽培方式第一茬产量控制在 1000kg（16.00 元/kg，即 1.6 万元）左右，第二茬果产量可以达到 1300kg（70.00 元/kg，即 9.1 万元），全年累计 10.7万元，经济效益显著。

表 3-2 着色香葡萄周年供应栽培方式

栽培方式	地区	日期/月													备注
		1	2	3	4	5	6	7	8	9	10	11	12		
日光温室	辽宁			▭	▭	▭	▭				⌒	○			日光温室春茬
		▭	▭					⌒	○			▭		日光温室二茬
塑料大棚	山东		⌒	○			▭	▭							
	内蒙古			⌒	○		▭	▭							
露地	吉林					⌒	○		▭	▭					

注：⌒—扣棚萌芽期；○—开花期；▭—成熟期。

第四章

甜樱桃栽培技术

　　甜樱桃是我国北方落叶果树中，继"中国樱桃"之后，露地栽培中果实成熟最早的果树树种，因此早有"春果第一枝"的美誉。其果实色泽艳丽，风味品质优良，营养丰富，经济效益甚高，倍受栽培者和消费者青睐。

　　樱桃是我国古老的栽培果树之一，栽培历史达 3000 余年之久。我国引入甜樱桃和酸樱桃，是从 19 世纪七八十年代开始的，最早由传教士引入甜樱桃、酸樱桃和杂交种品种，在山东烟台郊区栽培。1887 年新疆塔塔尔族人依木拉依木拜，由俄罗斯引入酸樱桃，开始在塔城栽培，迄今已有 100 多年历史。近些年来甜樱桃种植发展比较迅速，除最早的山东烟台、龙口、威海，辽宁大连，河北北戴河、昌黎等地栽培之外，山西、北京、江苏、安徽、河南、浙江、湖北、四川、甘肃、陕西、新疆等地，也有引种和栽培。尤其是甜樱桃设施栽培的发展，使甜樱桃的栽培区域和栽培面积进一步扩大，并使之成为一项高效益产业。

第一节　品种介绍

1. 红灯

　　大连市农业科学研究院于 1963 年以那翁×黄玉为亲本，杂交育成的早熟、大果、半硬肉的红色甜樱桃优良品种，1973 年命名（彩图 4-1）。果实肾形，整齐，平均单果重 9.6g，最大 12g。果皮浓红色至紫红色，有鲜艳光泽。果肉红色肥厚，多汁。果核中大，半离核。果柄短，可食率 92.9%。果实风味酸甜，可溶性固形物含量 17.1%，耐贮运，采收前遇雨有轻微裂果。果实发育期 45 天。保护地栽培成熟期为花后 45～50 天。树势强健，生长旺盛，幼树生长较为迅速，枝条粗壮，多直立生长，当年生叶丛枝不易形成花芽。盛果期后树冠呈半开张型。进入盛果期稍晚，定植后 4 年开始结果。连续结果能力强，丰产性好，是保护地及露地栽培的首选品种。佳红、巨红、红蜜等为其授粉品种。露地栽培成熟期在 5 月下旬至 6 月上旬，大连地区 6 月 8 日左右成熟。需冷量 960 小时。

2. 拉宾斯

加拿大品种，亲本为先锋和斯坦勒。果实大，平均单果重 8g，最大 11.5g，近圆形或卵圆形。果皮紫红色，美观，厚而韧；果肉红色，肥厚多汁，在果实未完熟时酸度较高，果实成熟后，酸度下降，味道甜美可口，可溶性固形物含量 16%。抗裂果。为晚熟品种，果实发育期 50 天。保护地栽培成熟期为花后 50～55 天。该品种树势生长健壮，树姿开张，侧枝发育良好，树体具有很好的结实结构。连续结果能力强，早果性好，极丰产。自花结实力强，花粉量大，授粉亲和力强，抗裂果，是保护地及露地栽培的主栽品种之一。

3. 早红宝石

原产乌克兰。果实中大，单果重 5～6g。果柄长 4～5cm，较粗，易与果枝分离。阔心脏形。果皮紫红色，有玫瑰红色果点。果肉紫红色，肉质细嫩多汁，果汁红色，酸甜适口，可溶性固形物含量 14%。果核小、离核。品质中等。果实发育期 27～30 天，保护地栽培成熟期为花后 28～30 天。该品种植株生长强健，生长较快，树冠圆形，紧凑中等。以花束状果枝和一年生枝结果，嫁接苗栽后 3 年开始结果。该品种虽果个小但易成花、丰产性好、极早熟，果皮红色，可作为保护地及露地栽培的主栽品种。授粉品种有红灯、红艳、佳红、8-129 等。

4. 5-106

大连市农业科学研究院培育的极早熟优系，为那翁实生。果实宽心脏形，果面全面紫红色，有光泽。果个大，平均单果重 8.65g，最大 9.8g。果肉紫红色，质较软，肥厚多汁，风味酸甜适口，可溶性固形物含量 18.9%。粘核，核卵圆形。果实发育期 38 天左右。

5. 美早（7144-6）

从美国引进的中早熟品种，果实宽心脏形，果顶稍平。果个大而整齐，平均纵径 2.6cm，横径 2.8cm。平均单果重 9.4g，最大 11.4g，果皮全面紫、红光泽，色泽艳丽（彩图 4-2）。肉质脆，肥厚多汁，风味酸甜较可口。核卵圆形，中大。果实发育期 55 天左右。耐贮运，保护地栽培花后 55～60 天成熟，比红灯成熟期略晚，为优良的早熟品种。该品种树势强，树姿半开张，幼树萌芽力、成枝力均强。以中短果枝和花束状果枝结果为主。自花结实率低，抗病。定植后 3 年开始结果，该品种可作为保护地主栽品种。

6. 8-129

大连市农业科学研究院培育的早熟优系。果实宽心脏形，果面全面紫红色，有光泽。个大，平均单果重 9.5g；最大 10.6g。果肉紫红色，质较软，肥厚多汁，酸甜味浓，可溶性固形物含量 18.74%。粘核，核卵圆形，较大。果实发育期 42 天左右。较耐贮运。该品种可为保护地栽培的主栽品种。树势强健，生长旺，树姿半开张，萌芽力和成枝力较强。授粉品种有红灯、雷尼、红艳等。

7. 佳红

大连市农业科学研究院培育，亲本为滨库和香蕉。果实宽心脏形，大而整齐，平均单果重9.57g，最大11.7g，果皮浅黄，阳面有鲜红色霞和较明晰斑点，有光泽，外观美丽。果肉浅黄白色（彩图4-3），质较脆，肥厚多汁，风味甜酸适口，可溶性固形物含量19.75%。核小，粘核，卵圆形，可食率94.58%。较耐贮运。为中晚熟品种，果实发育期50天左右。保护地栽培成熟期为花后50～55天。需冷量790小时。该品种树势强健，生长旺盛，幼树期间生长直立，盛果期后树冠逐渐开张，萌芽力与成枝力较强，枝条粗壮。定植后3年开始结果，丰产性好，果实品质最佳，但因其为中晚熟黄色品种，不适宜做温室主栽品种，可作为授粉品种或塑料大棚和露地的主栽品种。巨红和红灯等为其授粉品种。

8. 红艳

大连市农业科学研究院培育，亲本为那翁和黄玉。果实宽心脏形，大而整齐。平均果8g，最大9.4g。果皮底色稍呈浅黄，阳面有鲜红色霞，有光泽。果肉浅黄，肉质软，肥厚多汁，风味酸甜味浓，可溶性固形物含量18.52%。粘核，核中大，卵圆形，较耐贮运。果实发育期50天左右，保护地成熟期为花后50～55天。该品种树势强健，生长旺盛，树姿半开张，树冠中大，枝条中粗。萌芽力与成枝力较强，分枝较多。结果早，丰产性好，适宜作保护地授粉品种。授粉品种以红灯、红蜜、佳红为宜。

9. 红蜜

大连市农业科学研究院培育，亲本为那翁和黄玉。果实宽心脏形，平均单果重5.4g，大果7g，果皮底色浅黄，阳面鲜红色，有光泽，果肉浅黄色，肉质软，较厚，汁液多，味甜酸适口，可溶性固形物含量17%。粘核，果实不耐贮运。果实发育期50天左右，保护地栽培成熟期为花后50～55天。该品种树势强健，生长势中强，树姿开张，枝条粗壮，萌芽率和成枝力较强，分枝多，定植3～4年后开始结果。该品种常作为授粉品种。

10. 巨红

大连市农业科学研究院培育，是那翁和黄玉的杂交后代12-2经自然杂交后，从实生苗中选育出的优良品系。果实宽心脏形。果皮底色浅黄，阳面有鲜红色晕和较明晰斑点，外观鲜艳有光泽。果实大而整齐，平均单果重10.25g，最大13.2g，果肉浅黄白色，肉质较脆，肥厚多汁，风味酸甜可口，可食率93.12%，可溶性固形物含量19.1%。粘核，核卵圆形，中大。耐贮运。果实发育期60天左右，保护地栽培成熟期花后60～65天。树势强健，生长旺盛，树姿半开张，萌芽力与成枝力较强。枝条粗壮,定植后 4 年开始结果。该品种果个大,品质好、花粉多,可以作为保护地栽培的授粉品种。

11. 雷尼

美国品种。果实宽心脏形,果皮底色浅黄,阳面呈鲜红色(彩图 4-4)。果个大,平均单果重 10.5g,最大 13.66g。果肉黄白色,肉质脆,风味酸甜较可口,品质极佳。可溶性固形物含量 18.4%。粘核,核卵圆形,中大,耐贮运。该品种树势强健,生长旺盛,树姿较直立,萌芽力和成枝力强。幼树进入结果期早,丰产。该品种自花不实,但花粉多,是优良的授粉品种。露地栽培 6 月中旬成熟,为优良的中熟品种。需冷量 790 小时。

12. 明珠

大连市农业科学研究院最新选育的早熟优良品。果实宽心脏形,平均果重 12.3g,最大果重 14.5g,底色淡黄,阳面呈鲜红色,外观色泽美(彩图 4-5)。风味酸甜可口,肉质较脆,品质极佳,可溶性固形物含量 22%,是目前中早熟品种中品质最佳的,熟期稍早于红灯。

13. 滨库

美国品种,为北美栽培最多的一个甜樱桃品种。果实宽心脏形,果个大,平均单果重 7.2g,果皮浓红至紫红色,果顶平,果皮厚而韧。果肉粉红,肉质脆硬,致密,果汁多。核小,离核。品质中等。果实发育期 55 天。耐贮运。该品种树势强健,树冠大,开张,枝条粗壮,以花束状果枝结果为主。花粉多,丰产,可作为保护地授粉品种。

14. 那翁

中熟黄色的一个优良品种,也是较老品种。果实心脏形,果个较大,平均单果重 7g 以上。果皮黄色,阳面有红晕,完全成熟后为红色,果皮较薄。果肉致密,脆嫩,果肉黄白色,味道醇厚,有香气。耐运输,雨后易裂果。树势强健,萌芽力强,成枝力弱。自花不结实。成熟期在 6 月中旬,适宜鲜食和加工。

15. 龙冠

中国农业科学院郑州果树研究所选育,从那翁和大紫杂交实生苗选出的实生 1 号。果个中大,平均单果重 6.8g,最大可达 12g,果实呈宽心脏形,果柄长 3.5～4.2cm,果实外观全面呈宝石红色,晶莹亮泽,艳丽诱人。果肉及汁液呈紫红色,汁中多,可溶性固形物含量 13%～16%,甜酸适口,风味浓郁,品质优良。果核呈椭圆形,粘核,较耐贮运。果实发育期 40 天。授粉品种为先锋,可作为保护地主栽品种。

16. 砂蜜豆

加拿大品种。果实长心脏形。平均单果重 12～13g,最大可达 23g,属极大果类型。裂果较轻。果皮紫红色，果肉红色，浓甜，风味极好（彩图 4-6）。产量高，果实发育期 60 天左右，属晚熟品种。耐贮性好，同样栽培和贮藏条件下，其贮藏期是佐藤锦、南阳、红灯的 1.5～2 倍，气调贮藏期可达 90 天以上。

17. 先锋

加拿大品种，果实为肾脏形或球形。平均单果重 8.5g，最大可达 10.5g。果皮黑色，艳丽，有光泽。果肉玫瑰红色，肉质肥厚，硬脆，汁多，酸甜适口，果实发育期 55 天左右。属于晚熟品种。先锋树势强健，枝条粗壮。抗寒性强，结果早，丰产、稳产性好，裂果较轻。耐贮运。花粉多，是一个极好的授粉品种。本身需异花授粉。需冷量为 1128 小时。

18. 萨米脱

加拿大夏地农业研究所 1957 年育成。亲本是先锋和萨母。果实为心脏形。平均单果重 11～13g，属极大果类型。果面浓红色，艳丽，有光泽，皮薄。肉质硬，风味浓，品质上。露地栽培遇雨裂果较多。果实发育期 55 天，为晚熟品种。需冷量为 1296 小时。

19. 俄罗斯 8 号(含香)

俄罗斯 1993 年育成，亲本是尤里亚与瓦列利（极佳），2003 年引入大连瓦房店市，果个大，单果重 12.9g，果皮厚韧，颜色紫红至紫黑，口感好，大樱桃果实宽心脏形，双肩凸起、宽大、有胸凸。成熟时果实颜色从鲜红色渐至黑紫，油润黑亮，果肉甜，果柄细长，弹性强，甜香味浓（彩图 4-7），是目前大连地区露地甜樱桃栽培效益最好的品种。俄罗斯 8 号品种具有优质和抗寒两大优势，既适于我国现有樱桃产区栽植，又可以向适栽区以北较寒冷的地区发展。综合性状明显优于目前推广的名优品种砂蜜豆、美早、红灯等。俄罗斯 8 号甜樱桃风味香甜，相当于和优于"佳红"，丰产性极强。大连地区 6 月上中旬成熟，树势中庸丰产，成熟期遇雨易裂果，宜进行防雨栽培。

20. 布鲁克斯

为美国品种，父母本为伦尼×早紫。平均单果重 9.4g，最大单果重 13.0g。果皮浓红，底色淡黄，油亮光泽（彩图 4-8）。果顶平，稍凹陷。果柄短粗，平均长 3.1cm，类似红灯，属短柄品种。果肉紫红，肉厚核小，可食率 96.1%。肉质脆硬，总硬度（含皮）19.97g/cm^2，为红灯的 2.3 倍。含糖量 17.00%，平均比红灯高 60%；含酸量 0.97%，平均比红灯低 28%；糖酸比 17.5，为红灯的 2.2 倍。树姿开张，新梢黄红色，枝条粗壮，1 年生枝黄灰色，多年生枝黄褐色。叶片披针形，长宽比 2.07；叶片大而厚，深绿色，叶面平滑；叶柄绿红色，长 2.9cm；叶片长 14.3cm、宽 6.9cm，明显小于早大果。花冠为蔷薇形，纯白色，花器发育健全，花瓣大而厚。生长势强，树冠扩大快，中、长果枝均可成花结果，初结果树以中、

短果枝结果为主，成龄树以短果枝结果为主。每花序有 2.91 朵小花，近似红灯
（2.84 朵），明显高于早大果（2.32 朵）。布鲁克斯/吉塞拉 5 号矮化砧栽后第 2 年
开花结果株率 100%，3 年生树平均株产 2.6kg，最高株产 4.6kg，每亩产 143.0kg。
布鲁克斯在山东省泰安地区 3 月 23 日花芽膨大，4 月 9 日盛花，果实 5 月 18 日成
熟，果实发育期 39 天，比对照品种红灯晚熟 3 天，比早大果晚熟 6 天，比美早早
熟 4 天。需冷量 680 小时。

21. 奇兰

美国华盛顿州立大学研究员汤姆·富山，由斯坦拉和蟠龙品种杂交育成。属于
黑色品种（彩图 4-9），在充分成熟后会显现出黑色的果皮外表，甜度很高，果肉硬
脆多汁。果实大，花期与滨库一致，花量大。异花授粉品种，授粉品种有滨库、拉
宾斯、甜心等。但不能与美早互授，不亲和。可溶性固形物 16%。属于早熟品种。

第二节　土肥水管理

一、土壤管理

土壤是甜樱桃树生长发育的基础，肥沃的沙质壤土和砾质壤土适合甜樱桃生
长。甜樱桃为浅根系果树，即使选择根系强旺的砧木，也不会像苹果、梨的根系一
样能扎入土壤深处。其根系呼吸强度大，需氧气多、土壤要疏松，透气性要好，因
此，对土壤管理也有特殊的要求。

1. 土壤改良

目前果园土壤普遍存在板结、瘠薄、土壤有机质含量低、矿物营养比例失衡、
土壤酸化、盐渍化及土壤污染等问题。随着甜樱桃栽培面积的迅速扩展，在沙滩
地、山岭地等不太适合的土壤条件下定植栽培越来越多。在这种情况下，必须对土
质进行严格改良。如山丘地樱桃园虽然土壤透气性较好，但干旱瘠薄，水土流失严
重，保水保肥能力差，常因缺肥缺水使树体生长迟缓，叶片小、黄、质脆，经常发
生缺素症（如缺锌、缺硼等），因此应大量增施有机肥以提高土壤肥力水平和保水
保肥能力，栽前整修梯田等水土保持工程，并注意深翻改土、加厚土层等。沙滩地
樱桃园虽然透气性好，养分分解速度快，根系发达，但土壤瘠薄，漏水漏肥，肥水
供应不稳定，树势易衰弱；肥水大量供应时，因根系发达，透气性好，容易引起短
期旺长，如 6 月份以后大量自然降雨引起的秋梢旺长，而且正因根量大，水分养分
耗竭快，加上易渗漏损失，雨季过后水分养分极易缺乏，常导致秋季叶片早衰。另
外冲积土平原沙滩地下部常存在黏板层和地下水位过高的问题，因此，应大量增施
有机肥并掺黏土，提高保肥保水及供肥供水能力；注意打破黏板层，降低地下水

位，定植沟下部埋草改良土壤。

甜樱桃对土壤的酸碱度有一定的要求，pH 为 6.0～7.5 的土壤最适合甜樱桃生长。但如果土壤的 pH 超过 7.8 时，则需改良土壤。沿海地区气候较适于甜樱桃生长发育，但土壤往往存在不同程度的盐碱。有效的改良方法是：在定植前挖沟，沟内铺 20～30cm 厚的作物秸秆，形成一个隔离缓冲带，防止盐分上升，大量施用有机肥，可以有效降低土壤的 pH；在施钾肥时，采用硫酸钾，施用氮素化肥采用硫酸铵；勤中耕松土，切断毛细管，减少土壤水分蒸发，从而减少盐分在表土的集聚；采用地面覆草、地膜覆盖、种植绿肥等方法，均可有效改良盐碱土壤。

2. 果园深翻

甜樱桃园深翻，一是可以保持土壤的疏松透气，改善土壤的透水性和保水性，有利于根系生长，有利于土壤微生物的活动；二是结合秋施基肥，增加土壤厚度，保持施肥均匀；三是深翻时可以适当断根，起到增生深根的作用。提倡秋季深翻，结合深翻撒施土杂肥，或埋入作物秸秆等，全面提高土壤有机质含量。深翻的深度以不伤及大根为限，粗度在 1cm 以上的根切断后伤口不易愈合，大的伤口也易感染根癌病。靠近树干基部的地方要浅一些，越往外可以越深。此时正值发根高峰，切断的根愈合能力强。

3. 地面覆盖

果园覆草，有利于保持水土，减少土壤养分和水分的流失；利于提高土壤团粒化程度，改善根际环境，提高土壤肥力，改善和稳定土壤水分状况，减轻裂果。覆草宜在麦收后进行，可供覆用的材料有麦糠、麦秸、铡碎的稻草、秫秸等。覆草宜在树盘内进行，覆草前结合土壤灌水、中耕，将覆草平铺在地面上，厚 10～20cm，其上撒厚约 1cm 的土，以防风吹、防火。秋季深翻果园时，将覆草翻入土中。山地等浇水条件较差的樱桃园常采用地膜覆盖的方法。覆膜前，先整好树盘，灌水后，覆盖厚度为 0.07mm 的聚乙烯薄膜于树盘上，四周用土压实。一般沿行间，以树体基部为界，两面各覆一层。一年后薄膜老化破裂后，再更换新膜。在特别瘠薄干旱的山地果园，早春为了便于追肥灌水，可结合地膜覆盖挖穴贮肥水。

4. 果园生草

果园生草是目前甜樱桃园提倡的土壤管理措施之一，是现代果园土壤管理制度的重要变革，也是果园减肥增效的一种有效手段。可采用全园生草、行间生草和株间生草等模式，具体模式应根据果园立地条件、管理条件而定。生草的种类很多，近几年有用黑麦草、羊茅草等禾本科牧草的，也可用豆科和禾本科牧草混播或与其他有益杂夏草搭配。果园生草应当控制草的长势，适时进行刈割并覆于树盘。一般一年刈割 2～4 次，灌溉条件好的可多割一次。长期生草易使土壤板结，透气不良，草根大量集中于表层土，使果树表层根发育不良，因此，几年后宜翻耕休闲一次。

二、施肥

养分充足是树体健壮和丰产优质的前提，也是培肥沃土的关键因素之一。只有加强养分管理，科学施肥，才能达到养根壮树的目的。甜樱桃树从开花至果实成熟发育时间较短，早熟品种35天左右，晚熟品种80天左右，萌芽、展叶、开花、坐果、果实发育都集中在生长季节的前半期，可见甜樱桃生长具有发育迅速、需肥集中的特点。而花芽分化也集中在果实发育至采收后的短期内，越冬以前树体的营养状况直接影响开花、坐果、树体发育。所以，甜樱桃追肥要抓住开花前后和采收后的两个关键时期，以及要重视秋季施肥。花芽分化前一个月适当追施氮肥，能够促进花芽分化和提高花芽发育。秋施基肥，尽可能当年发挥肥效，增加树体营养贮备至关重要。甜樱桃对氮、钾的需求量较多，对磷的需求量相对要低得多。氮、磷、钾的适宜施肥量比例，在10：2：（10～12）范围内，具体情况根据土壤养分的测定适当增加氮、磷、钾的施肥比例。施肥以有机肥为主，化肥为辅，保持或增加土壤有机质及土壤生物活性，提倡根据土壤分析和叶分析进行配方施肥和平衡施肥。所施用的肥料不应对果园环境和果实品质产生不良影响。

1. 幼树施肥

为了使苗木定植后的前1～2年内树体生长健旺，生长季节有后劲，最好在苗木定植前株施腐熟的鸡粪2～3锹，与土拌匀，然后覆一层表土再定植苗木，或定植前株施0.5kg复合肥或全元化肥，或定植前全园撒施5000kg/亩的腐熟鸡粪或土杂粪，深翻后再定植苗木。5月份以后要追施速效性肥料，结合灌水，少施勤施，防止肥料烧根。为了促进枝条快速生长，不能只追氮肥。虽然甜樱桃对磷的需求量远低于氮、钾，但适量补充磷肥，有利于枝条充实健壮。一般采用磷酸二铵和尿素的方式追肥，每次株施"磷酸二铵＋尿素"0.15～0.2kg。

2. 结果树施肥

9月份施基肥，以有机肥为主，配合适量复合肥、钙硼肥。每亩施土杂粪5000kg＋复合肥100kg，撒施后再深翻。盛花末期追施氮肥，株施碳铵1.5～2kg，结合浇水撒施。硬核后的果实迅速膨大期至采收以前，结合灌水，撒施碳铵0.5kg/株两次。采果后，放射状沟施人粪尿30kg/株或甜樱桃专用肥5kg或复合肥1.5～2kg/株。在土壤不特殊干旱条件下要干施，即施后不浇水。从初花到果实采收前，叶面喷施泰宝（腐植酸类含铁等微量元素的叶面肥）800倍液4次，间隔时间7～10天，早中熟品种7天、晚熟品种10天，也可施用高美施等其他叶面肥。应当强调的是，种植甜樱桃可获得较高的经济效益，果农也舍得投入，在提倡"春天萌芽前不施肥，秋施有机肥加化肥一次施足"的前提下，秋施基肥要足量，但千万不要过量施用肥料，尤其是过量的化肥，否则容易烧根、死树。

三、灌水

甜樱桃适于在年降水量 600～800mm 的地区生长，甜樱桃根系分布浅，大部分根系集中在地面下 20～40cm 范围内，分布的深浅主要依据砧木的不同、土壤透气性的好坏而有所差异。因甜樱桃根系呼吸强度大，要求土壤通气性高，这一特点就决定了甜樱桃根系总体上分布较浅。与其他落叶果树相比，甜樱桃叶面积大，蒸腾作用大，对水分的要求比苹果、梨等强烈。在干热的时候，果实中的水分会经叶片大量损失，这也是山地无水浇条件的果园，在干旱时果个小、易皱皮的原因。甜樱桃幼果发育期土壤干旱时会引起旱黄落果，果实迅速膨大期至采收前久旱遇雨或灌水，易出现不同程度的裂果现象；刚定植的苗木，在土壤不十分干旱的条件下，苹果、梨苗不死，而甜樱桃苗就易死亡；涝雨季节，果园积水伤根，引起死枝死树；久旱遇大雨或灌大水，易伤根系，引起树体流胶；当土壤含水量下降到 10％时，地上部分停止生长；当土壤含水量下降到 7％时，叶片发生萎蔫现象，在果实发育的硬核期土壤含水量下降到 11％～12％时，会造成严重落果等。这就证明了甜樱桃园既要有灌水条件又要能排水良好。

鉴于甜樱桃对水分及土壤通气状况的要求较为严格，灌水应本着少量多次、平稳供应的原则进行。既要防止大水漫灌导致土壤通气状况急剧恶化，又要防止土壤过度干旱导致根系功能下降，尤其在果实迅速膨大期至采收前，既要灌水，又要防止土壤过干、过湿，以免引起裂果。

果园灌水的方法很多，甜樱桃园常见的灌水方法有漫灌、微喷和带状喷灌。在行间放大水漫灌，是甜樱桃生产园最常见的灌水法。漫灌影响土壤的通气性，影响根系呼吸，从而影响根系及树体生长。一般可在行间修灌水沟，将整理水沟的土垫在树盘处，使株间的土高于行间，这样可使水逐渐渗入到根茎周围，从而减少对土壤透气性的影响，也能进一步减轻果实迅速膨大期至采收前遇旱灌水引起的裂果。微喷是集约化栽培果园采用的浇水施肥方法。将特制耐老化的塑料管埋入果园地面下，每株树盘安装一个高约 30cm 的喷头，在需要浇水时，打开进水开关进行喷水。喷头的质量，影响其使用寿命；雾化水的好坏，影响喷射效果。微喷，可以拟控制喷水量，而且喷水均匀又节水，可保持土壤疏松、土结构和土壤肥力，还可调节小气候，减少低温、干热对甜樱桃的危害；在晚霜来临之前，采取喷 2 分钟停 2 分钟的间歇喷射法，可延迟樱桃开花，从而避免霜冻。带状喷灌方法和特点与微喷有点相似，微喷的管道埋入地下，带状喷灌是将水带放在地面上，可随时收起，随时铺放。水带上有不同高度的出水眼，将水带管头接在出水口上，即可进行喷灌。带状喷灌比微喷投资少，可随时收，且不易被盗。

对于微喷和带状喷灌，可根据土壤墒情和气候随时灌水。对于漫灌，可分为花前水、花后水、采前水及秋施肥水等。花前灌水，因气温低，灌水后易降低地温，使得甜樱桃开花不整齐，影响坐果，所以，花前在土壤不十分干旱的情况下，尽量不灌水，若需灌水，灌水量宜小，最好用地面水或井水经日晒增温后再灌入。谢花后至果实采收前，坐果、果实膨大、新梢生长都在同时进行，是甜樱桃对水分最敏感的时期，称需水临界期。通常谢花后要灌水，硬核期不灌水，果实迅速膨大期至采收前依降雨情况灌水 1～2 次，正常年份灌水 2 次。9 月份秋施基肥后灌一次透水。若遇到秋旱的特殊年份，也应该灌一次水。土壤封冻前，因甜樱桃根系浅、休眠早，不灌封冻水。否则，因冬季土壤水分蒸发量小，灌水后会影响根系呼吸。结果树开花坐果、旱黄落果、硬核、果实膨大对水分有特殊的要求，前面已述。采果后的短期内，正值花芽分化期，要控水。而刚定植的苗木，及时补充水分非常重要。地面下根际周围的土壤，若手握不成团，就容易"吊干死"苗木，这也是甜樱桃苗木栽植成活率低的一个主要原因。有经验的果农称苗木定植后要浇"黄瓜"水，即见地皮干就浇水，水后划锄，过 3～5 天再浇水，可多次浇水，保证苗木成活及促进树体枝条快速生长。对于幼旺树，后期要控水，以免植株旺长，影响成花，防止越冬"抽条"。在土壤不十分干旱的情况下，以下几个时期不宜灌水：土壤化冻后至开花前；六七月份的花芽分化期。甜樱桃树最怕积水受涝，涝害后出现黄叶、萎蔫、死枝、树体生长不良、产量降低，甚至死树等现象，造成果园不整齐，单产较低。受涝后，能加重流胶病的发生。所以，樱桃园必须排水畅通，保证雨后水即排出，最迟在 2 小时内排净，确保园内不出现积水现象。若遇大雨，自然排水不畅的情况下，应设法人工排水，必要时采取动力抽水的方法，保证园内不积水。

第三节　花果管理

甜樱桃的花果管理，主要通过了解花芽分化、成花及果实发育特点，从而采取相应的措施促花保果，增大果个、预防裂果，改善和提高果实品质，增加产量，达到提高经济效益的目的。

一、花芽分化及促花措施

樱桃的花芽分化包括生理分化期和形态分化期两个阶段，要正确掌握甜樱桃的花芽分化时期。长期以来，人们一直以为甜樱桃是在果实采收后 10 天左右，花芽开始大量分化。实际上，这是一个认识误区。经研究人员多年观察表明，甜樱桃在落花后 20～25 天就开始进入花芽分化期，落花后 80～90 天花芽分化就基本完成。根据甜樱桃花芽分化的这一个规律，不但要重视采收后的肥水供应，而且更要重视在花芽分化关键时期（幼果至采收期）加强肥水管理，应在施足底肥和花前追肥的条件下，于落花后 10～15 天开始，至采收后一个月左右的这一期间，每隔 7～10 天增施一次叶面肥，使花芽分化所需的营养得到及时、充分的补充。

甜樱桃当年生新梢基部 1～5 芽或 1～7 芽容易形成腋花芽，对形成早期产量非常有益。一年生枝条甩放后，顶端易萌发"五叉头"式的多个新梢，根据新梢基部易形成腋花芽的特点，留一旺梢继续向外延伸，对于其他新梢，采取多次摘心的方式，控制生长、促进成花。一年生枝条甩放后，除背上萌生少数旺梢外，其他芽眼萌生叶丛枝，部分叶丛枝当年能形成花芽，其成花规律是从甩放枝顶端向枝条基部的顺序成花，即枝条中上部（或中前端）的叶丛枝易成花，中下部成花难；中后部的叶丛枝生长势力弱，叶片数量少、叶面积小，生长几年后容易死枝（芽），形成局部光秃带。这一特点，迫使生产栽培者在整形修剪中必须采取相应的措施，防止光秃带形成。一年生枝短截，剪口下萌发几个新梢，再下部萌生叶丛短枝当年也能成花。当所萌发的新梢长势较旺时，由于树体自身养分分配，下部的叶丛枝生长较弱，影响成花数量。中干上"刻芽"，为了促生旺条、填补空间，但有时个别成不了长梢，而形成较好的叶丛枝，当年也能成花。

适时开张新梢角度，是甜樱桃重要的成花措施。幼树中心干上发出的新梢，待新梢长到 30～40cm 时，用牙签及时将新梢撑开至 80°～90°，强旺梢早开角，中弱梢晚开角。成龄树一般在萌芽前树液流动后进行一次性拉枝开角。大粗枝开角可在休眠期用连二锯的办法开角。对甩放枝条端萌发的五叉头新梢及背上新梢留 7 片叶以上摘心，促使下部形成腋花芽。一般当外围新梢长到 30～50cm 时，留 20～30cm 进行 1～2 次摘心。生长后期喷布植物生长调节剂，控制旺长、促进成花，提早丰产。盛花期对主干进行直径 1/20～1/15 的环剥，也能促进成花。

二、防晚霜危害

晚霜冻害是露地果树生产面临的共同难题，经常因花期冻害而大幅度减产，花期较早的樱桃、杏、李、桃等表现尤为明显。甜樱桃的晚霜冻害主要表现为花芽冻害、花冻害以及果实冻害。预防措施：①密切注意天气预报。②在霜冻出现之前果园充分灌水，以提高果园内温度，减轻霜害。③在果园内不同方位放几个大铁桶，桶内装有锯末、麦草之物，在霜冻来临之前，点燃桶内之物，进行熏烟，减轻霜害。④采取措施推迟开花期，避开晚霜，也是有效方法。如花芽露白时，喷 5% 石灰水反光，可推迟花期 3～5 天；早春果园灌井水，降低地温，可推迟花期 3～5 天。花芽膨大期喷 500～1000mg/L 青鲜素，可延迟开花 4～6 天。萌芽前喷 0.5% 氯化钙或萘乙酸钾盐 250～500mg 兑水 1kg。早春果园覆 20cm 厚的稻草、麦秧或铡碎的秸秆等，用水浇湿并压一层薄土，可推迟花期 4～6 天。

三、提高坐果率措施

甜樱桃多数品种自花结实率很低，需要异花授粉才能正常结实，因此，在生产中需要采取一定的措施来提高其坐果率。首先是合理配置授粉树，一般主栽品种占60%，授粉品种占 40%。其次是加强栽培管理，控冠促花。通过加强土肥水管理，尽可能使树体贮藏充足的有机营养。通过甩枝、短截、刻芽、摘心、环剥等栽培技术措施控制营养生长，促进成花，特别是对 4~5 年生的强旺树更应控冠促花，适时喷布新梢抑制剂、拉枝开角，防好病虫尤其叶部病害，疏花疏果，提高坐果率。花期喷施一次 0.2% 尿素 + 0.2%~0.3% 硼砂液，能促进甜樱桃花粉发芽和花粉管的伸长，提高坐果率；或喷施一次 10~20mg/kg 的赤霉酸，能增强植物细胞新陈代谢，加速生殖器官的生长发育，防止花柄或果柄产生离层，减少花果脱落，提高坐果率。花期或花后还可以应用赤霉酸 3 袋(1g/袋)+果美达 2 瓶(50mL/瓶)+国光苄氨基嘌呤 3 瓶(10mL/瓶)+国光对氯苯氧乙酸钠 1 袋（1g/袋）兑水 20kg 喷布，但不同品种喷布时期、浓度、次数有所不同，需要试验后喷布。花期放蜂及人工辅助授粉也是提高甜樱桃坐果率的重要措施。一般每公顷需蜜蜂 3 箱或 3000~5000 头。放蜂以壁蜂较好，壁蜂起始访花温度低，每天工作时间长，访花速度快，管理技术简单，在甜樱桃授粉中应用广泛。在开花前两天，将蜂箱搬到樱桃园里，让蜜蜂适应周围环境，在花期遇阴雨天、气温在 15℃ 以下及风速大等不良气象条件时，蜜蜂很少活动，园内放蜂授粉的效果不佳，此时应进行人工辅助授粉。

四、提高果实品质的措施

生产优质的甜樱桃果实是我们的目的，提高果实品质包括增加果个、增加果实可溶性固形物含量、增加果实硬度、减少裂果等。合理负载量可以增大果个。一般亩产量 1000~1500kg 比较适宜，管理轻松，果个也比较大。当亩产量超过 2500kg 时，果个偏小，影响单价。因此，控制树体合理负载、稳产也是重要的管理因素之一。目前控制负载的主要管理方法是通过控制结果母枝数量辅助适当人工疏果。比如 3~4m 株行距，采用纺锤形整枝，维持结果母枝的数量在 25~30 个，平均株产维持在 20~25kg，按每千克 120 个果实计算，大约每米长的结果母枝负载 0.5~0.75kg 果实，辅助人工疏果。多余的结果母枝逐年或隔年更新。通过每年秋季多施有机肥，果实发育期追施 2~3 次速效性肥料，花期喷 9mg/L 赤霉酸等，促进幼果生长，谢花后至采收前喷施 3~4 次叶面肥，采收前 3 周左右喷一次 18mg/L 赤霉酸，都可显著增大果个。多施有机肥，尤其是饼肥及豆粕、钾肥等都可大幅度提高固形物含量。同时保持幼果发育期的水分充分供应，尤其是第二次果实迅速膨大期的水分平稳供应，可结合灌水，撒施碳酸氢铵，确保果个增大。春季萌芽期土施硅钙镁肥，谢花后至采收前叶面喷施 3~4 次氨基酸钙，都可以提高果实硬度。

五、预防和减轻裂果

甜樱桃裂果是生产上经常出现的问题，裂果严重的将会严重影响其商品性。甜樱桃裂果主要发生在果实第二次迅速生长期至成熟期间。此期若土壤湿度不稳定，比如久旱遇雨或突然灌大水，果皮和果肉的吸水膨胀率不一致，易造成果皮破裂的生理障碍。甜樱桃的品种、所在地区降水量、树龄等不同，裂果程度不同，不同果实发育阶段，其抗裂果能力也不同。预防和减轻裂果措施：①选择抗裂果的品种。

多年来表现不易裂果的品种有萨米脱、甜心、莱州早红、黑珍珠、斯帕克里、斯太拉等，裂果极轻的品种有美早、拉宾斯、先锋、早生凡、意大利早红等。②保持花后土壤水分稳定。使土壤含水量保持在田间最大持水量的60％～80％，防止土壤忽干忽湿。干旱需要浇水时，应少水勤浇，严禁大水漫灌。果园能应用喷灌，尤其微喷最好。谢花后至采收前叶面喷施0.5％氯化钙或200倍的氨基酸钙或600倍的硼钙宝、氨钙宝4次，能减轻甜樱桃裂果。实施避雨栽培，在建造甜樱桃园时，建造简易的大棚骨架，以水泥柱、粗铁丝、细铁丝、化肥袋质材的篷布、尼龙绳、塑料膜等为材料。下雨前将篷布拉上，雨后将篷布再拉下。此法不仅能防雨，而且在花期前后可以预防霜冻。

第四节　整形修剪

整形修剪是保证甜樱桃园高产优质栽培的技术措施之一，对樱桃树进行整形修剪，是为了使树体骨架得到良好培养，对树体生长与结果、衰老及更新之间的关系进行调控，对树体生长与环境影响之间的关系进行调控，维持树势的健壮，以达到早结果、早丰产、连年丰产的栽培目的。在幼树期进行整形修剪，是为了促进幼树枝量迅深增加，扩大树冠，使层间距和枝条分布合理，以达到提早结果的目的。在结果期进行整形修剪，是为了促使结果树达到一定范围的枝量，使结果枝组合理配置，以达到连年优质丰产，且保持树体不早衰、经济寿命长的目的。

一、常用树形

1. 自然开心形

干高30～40cm，全树有主枝3～5个，无中心领导干。每个主枝上有侧枝6～7个，主枝在主干上呈30°～45°角倾斜延伸，在各级骨干枝上配置结果枝组。控制树高1.5～1.8m左右。整个树冠呈圆形（图4-1）。在保护地栽培中，其前部棚体较矮，可采用低定干的自然开心形。

整形修剪方法：定植当年于距地面70～80cm处定干，培养出3～5个分布均匀、长势健壮的主枝。6月中旬，主枝长至30～40cm时，将其摘去1/2或1/3，促发2～3个分枝作为侧枝。第二年春季，将主枝拉枝开角至30°～45°。如第一年培养的主枝少，可对中心干延长枝短截，以促发枝条培养主枝，对侧枝延长枝留30～40cm长后短截，所萌发的剪口芽要留外侧芽。短截后能发出2～3个侧枝，对其斜生侧枝和背下枝，可根据空间的大小进行缓放。对背下直立枝，留3～5个芽后进行极重短截，把它培养成结果枝组。6月中下旬，当新梢长至40～50cm长时，留30～40cm长后摘心，继续培养侧枝或结果枝组。背上直立新梢长至20cm时，留

5～10cm长后摘心，把它培养成结果枝组。第三年主枝、侧枝基本配齐以后，要疏除剪口上部的直立枝，予以开心。对主侧枝背上发出的新梢，应及时进行摘心或拿枝，以培养结果枝组。对有空间的侧枝应继续摘心，无空间的缓放不剪。自然开心形整形容易，修剪量轻，树冠开张，冠内光照良好，结果早，产量高，管理方便。甜樱桃采用此种树形时，因其长势旺，直立性强，所以一般最初几年要保留中心领导干，待主、侧枝配齐以后，再去掉中心干。树冠呈圆头形，有头重脚轻现象，遇大风后易倒伏。

2. 主干疏层形

具有主干和中央领导干，干高50cm左右。全树有主枝6～8个，分3～4层。第一层有主枝3～4个，主枝开角约60°，每一主枝上着生4～6个侧枝。第二层有主枝2个，开角为45°～50°。第三、第四层各有主枝1个，开张角度小于45°。第二、第三、第四层主枝上，各着生1～3个侧枝。第一、第二层层间距为60～70cm，第二、第三层和第三、第四层的层间距为50～60cm。各级骨干枝上宜配备各种类型的结果枝组（图4-2）。

整形修剪方法：苗木定植当年，在60～70cm处定干。当年发生强旺新梢3～5个，剪口下第一芽萌发的枝条适合作为中央领导枝，其余各枝作为主枝，并于夏、秋对其进行拿枝，开张角度为60°～70°。休眠期修剪时，对中枝留50～60cm剪截，将其余枝轻剪缓放。第二年生长期，对生长势强的骨干枝延长枝进行摘心处理，以增加分枝。休眠期修剪时，处理方法同第一年。在第三年生长期，同样采取摘心措施增加枝量；休眠期修剪同第一年，使树冠逐年增高。在4～5年生期间，主枝过强者可不剪截，让其顶芽伸展而成为延长枝。自顶芽向下，附近常相对生有长枝1～2个。这些长枝，若位置合适，可保留它作为侧枝培养；无用的可疏除。进入结果期的甜樱桃树，若结果过多、树体衰弱，则可适当疏除结果枝加以调节。如枝量过多，主枝密生，则可将一部分主枝疏除。每年对中央领导干进行短截，当树冠达到理想高度时，即应进行开心修剪。主干疏层形的整形过程比较复杂，整形修剪技术要求较高，修剪量大，成形慢，枝次多，冠内通风透光情况较差，结果部位易外移，易长成大冠树。这种树形在稀植情况下，可以采用。

3. 纺锤形

特点是干高30～50cm，有中心领导干。在中心领导干上配备10～15个单轴延伸的主枝，下部主枝间的距离为10～15cm，向上依次加大到15～20cm。下部枝长，向上逐渐变短，主枝由下而上呈螺旋状分布。主枝基角为80°～85°，接近水平；高密栽培或设施栽培主枝角度需要大于90°。在主枝上直接着生大量的结果枝组（图4-3）。

整形修剪方法：第一年春季，定干高度50～60cm。6月中下旬，在主干距地面30cm以上处，选留3～4个生长健壮、分布均匀的枝条作为主枝，并进行拿枝处理。对中心干延长枝留 30～40cm 长后摘心，使其促发 3～4 个分枝，作为第二层主枝。第二年春季，对第一、第二层主枝缓放不剪，随时拿枝，使两层主枝角度为 80°～85°，近于水平。对中央延长枝留 30～50cm 长后短截，促发新枝 3～4 个，作为第三层主枝，并随时拿枝，使之成水平。当主枝萌发的侧生枝及背生枝长至 20cm 长时，留 5～10cm 长后摘心，培养结果枝组。一般经过 2～3 年，可基本培养出标准树形。该树形在整形过程中，应注意及时开张角度，使各主枝近于水平生长，均衡各级主枝的生长势。

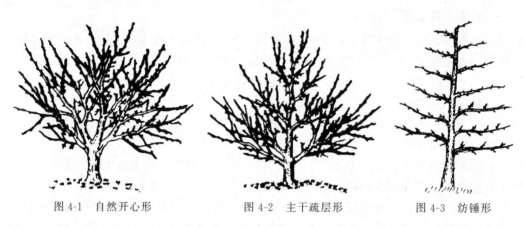

图 4-1　自然开心形　　　　图 4-2　主干疏层形　　　　图 4-3　纺锤形

二、修剪时期及方法

甜樱桃的休眠期修剪，如果于落叶后到萌芽前这段时间进行，很容易造成剪口干缩，出现流胶现象，消耗大量水分和养分，甚至引起大枝的死亡，所以，甜樱桃休眠期修剪的最佳时期为树液流动之后至萌芽前，这一时期的主要修剪方法有短截、缓放、疏剪等。

1. 生长期修剪

生长期修剪也称夏季修剪，是指从春季萌芽至秋季落叶以前这一时期的修剪。主要修剪方法有：刻芽、拉枝、摘心、环割、扭梢、拿枝、短截等。夏季修剪减少了新梢的无效生长，可调节骨干枝角度，改善光照条件，使树体早成形、早成花、早结果。

(1) 刻芽　用小钢锯条在芽或叶丛枝上方横切一刀，深达木质部，刺激该芽萌发成枝的措施叫刻芽。对甜樱桃刻芽必须严格掌握刻芽时间，一般在萌芽前树液流动后进行，否则容易引起流胶。刻芽可促进刻伤下面的芽萌发，提高侧芽或叶丛枝的萌发质量，促进枝条旺长，起到扩大树冠的作用，也可以利用刻芽培养结果枝组。刻芽仅限于在幼旺树和强旺枝上进行。刻芽部位应在芽或叶丛枝上方 0.5cm 处，这样抽出的枝开角较大，否则，易抽生夹皮枝。

（2）拉枝　拉枝即是开张枝条或主枝基角，有利于削弱顶端优势，缓和树势或枝势，增加短枝量，促进花芽形成，另外，还可改善树冠内膛光照条件，防止结果部位外移。由于甜樱桃幼树生长旺盛，主枝基角小，枝条直立，需拉枝开角（图4-4）。

拉枝应提早进行，早拉枝，有利于早形成结果枝，早结果，早收获，幼树期应及早拉枝开角。拉枝的时期一般在春季树液开始流动之后进行，也可在采收后进行。由于甜樱桃分枝角度小，拉枝很容易劈裂造成分枝处受伤流胶，拉枝前应用手摇晃大枝基部使之软化，避免劈裂，也易开角。拉枝时，应注意调节主枝在树冠空间的位置，使之分布均匀，辅养枝拉枝应防止重叠，合理利用树体空间。在幼树整形时，对新梢可用牙签、木制衣夹辅助开张角度。

（3）摘心　是在新梢木质化以前，摘除或剪掉新梢先端部分（图4-5）。摘心主要用于增加幼树或旺树的枝量或整形。通过摘心可以控制新梢旺长，增加分枝级次和枝叶量，加速扩大树冠，促进营养生长向生殖生长转化，促生花芽，有利于幼树早结果，并减轻休眠期修剪量。摘心可分为早期摘心和生长旺季摘心两种。早期摘心一般在花后7～8天进行。将幼嫩新梢保留10cm左右，进行摘除。摘心后，除顶端发生一条中枝外，其余各芽可形成短枝和腋花芽，主要用于控制树冠和培养小型结果枝组。早期摘心，可以减少幼果发育与新梢生长对养分的竞争，提高坐果率。生长旺季摘心一般在5月下旬至7月下旬以前进行。将旺梢留15～20cm，余下的部分摘除，以增加枝量。幼旺树连续摘心2～3次能促进短枝形成，提早结果。

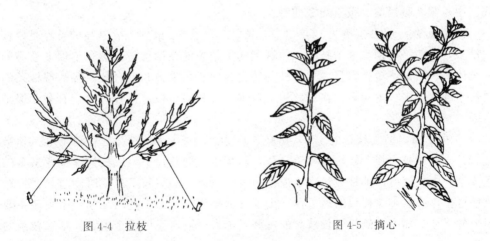

图4-4　拉枝　　　　　　　　　图4-5　摘心

（4）扭梢　当新梢半木质化时，于基部4～5片叶处轻扭转180°并伤及木质部，别在母枝上，使新梢下垂或水平生长（图4-6）。其主要应用于中庸枝和旺枝。扭梢时间可在5月底至6月初进行。扭梢阻碍了叶片光合产物的向下运输和水分、无机养分向上运输，减少了枝条顶端的生长量，相对增强了枝条下部的优势，使下部营养充足，有利于花芽形成。扭梢时间要把握好，扭梢过早，新梢嫩，易折断；扭梢过晚，新梢已木质化且硬脆，不易扭曲，用力过大易折断。

（5）**拿枝**　用手对旺梢自基部至顶端逐渐捋拿（图4-7），伤及木质部而不折断的操作方法。拿梢一般自采收后至7月底以前进行。其作用是改变了枝条的姿势，缓和旺梢生长势，增加枝叶量，促进花芽形成，还可以调整2～3年生幼龄树骨干枝的方位和角度。

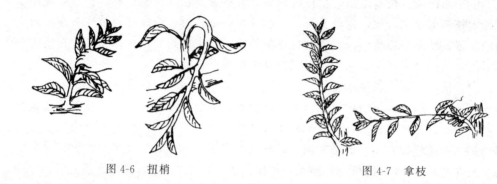

图4-6　扭梢　　　　　　　　　　　　　　　　图4-7　拿枝

2.休眠期修剪

甜樱桃休眠期修剪的方法比较多，主要有短截、缓放、回缩、疏枝等。

（1）**短截**　剪去一年生枝梢一部分的修剪方法。依据短截程度，可分为轻短截、中短截、重短截、极重短截四种。

① 轻短截　剪去枝条的1/4～1/3，留枝长度在50cm以上。其枝的特点是成枝数量多，一般平均抽生3个枝条。短截削弱了枝条的顶端优势，缓和了顶端枝条的生长优势，增加了短枝数量，上部枝易转化为中、长果枝和混合枝。轻短截枝条的增长粗度宽于中、重短截。在幼龄树上对水平枝和斜生枝进行轻短截，有利于提早结果。

② 中短截　剪去枝条的1/2，留枝长度为45～50cm。特点是有利于维持顶端优势，一般成枝力强于轻短截和重短截，新梢生长健壮，平均成枝数4个，最多的达5个。中短截后，抽枝数量多，成枝力强，所以，幼树枝条短截时间过长，短截枝量过多，必然影响树冠的通透性，出现修剪年限长、结果晚的现象。中短截主要用于骨干枝（如主、侧枝延长枝）的短截，扩大树冠，还可用于中、长结果枝组的培养。

③ 重短截　剪去枝条全长2/3以上，留枝长度约为35cm。其特点是能够加强顶端优势，促进新梢生长。其成枝数量少，成枝力较弱，平均成枝数2个。在幼树整形过程中起到平衡树势的作用。另外，可利用背上枝培养结果枝组。平衡树势时，对长势壮旺的骨干枝延长枝进行重短截，能减少总的生长量，骨干枝背上培养

结果枝组时，第一年行重短截，翌年对抽生出的中、长枝采用去强留弱、去直留斜的方法培养结果枝组。

④ 极重短截 剪去枝条的4/5以上，留基部5～6个芽，极重短截在甜樱桃结果树上极少应用，只是在准备疏除的一年生枝上应用。对要疏除的枝条，若基部有腋花芽，可采用极重短截，待结果后再疏除，基部无花芽而极重短截，可培养花束状结果枝组，也可控制过旺树体。在幼树期采用纺锤形整形过程中，为了增加干/枝粗度比值，培养理想树形，一般采用极重短截，对中干上萌发的1年生枝条留3～5芽极重短截，培养枝轴较细的结果母枝和增加结果母枝的数量。总之，短截修剪可加强新梢长势，增加长枝比例，延缓花芽形成。

(2) 缓放 对一年生枝不行短截，任其自然生长的修剪方法。缓放与短截的作用效果正好相反，主要是缓和枝势、树势，调节枝叶量，增加结果枝和花芽数量。当然，枝条缓放后的具体反应，常因枝条的长势、着生部位和生长方向而有差异。生长势强、着生部位优越、直立的枝条，经缓放，尤其是连年缓放后，加粗量大，花束状果枝多；而长势中庸的水平、斜生枝条，缓放后加粗生长量小，枝量增加快，枝条密度大，且花束状果枝较健壮，在缓放枝上的分布也比较均匀。因此，在甜樱桃幼树和初果期树上，适当缓放中庸枝条，是增加枝量、减缓长势，早成、多成花束状果枝，争取提早结果和早期丰产的有效措施之一。在缓放直立竞争枝时，由于枝条加粗快，易扰乱树形，使下部短枝枯死，结果部位易外移。因此，缓放这类枝条时应与拉枝开角、减少先端的长枝数量相配合，或与环割相结合。

(3) 回缩 剪去或锯去多年生枝的一部分，又称缩剪。适当回缩能促使剪口下潜伏芽萌发枝条，恢复树势，调节各种类型的结果枝比例。回缩主要用于强树或弱树，多用于早大果等品种的盛果期树，而对于那翁等品种，一般尽量少用或不用。因为枝条回缩后，易引起回缩枝变弱，出现枝条枯死现象。对幼树回缩，易引起枝条徒长，出现抽枝力强，枝量过多的现象，并使回缩枝已形成结果枝的花朵坐果率低。对结果枝组和结果枝进行回缩修剪，可以使保留下来的枝芽具有较多的水分和养分，有利于壮势和促花。缩减适宜，结果适量，则可保持树势中庸健壮，而无目的的回缩也易影响产量和质量。

(4) 疏枝 将一年生枝从基部剪除或多年生枝从基部剪除。疏枝主要用于树冠外围过旺、过密或扰乱树形的大枝。疏枝有利于改善树冠内膛光照条件，均衡树势，减少营养消耗，促进花芽形成。在整形期间，为减少冬季修剪时的疏枝量，生长季应加强抹芽、摘心、扭梢等措施。对于一定要疏除的大枝，一般于采果后进行疏剪。对甜樱桃多数品种来说，疏枝应用极少，原因是甜樱桃疏枝出现伤口后，愈合慢，在各个生长时期均易引起流胶，造成幼树生长衰弱，盛果树早死；幼树疏剪枝条过多，成形慢，枝量少，盛果期单株产量低。因此，不宜一次疏除过多，要分期、分批进行。

三、不同树龄的整形修剪

1. 幼龄树

甜樱桃幼树修剪的主要任务是，依据丰产树形的树体结构特点和植株的具体情况，达到选好骨干枝，促进幼树发育，提早结果的目的。

苗木定植第一年，根据整形的要求进行定干，定干高度要根据种类、品种特性、苗木生长状况、立地条件及整形要求等确定。一般成枝力强、树冠开张的种类和品种，以及平地、砂地条件下，定干宜稍高；成枝力弱、树冠较直立的种类和品种，以及山丘地条件下，定干高度可稍低。定干后，一般可以抽生 3～5 个长枝。休眠期修剪时，根据发枝情况选留主枝，主枝剪留长度一般为 40～50cm。第二年经过了一年缓苗之后，一般可以恢复生长，并开始旺盛生长。应采用生长期修剪的技术措施，控制新梢旺长，增加分枝级次，促进树冠扩大。通过休眠期修剪，继续选留、培养好第一层主枝，开始选留第二层主枝和第一层主枝上的侧枝。具体方法是，当新梢生长达到 20cm 左右时，用手掐去部分嫩梢，使新梢加长生长暂趋停顿，促进侧芽萌发抽枝。如果新梢加长生长仍很旺盛时，可每隔 20～25cm 连续摘心几次。

休眠期修剪，要根据幼树的生长情况灵活运用。如果第一年已选足了第一层主枝，并且经过第二年生长期摘心，分枝较多时，培养开心自然形的，即可在离主枝基部 60cm 的部位，选择 1～2 个方位角度适宜的枝条，培养为一、二侧枝。培养主干疏层形的，可在中央领导干上离第一层主枝 70～80cm 的部位，选留 1～2 个方位角度适宜的枝条，作为第二层主枝；并在第一层主枝上，离基部 60cm 左右的部位，选留好 1～2 个侧芽。不管是哪种树形，主枝的修剪长度一般为 40～50cm，侧枝的修剪长度约 40cm 左右。摘心分枝较多的，可在侧枝上选留副侧枝，剪留长度 30cm 左右。树冠中的其余枝条，斜生、中庸的可行缓放或轻短截，长势过旺并与骨干枝相竞争的，可视情况疏除或行重短截。

2. 初结果树

无论采用哪一种树形，甜樱桃 3～5 年，就可进入初结果期。此期修剪的主要任务是继续完成树冠整形，增加枝量，培养结果枝组，平衡树势，为过渡到盛果期创造条件。进入初果期的幼龄树，由于苗木标准及采用树形等的不同，树形形成有早有晚。对于仍未完成树体整形的树，要继续通过适度剪截中央领导干和主枝延长枝，选择适当部位的侧芽进行刻芽促萌，培养新的侧枝或主枝。对于树体高度已达理想标准的树，可以在顶部一个主枝或顶部一个侧生分枝上落头开心。对于角度偏小或过大的骨干枝，仍需要拉枝开角，调整到应有角度。对于整形期间选留不当、过多过密的大枝，以及骨干背上大枝，应及时疏除，以便将树体调整到合理结构，完成树冠的整形工作。在树冠覆盖率尚未达到 75％ 左右时，仍然需要短截延伸，扩大树冠，占用空间。同时，已经达到树冠体积的树，要控势促花芽，增加结果面积和花芽量。在扩冠的基础上，稳定树势，为高产优质创造条件。

甜樱桃结果枝组可分为鞭杆型枝组，紧凑型枝组以及大、中、小型结果枝组。鞭杆型枝组长度一般在1m以上，径粗在2cm以上。其上着生各类结果枝组和小型枝组，分布越多，产量越高。这类枝组多由强弱不等、部位适宜的发育枝，经连年甩放或轻打头培养而成。其先端分枝采用强摘心控制或者疏除，可使中下部多数短枝在缓放的第二年形成花束状果枝或短果枝。培养这类枝组，要注意加大分枝角度和改善光照条件。由于这类枝组更新难，需主要依靠维持修剪，使大量的多年生花束状果枝和短果枝生长健壮，提高坐果率，延长结果期限。背上旺枝可采用极重短截法培养成紧凑型结果枝组。45～60cm的中庸枝采用先甩放后回缩的方法培养紧凑型结果枝组。大型结果枝组的培养，一是对生长较旺的发育枝先甩放1～2年，使枝条的生长势得到缓和，再进行收缩，确定枝轴长度；二是对骨干枝背上直立枝采用重短截培养大型结果枝组。中、小型结果枝组的培养，对长度为40cm左右的中弱枝，多数只能培养成中、小型枝组。方法是先修剪后缓放，然后再回缩。

甜樱桃在初结果期的整形修剪中需要平衡好各级骨干枝生长势力，理顺从属关系，即中心干的生长要强于主枝，主枝要强于侧枝，下部主枝要强于上部主枝，同层主枝之间生长势要均衡。维持树体各级骨干枝位置和生长势，是保证丰产稳产的基础。但生产中易出现各种不平衡现象，这就要求在修剪上抑强扶弱，促其平衡。

3. 盛果期果树

在正常管理条件下，经过2～3年的初果期，即可进入盛果期。但进入盛果期之后，生长势开始衰弱。此期修剪的任务是保持健壮的树势，通过修剪和加强管理，调节好生长和结果的关系，达到年年高产、稳产和优质的目的。

盛果期甜樱桃壮树的指标是：外围新梢长度为30cm左右，枝条粗壮，芽体充实饱满；大多数花束状果枝或短果枝具有6～9片叶片，叶片厚，叶面积大，花芽充实；树体长势均匀，无局部旺长或衰弱现象。盛果期大量结果以后，随着树龄的增长，树势和结果枝组逐渐变弱，结果部位外移。应采取回缩和更新措施，促使花束状果枝向中、长果枝转化，以维持树体长势中庸和结果枝组的连续结果能力。对鞭杆枝组采用缩放手法进行更新。当枝轴上多年生花束状果枝和短果枝叶数减少，花芽变小，则应及时回缩，选偏弱枝带头，维持和巩固中、后部的结果枝，但不可重回缩，以免减少结果部位，降低结果能力。当枝轴上各类结果枝正常时，可选用中庸枝带头，保持稳定的枝叶量。对中、小型结果枝组，要根据其中、下部结果枝的结果能力，在枝组先端的2～3年生枝段处回缩，促生分枝、增强长势，增加中、长果枝和混合枝的比例，维持和复壮结果枝组的生长结果能力。特别要注意的是维持和更新结果枝组生长结果能力，不能单独依靠枝组本身的修剪，还要考虑调节和维持其所着生的骨干枝的长势。当结果枝组长势衰弱、结果能力下降时，其所着生的骨干枝延长枝应选弱枝延伸，或轻回缩到一个偏弱的中庸枝当头；当结果枝结果能力强时，其着生的骨干枝延长枝宜选留壮枝继续延伸。对进入盛果期的树，修剪时一定要注意甩放和回缩要适当，做到回缩不旺，甩放不弱，这样才能达到结果枝组结果多、质量好、丰产优质的目的。

4. 衰老期树

甜樱桃自大量结果，大约经过 15 年的时间，因多数结果枝枝轴的延伸，结果部位远离母枝，生长结果能力明显减弱，而进入衰老期，树势明显衰弱，果实产量和质量下降，应及时进行更新。修剪的任务是更新树冠和培养新枝，从中选留一些方向适当的枝芽，通过培养重新恢复树冠骨架。

更新时主要处理密集大枝，并在内膛光秃带培养结果枝。需更新的大枝，最好是分期分批进行，以免一次疏除大枝过多，削弱树冠的更新能力。首先疏除严重扰乱树形的大枝，如丛状自然形或自然开心形选留主枝后的多余大枝，由竞争枝发展起来的"双（主）干枝"等。其次是疏缩一部分轮生枝、丛状自然型或自然开心形主枝上的大内向枝，以及纺锤形中干上的过多过密大枝。疏除轮生枝时，可以采用"疏一缩一"法，避免对口疏枝。疏枝后二年，在疏枝及其以下部位，可能由不定芽或隐萌芽发出一部分枝，在有空间处应及时摘心控制，培养分枝形成结果枝组；无空间处应及时抹掉。对其余可能返旺的枝条，也应通过夏剪，及时调整控制。

在更新大枝的同时，若其上着生较旺的侧生枝，也可在这个较旺的侧生枝上端更新，以后培养为主枝。衰老树的内膛大都光秃，可利用树冠内膛徒长枝来培养成大枝或结果枝，这就必须进行重短截，削弱其生长势，促进分枝，使其及早形成结果枝。更新的时间以早春萌芽前进行为好。如果仅骨干枝上部衰弱，中、下部有较强的分枝时，也可回缩至较强分枝上进行更新，使树势尽快恢复。

开张大枝角度时，要以拉枝为主，并以绳索固定，用铁丝拴住大枝条的 1/3 或 1/2 处，着力点用废胶管、硬纸板等物衬垫，防止损伤皮层，下端用木桩固定在地下，把大枝向下拉至整形所需角度，防止角度返上。个别长势强、枝较粗、拉枝开角有困难的大枝，也可以使用大枝基部背面"连三锯"的方法，忌用背后枝换头。对外围枝头要疏缩多分头枝，实行清头。经过清理大枝、开角、疏枝，可改善冠内光照条件，缓和外围极性，使内膛短枝、花束状果枝、叶丛枝得到保护。在此基础上全树轻剪缓放，就可以很快形成大量的优质结果枝，为丰产创造条件。

第五节　甜樱桃病虫害防治技术

一、甜樱桃主要病虫害种类

甜樱桃常见的病害有：细菌性穿孔病、流胶病、干腐病、根癌病、褐斑穿孔病、褐斑病、褐腐病和病毒病等。

甜樱桃常见的虫害有：红颈天牛、金缘吉丁虫、苹果透翅蛾、桑白蚧、朝鲜球坚蚧、草履蚧、大灰象甲、茶翅蝽、绿盲蝽、金龟子、山楂红蜘蛛、二斑叶螨和各类毛虫、卷叶蛾等。

二、全年甜樱桃病虫害防治的主要方法

1. 萌芽前

主要清除流胶病、穿孔病和叶斑病的越冬病原菌，可全株喷洒 5 波美度的石硫合剂或涂抹腐植酸铜。检查树干，看是否有桑白蚧、朝鲜球坚蚧和红颈天牛的为害，早发现早治疗。

2. 初花期

此时要防止霜冻，以免冻伤花芽，可以喷布一些硼、钙等微量元素肥，也可以施用有机肥，提高树体抗性。此时也是一些金龟子和大灰象甲的活动盛期，要注意防范，如发现危害可采用有机磷类和菊酯类药剂进行防治。

3. 幼果期

幼果期还是以细菌性穿孔病、褐斑病等的防治为主，可用 80％代森锰锌可湿性粉剂 1000 倍液＋20％叶枯唑可湿性粉剂 1000 倍液，效果良好。害虫主要以梨小食心虫、苹小卷叶蛾和绿盲蝽为主，可用 34％甲氧虫酰肼悬浮剂 3000 倍液，或 4.5％三氟氯氰菊酯乳油 6000 倍液喷雾防治。

4. 果实膨大期

如发现有叶片发白，或叶背面有灰尘状的粪便，很可能是出现了山楂红蜘蛛和二斑叶螨的危害。螨类、蚜虫类可使用噻虫嗪、吡虫啉、啶虫脒等进行防治。

5. 果实硬核期

此期常见的病害为褐斑病、穿孔病和其他叶斑病类，可用 70％多菌灵可湿性粉剂 800～1000 倍液＋25％苯醚甲环唑水乳剂 1500 倍液防治。虫害依然要防范螨类和蚜虫的危害，药剂参考果实膨大期使用。

6. 采收前

常规病虫害的防治，不能松懈，可定期喷洒多菌灵、甲基硫菌灵、氟硅唑、叶枯唑等药剂，防止叶斑病、穿孔病、褐腐病的发生。

7. 采收后

果实采收以后也要多关注病虫害的防治工作，尤其是毛虫类如苹掌舟蛾、卷叶蛾的危害，防止造成树势衰弱，影响第二年的产量和品质。

第六节　甜樱桃设施栽培中存在的主要问题及解决方法

一、存在的问题

1.隔年结果

（1）栽培者对花芽的分化时期认识有误，肥水供应期不当　栽培者依据以往资料中叙述的"甜樱桃果实采收后 1～2 个月是花芽分化期，为了促进花芽分化，除了在花芽大量分化期（采果后）加强肥水外还要注意在秋、春两季满足树体对肥水的需要，以保证花芽分化的后期营养"等，只注重采收后的肥水供应。而实际上，花芽分化是在花后的 25 天左右开始的，到采收后一个月基本结束。甜樱桃具有花芽分化期集中、分化时间短、分化过程迅速等特点。花芽分化这个时期正是幼果开始迅速膨大期，此期养分需求量大，往往是幼果争夺了大量的养分和水分，如果营养不良，必然会抑制花芽的形成，而且会影响花芽质量，出现雌蕊败育现象，即柱头极短、缩短在萼筒之中，花瓣未落，柱头和子房发黄枯萎，不能正常坐果，从而影响当年产量，形成大小年。因此生产中此时必须加大肥水供应，以保证花芽分化所需的养分。

（2）负载量大　对于小型果的大樱桃，栽培者大多没有疏花疏果的习惯，尤其是设施栽培的大樱桃，都怕坐不住果，结多少留多少。据调查，辽宁的金州、山东的蓬莱，有的农户设施樱桃株产多达 50kg 左右，甚至个别达 70kg。如此超载，所形成的花芽量只有上年的 10%～30%，必然出现小年。

（3）忽视采收后的管理　果实采收后正是春季农忙季节，多数管理者忽视对樱桃的采后管理，常出现不同程度的开花现象，开花严重的高达 50% 以上，造成下一年花量少而形成小年。采收后发生开花的原因，有采后放风锻炼时间不够（叶片易受风损伤、日烧等）的因素，也有二斑叶螨危害和感染叶斑病的因素，再有是修剪过重。前两个因素引起早期落叶，刺激花芽开放；后者阻断了水分、养分的正常运输，刺激花芽开放。据调查采后任何时候修剪过重，尤其是回缩和重短截都会引起二次开花，下一年花量少而形成小年。

2.落花落果

（1）休眠期需冷量不足　多数栽培者对大樱桃的休眠期低温需求量不掌握、不重视，还有多数人存在抢早上市的心理，在没有满足低温需求量的情况下，提早揭帘升温，导致生长发育不正常，表现为萌芽晚，萌芽不整齐，花期不一致（彩图 4-10）。

（2）升温速度过快　生产中有高温闷棚的错误管理方法，即揭帘后的前十多天，将白天温度调节在 25℃ 左右，甚至达 28℃，这种高温条件下，造成地上部和地下部生长不协调，根系活动滞后于花芽、叶芽的生长，造成"先叶后花"的倒序现象，枝叶优先争夺贮藏营养，引起新梢旺长，从而导致坐果率降低，影响幼果的发育和膨大，造成早期落果。从升温至初花必须经历 35～40 天的时间，少于 30 天落花落果严重。

（3）萌芽至开花期温度过高、湿度过低　大樱桃在设施栽培条件下的温度不同于在露地的条件下，往往栽培者参照露地温湿度指标，将萌芽至开花的最高温度控制在 24℃ 左右，没考虑到露地是在通风条件下，而设施是在封闭条件下，同样的温度，对树体萌芽和开花的影响是截然不同的。关于湿度，几乎多数果农没有使用湿度计，还有的管理者为了提高地温，在升温时立即覆地膜，也没有增湿的措施，使白天中午前后设施内的湿度低于 10% 左右。温度过高，会降低胚的活力；湿度过低，不利于花粉管的萌发，使萌芽开花不整齐，柱头干燥，影响授粉受精，最终导致落花落果。

（4）花后灌水过早、水量过大　花后灌水过早、灌水量过大是引起落花落果的主要原因之一。调查发现，多数果农依据以往资料中强调的"谢花后至果实成熟前是大樱桃对水分最敏感时间，也是其需水临界期。因此，这一期间灌水要勤，灌水量要大，一般灌水 2 或 3 次""谢花后当果实发育如黄豆粒大小时，可进行灌水，补充水分""防止早黄落果，目前主要采取硬核前后勤灌水的方法"等灌水。果农和园区之所以重视幼果期灌水，是栽培者没有考虑到设施樱桃是在覆地膜和覆棚膜的封闭状态下，较露地环境需水时期和需水量是截然不同的，设施内如果在花后至硬核前任何时候灌水，都会引起不同程度的落果，尤其是灌水越早、灌水量越大，落果就越严重，严重的达 80% 以上。这是因为灌水引起新梢过旺生长，造成新梢生长和种仁生长营养竞争，种仁得不到充足的养分而萎缩，使果实逐渐萎缩脱落。

（5）有害气体危害　有害气体来自人工加温，在外界温度骤降或连续阴雪 3 天以上时，棚内温度降至 3℃ 以下，有的栽培者于夜间在棚内人工加温，如点液化气加温、点蜡烛加温、点柴火加温等，这些加温方法争夺了棚内的氧气，放出 CO_2，而夜间植物吸入的主要的是 O_2，呼出的是 CO_2，CO_2 的浓度过高，抑制了树体的呼吸作用，造成花器官和幼果的伤害而引起落花落果。有害气体还来自施肥，设施樱桃新区的果农，在升温时将化肥地面撒施后浇水，或将鸡粪、牛马粪等地面铺施或随水浇施，肥料分解挥发产生了氨气和 CO_2，抑制了树体呼吸作用，对花器官及叶芽造成严重的毒害作用，导致落蕾落果。

二、解决方法

针对以上生产存在的问题，解决温室大棚大樱桃栽培产量不稳定、落花落果严重等问题的关键技术，除了要选好品种、合理配置授粉树以外，关键就是要解决好树体营养问题以及环境调控问题。尤其是前期的生长，因为甜樱桃果实生长与枝梢营养生长几乎是同时进行的,果实生长前期营养竞争激烈,此时缺少必要的养分供应以及任何影响此时果树生长的逆境条件都将严重影响果实发育。所以补充营养、控制生长,加强环境调控更为重要。

1. 解决营养问题

(1) 加强肥水管理（外界补充营养）

① 花芽分化期增施叶面肥（花后追肥）　大樱桃花芽的生理分化开始期是在花后 25 天左右,采收后 30 天基本结束,因此在正常栽培管理条件下,落花后 10 天左右开始每隔 7～10 天喷施 1 次叶面肥,至采收后 20～30 天止,共喷 5～6 次。主要选择磷酸二氢钾、活力素等交替使用,采收后还要加喷尿素。

② 秋季施足基肥　早秋施基肥,施肥时间为 8 月下旬～9 月上旬。沟施,为避免伤根过多,可第一年施东西侧,第二年施南北侧。根据树龄及产量株施农家肥或沼液肥 50～100kg 左右,同时加硝酸钙 0.15～0.2kg。

③ 萌芽期追肥、花期追肥、采收后追肥　萌芽前株施尿素 0.2～0.3kg、复合肥 1kg；或果树专用肥等速效多元素的化肥。花期追肥以根外追肥为主,于盛花期喷布 0.2％尿素＋0.2％硼砂。为恢复树势,采果后施腐熟农家肥 50kg、饼肥 1.5～2kg,施肥时注意尽量少伤根。

④ 严格掌握灌水的时期和灌水量　于升温时灌一次透水,花前 1 周左右补灌一次小水,花后 20 天（硬核期）补灌一次小水,不覆地膜和沙质土壤的可在果实着色前期再补一次小水。花后灌水不宜过早。灌水方法,花前可满灌,硬核后可采取树盘挖沟（坑、穴）方法灌水,花前和硬核后的水量,一般每株树在 30～50kg 左右,大树 40～50kg,小树 25～30kg,浇后待水渗下后覆土。覆地膜的和黏土壤的水量稍减。

(2) 花芽膨大期疏花芽、现蕾期疏花蕾　疏花芽、疏花蕾可以减少养分无谓的消耗,并可保持合理的负载量,提高果实品质。当花芽膨大时,及时疏除花束状果枝和中、短果枝基部的瘦小花芽。每个花束状果枝保留 3～4 个花芽。当花芽现蕾后,疏除花芽中最下边的花蕾和现蕾最晚的花蕾,每个花芽中留 2～3 朵花。根据管理经验,如果担心花期因温度、光照等原因影响开花和授粉受精,可不进行疏花,而在生理落果后进行疏果。疏果:落花后三周左右,也就是在两次生理落果以后（花后 13 天左右和 21 天左右发生生理落果）,疏除小果、畸形果、病虫果。树势中庸健壮的树,一个花束状果枝或短果枝上留 5～8 个果；树势弱的一个花束状果枝或短果枝上留 4～5 个果。每米结果母枝负载量控制在 0.5～1.0kg。果实之间不要相互接触、遮盖,避免着色不良。

(3) 化学调控促花　对于树体强旺的大樱桃树,可采用化学控制的办法来抑制其生长,以促进成花。如 PBO、来果灵、多效唑等有促进成花、提高坐果率的作用。抑制营养生长,其实也是积累营养,促进生殖生长。应用时期可根据枝条生长状况灵活掌握，大约在 6 月份施用。

(4) 整形修剪 温室大樱桃的丰产树形应该具备低干、矮冠、树体扁圆的特点，而且骨干枝的级次要少，结果枝数量要多，枝组配备合理，主枝角度要大，树冠要开张。修剪以生长期修剪为主，采用促花修剪，做到"控旺扶弱"。

① 温室栽培适宜的树形以多主枝开心形和纺锤形（彩图 4-11）为主。开心形多用在温室前一两排树，树高控制在 1.5m 左右，主干高 30cm 左右，全树有主枝 3～5 个，无中心干，每个主枝上有 5～7 个侧枝，主枝开张 30°～45°倾斜延伸，在各级骨干枝上培养结果枝组。纺锤形多用在温室的后两排树，树高控制在 2.0～2.5m，主干高 40～50cm 左右，有中心干，在中心干上配置 10～20 个单轴延伸的主枝，下部主枝间距 10～15cm，向上依次加大到 15～20cm，下部主枝较长，约 1.5～2.0m，向上逐渐变短，主枝自下而上呈螺旋状分布，主枝基角 80°～85°，接近水平，主枝上直接着生结果枝组。

② 以生长季修剪为主，采后避免过重修剪。生长季修剪主要是指萌芽至采收期的这段时间进行的修剪，主要完成拉枝、摘心、除萌、疏枝等作业。生长期修剪可于花后半月开始随时进行，在新梢半木质化之前，随时对主枝和侧枝背上直立新梢留 10cm 左右摘心或多次拿枝。对延长枝多次拿枝和拉枝，延长枝新梢旺长的摘去先端幼嫩部分。对过密枝疏除或拉向缺枝方位。及时清除萌蘖。采收后尽量不修剪，对树体上部过旺枝条可少量疏除，对任何新梢都不准短截。休眠期修剪是在落叶后到萌芽前进行，疏除竞争枝，回缩细弱枝，背上直立枝留撅 1～2cm 疏除，对骨干枝的延长枝适度短截或甩放。

2. 解决环境调控问题

(1) 满足休眠期低温量 温室和有覆盖草帘的大棚，在当地气温首次出现 0℃以下时（初霜冻）进行覆盖，记载棚内 0～8℃的时间，累计低温达到或超过品种需冷量时即可揭帘升温。不同品种休眠时间长短不一，一般当累计低温达到 1000～1200 小时后即可完成休眠。据研究结果：雷尼、佳红等大部分的甜樱桃品种的需冷量是 792 小时，拉宾斯是 624 小时，红灯是 960 小时，先锋是 1128 小时，萨米脱是 1296 小时。大连地区一般在 10 月末、11 月初扣棚，12 月末或 1 月初开始升温。应用含量为 50%单氰胺的新型破眠剂可以缩短部分休眠期，缩短 20%的需冷量，使其提前升温，提早萌芽（彩图 4-12）。使用时期是在温室升温的当天或升温的前后 2～3 天内喷布。喷布浓度为 60～80 倍。喷布要均匀，防止漏喷。

(2) 棚室内温湿度的控制 严格控制萌芽至花期的温湿度，温室正常情况下，升温后 35～40 天开始开花，花期持续 12～14 天，落花后 13 天左右和 21 天左右发生生理落果。萌芽至开花期白天最高温度不超过 18～20℃，夜间最低 3～5℃，不低于 0℃，不需要进行人工加温。湿度萌芽期为 70%～80%，开花期 50%～60%，此期间不提倡覆地膜，若在萌芽至末花期的晴天覆地膜湿度过低时，可向地面洒水

2～3 次。温室内各个时期的温湿度控制可参考表 4-1。

表 4-1　温室内各个时期的温湿度控制

温湿度	升温后到萌芽前	萌芽到开花期	花期	谢花期	果实膨大期	果实着色到采收期
白天温度/℃	10～15	18～20	15～18	20～22	20～22	22～25
夜间温度/℃	3～5	6～7	5～7	7～8	10～12	12～15
湿度/%	70～80	70～80	50～60	50～60	50～60	50～60

3.防止有害气体危害

不论何种肥料，都必须采取挖沟覆土的施肥方法，特别是容易产生气体的碳酸氢铵，尿素，未腐熟的鸡粪、马粪、饼肥等，即使是腐熟的有机肥，也要施入后立即覆土，覆土后浇水。肥料不能在棚内久放，特别是有机肥。

4.采后放风锻炼、适时除膜

采收后外界温度不低于10℃时才可以开始逐渐撤膜，从底脚向上撤或上下同时往中间撤，每2～3天扒开0.5m宽，15～20天后外界温度不低于15℃时，选择多云或阴天、无大风时撤掉棚膜。

第五章

梨栽培技术

第一节　品种介绍

1. 早金酥

辽宁省果树科学研究所于 1994 年以早酥为母本、金水酥为父本杂交选育而成的梨早熟新品种，在辽宁熊岳地区 8 月初成熟。该品种具有早熟、早产、丰产、稳产、优质、抗苦痘病、不落果、采收期长的特点。树姿直立，干性强，结果后开张呈半圆形。萌芽率高，成枝力强，腋花芽较多，连续结果能力强。一年生枝绿黄色、平均长 65.0cm，节间长、平均 4.93cm。叶芽贴生，顶端尖，芽托小。叶片卵圆形，叶柄长 3.62cm，叶平均长 11.90cm、宽 6.85cm。花蕾白色，花冠直径 3.9cm，每花序着花朵数为 8.6 朵，花药颜色为淡紫色，每朵花中雄蕊数目 21 枚，花粉败育。果实发育期 100 天左右，树体营养生长期约 200 天左右。果实纺锤形，平均单果重 240g，平均纵径 8.64cm，横径 7.63cm，果面绿黄、光滑，果点中密，果柄长，梗洼浅，萼片脱落或残存。果皮薄，果心小，果肉白色，肉质酥脆，汁液丰富，风味酸甜，石细胞少；硬度 4.76kg/cm²，可溶性固形物含量 10.8%，总糖含量 8.343%，总酸含量 0.252%，维生素 C 含量 0.03372mg/g。

辽宁熊岳地区 4 月下旬开花，果实 8 月初成熟，10 月末落叶。定植密度以 3m×4m 或 2m×4m 为宜，整形可采用开心形或改良纺锤形，修剪时注意结果枝的更新复壮。该品种无花粉，需配 2 个以上授粉品种，以华酥等早熟品种为宜。

2. 早酥

中国农业科学院郑州果树研究所培育而成，亲本为苹果梨和身不知梨。果实属于大果型，平均单果重 250g 左右，最大果重 700g，多呈卵圆形或长卵形，各地表现有所不同，果皮黄绿色或绿色，果面平滑有光泽，并具棱状突起，果皮薄而脆，果点小，不明显，果肉白色，肉质细而酥脆，石细胞少，汁液特别多。味淡甜或甜。可溶性固形物约11％～14.6％，品质上等。果实于8月中旬采收，常温下可存放1个月左右。树势强，枝条角度较开张，新梢粗壮，萌芽力强，芽萌发率为84.84％。发枝力中等偏弱。一般剪口下多抽生1～2条长枝，开始结果树龄小。一般定植后2～3年便可给果。以短果枝结果为主，连续结果能力强。产祖产。授粉树品种为锦丰、雪花、砀山酥等，适应性相当强，抗寒力和抗旱能力均强。食心虫危害轻，抗黑心病。

3. 绿宝石

中国农业科学院郑州果树研究所用早酥×幸水杂交育成。果实大，平均果重220g，最大620g，果实圆或扁圆形；果面绿色，套袋果呈乳白色，果点中大，稀少；果心小，果肉白色，肉质细嫩，味甜，多汁，有香气；可溶性固形物含量14.6％，品质上等。在北京地区8月上旬成熟，较耐贮运，常温下可贮藏8～10天。树势健壮，适应性强，耐盐碱，抗病力强。一般定植后3～4年开始结果。对修剪反应不敏感。腋花芽形成能力差，以短果枝结果为主，坐果率高。该品种不仅是一个良好的早熟主栽品种，而且是一个良好的授粉品种。缺点是早实性稍差，易出现大小年，旱涝不均有裂果现象。

4. 翠冠

浙江省农业科学院园艺研究所以幸水×（杭青×新世纪）育成，现已成为浙江省主栽早熟品种。果实大，平均果重250g，大果重450g，圆形；果皮绿色，有锈斑；果肉白色，肉质细嫩松脆，味甜多汁；可溶性固形物含量11％～12％，品质上等。它是目前砂梨品种中肉质最好的品种之一，唯有其果皮娇嫩，即使套袋栽培也很难克服果面锈斑（彩图5-1），影响外观质量。北京地区果实8月中旬成熟。树势强，树姿较直立。萌芽率高，成枝力强，以中、短果枝为主。花量中等，着果性好，果个均匀，一般3年就有一定的产量。进入盛果期后，丰产稳产。抗逆性强，耐湿，裂果少，病虫害少。

5. 西子绿

浙江大学园艺系育成，亲本为新世纪×（八云×杭青），1996年通过品种审定。果实大，平均单果重300g，果实近圆形；果皮黄绿色，果面有锈斑；果肉白色，肉质细、松脆，汁液多，味甜；可溶性固形物含量11.5％～13％，品质上等。北京地区果实8月中旬成熟。树势中庸，树势开张。萌芽率高，成枝力中等。早果，丰产。

6. 丰水

日本农林省果树试验场以（菊水×八云）×八云杂交育成。1972年发表。果实大，平均单果重350～400g，近圆形。果皮黄褐色，果点大而多，果面略显粗糙。梗洼中深、中缓、沟状；萼片脱落，萼洼中深、中缓。果心小，可食率90％以上。

果肉乳白色，肉质细，汁液特多，酸甜适度。含可溶性固形物13.6%，品质上等。树冠纺锤形，树姿较直立，主干灰褐色。1年生枝黄褐色，皮孔多，中大。幼树生长势强，结果后树势中庸。萌芽力强，成枝力中等。嫁接苗定植后2～3年即可结果。幼树以中长果枝结果为主，盛果期以短果枝结果为主，腋花芽具有结果能力。8月下旬至9月上旬果实成熟，抗黑斑病、轮纹病。

7. 幸水

日本静冈县培育，为日本主栽梨品种。在我国上海、江西、江苏、四川和贵州等地都有一定面积的栽培，山东、山西、辽宁、北京和河南等地有少量栽培。果实中等大小，平均单果重165g，最大果重330g，扁圆形，黄褐色，果面稍粗糙，有的有棱起。果点中等大，较多。果梗长3.44cm，梗洼中等深。萼片脱落，萼洼深而广。果心小或中大，5～8个室。果肉白色，肉质细嫩，稍软，汁液特别多，石细胞少，可溶性固形物11%～14%，味浓甜有香气，品质上等。花芽4月上中旬萌动，5月上旬初花，5月上中旬盛花，8月中旬采收，10月下旬至11月上旬落叶。为早熟优良品种，果实不耐贮，常温下可贮存1个月左右。植株生长势中庸，萌芽力中等，成枝力弱，一般剪口下发1条长枝，枝条短，稍细。一般定植后2～3年便可结果，以短果枝结果为主。果台副梢抽生能力中等，较丰产，稳产。但若管理不当，易出现大小年。授粉品种可用长十郎、晚三吉和菊水等。适应性较强，抗黑星病、黑斑病能力强，抗旱、抗风力中等，抗寒性中等。对肥水条件要求较高。

8. 圆黄

韩国品种，1994年育成，亲本为早生赤×晚三吉，1997年引入我国。果实大，平均单果重350g，最大630g，圆形端正；果皮褐色，果面光滑，果点小而稀；果心小，果肉乳白色，肉质细嫩酥脆，汁多味甜，香味浓；可溶性固形物含量14%，品质上等。北京地区果实8月下旬成熟。果个整齐，果实较耐贮藏。树势生长较强，树姿半开张，萌芽率高，发枝力强。结果较早，以中、短果枝结果为主，丰产稳产。全树中枝发生多，果台副梢抽枝能力也强。抗黑星病能力强，栽培管理容易。花粉多，可作良好的授粉树。秋后中长枝有早落叶现象。

9. 京白梨

原产于北京门头沟东山村，有200多年的栽培历史，为秋子梨系统优良品种。果实中大，平均单果重110g，最大果重可达200g以上，扁圆形。果皮黄绿色，贮藏后转为黄色，果面平滑有蜡质光泽，果点小而稀；果肉黄白色，肉质中粗而脆，石细胞少；果心大；经后熟，果肉变细软多汁，易溶于口，香气宜人。可溶性固形物含量13%，品质上等。北京地区8月下旬果实成熟，不耐贮运，果皮磨伤易变黑。树势中庸，枝条纤细，萌芽率高，成枝力强，成年树以短果枝结果为主，较丰产、稳产。抗寒性强，喜冷凉栽培环境。

10. 黄金梨

韩国国立研究所园艺场罗州支场金正浩用二十世纪与新高梨杂交育成，属砂梨系统。我国于20世纪90年代中期引入，是高档商品梨产业化开发的首选品种。果实大而端正，近圆形，果肩平。平均单果重300g以上，最大果重500g左右。果肉乳白色，果核小，可食率95％以上。肉质细嫩，果汁多，石细胞极少，味纯甜而具香气，可溶性固形物含量为5.8％，品质极上等。9月中旬成熟，不套袋果皮黄绿色，贮后变为金黄色，故名黄金梨。果实套袋后，果皮极洁净，金黄色，呈透明状，外观极其漂亮。耐贮运，货架期为22天，在0～5℃冷藏条件下可贮存6个月（贮藏期需包保鲜纸，以防失水皱皮）。树势强，树姿较开张。极易成花，早实性强。抗病力强，抗黑星病、炭疽病和黑斑病；但在春夏之交有少量轮纹病发生。授粉树宜用爱宕梨、新高梨、大果水晶梨品种。

11. 南红梨

南红梨是从南果梨中选育出的优株。果实为圆球形，平均单果重84.6g，最大单果重175.8g。果面鲜红色，片红，光滑，底色黄绿色。果点小而密。果肉白色，果实成熟后肉质细腻多汁，风味酸甜，香气浓，石细胞少；可溶性固形物含量为17.3％，总糖含量11.5％，可滴定酸含量为0.4％，维生素C含量20.0mg/kg，品质极上。常温下可贮藏15天左右。幼树直立，根系发达，生长健壮，节间较短，以短果枝和腋花芽结果为主，每个花序坐果2.2个。树体抗逆性较强，在辽宁海城地区4月上旬萌芽，4月下旬盛花，9月中下旬果实成熟，果实发育期140天左右。10月末落叶。

12. 红巴梨

澳大利亚发现的巴梨的红色芽变，1995引入我国。果实葫芦形，平均单果重250g。果面蜡质多，果点稀疏。幼果期果实全面紫红色，果实迅速膨大期阴面红色退去变绿，成熟至后熟后的果实阳面为鲜红色，底色变黄。果肉白色，后熟后果肉柔软，细腻多汁，石细胞极少，果心小，可溶性固形物含量为13.8％，味甜，香气浓，品质极上。果实成熟期为8月下旬，常温下可贮存15天，0～3℃条件下可贮2～3个月而品质不变。树势较强，树姿直立，幼树萌芽率高，成枝力中等。幼树第3年结果，第4年丰产。以短果枝结果为主，部分腋花芽和顶花芽结果，连续结果能力弱，自花结实能力弱，授粉树品种以艳红为好。采前落果少，较丰产稳产。该品种可在巴梨适宜栽培区域发展。

13. 南果梨

主要分布在辽宁鞍山的旧堡、海城和辽阳地区，是秋子梨系统的优良地方品种，适于北方地区栽培。果实小，平均单果重50g左右，近圆形或扁圆形，果皮黄绿色，阳面有鲜红色晕。果梗粗短，萼片残存，间或脱落。外形美观，果实采下即可食用，果肉脆甜多汁，贮藏 10～15 天后，果肉变黄白色、细软、味甜，汁极多，易溶于口，香气浓，石细胞少。含可溶性固形物 14.5％～15.5％、维生素 C 2.39mg/100g。品质极上。果实在鞍山地区 9 月上中旬成熟。耐运输而不耐贮藏，一般可贮放 20～30 天，但在 0～1℃的温度条件下可贮藏 5 个月。幼树生长直立，枝条分布甚密，进入结果期后分枝减少。树势中等，萌芽力强，成枝力强。成年树枝条常下垂，树冠开张。叶芽细长而尖，侧芽明显离生。一般 4～5 年开始结果，15 年左右进入盛果期（彩图 5-2），以 3～5 年生枝上的短果枝结果为主，腋花芽结果也较多，连续结果能力较差。

14. 黄冠

河北省农林科学院石家庄果树研究所以雪花梨为母本，新世纪为父本杂交培育而成（彩图 5-3）。果实大，平均单果重 235g，近圆形或卵圆形。果皮黄色，果面光洁，果点小、中密。梗洼窄、中缓，萼片脱落，萼洼中深、中广。果心小，果肉洁白，肉质细，松脆，汁液多，酸甜适口。含可溶性固形物 11.4％，可溶性糖 9.38％，可滴定酸 0.20％，品质极上。自然条件下可贮 20 天，冷藏条件下可贮至翌年 3～4 月份。树冠圆锥形，树姿直立，树势强，萌芽力强，成枝力中等。嫁接苗定植后 2～3 年开始结果，以短果枝结果为主。3 月中下旬花芽萌动，4 月上中旬盛花，8 月中旬果实成熟，10 月下旬至 11 月上旬落叶，营养生长天数 220～230 天。高抗梨黑星病。

15. 尖把梨

北梨区栽培较普遍，辽宁开原地区最多，适合辽北、辽东等地发展，是秋子梨中优良的冻梨品种之一（彩图 5-4）。果实小，平均重 50g，近似葫芦形。果形不美，果皮底色绿黄，基部被有褐锈；果点小而密，显著；果皮粗糙；梗洼部多突起，具小棱，萼片宿存，开张。果肉淡黄白色，组织甚细软，石细胞较多，果心较大。刚采收时不宜食用，贮藏后汁特多，肉质细软，味酸甜甚浓，品质上等，耐贮藏。果实极易冻藏，在冻梨中很受消费者欢迎。在辽宁开原地区果实于 9 月下旬采收。植株生长势强，枝条密度中等，水平开张或下垂。成枝力强，萌芽力强，栽后 5 年左右开始结果，15 年左右进入盛果期。抗寒力强，抗病虫力强，但不抗黑星病。

16. 酥梨

又名砀山酥梨，原产安徽砀山，品系较多，以白皮酥品质最好。安徽、山东、陕西、甘肃、新疆等省、自治区均有栽培，为目前我国梨栽培面积最大的品种。果实大，平均单果重 239～270g，近圆柱形，顶部平截稍宽。果皮绿黄色，贮藏后转变为黄色，果点小而密，果实肩部间或有小锈块。有条锈或片锈；萼片多脱落，萼洼深、广。果心小，果肉白色，肉质较粗而脆，汁液多，味甜。可溶性固形物含量 11％～14％，品质上等。树冠圆头形，树姿半开张，苗木定植后 4～5 年开始结果，以短果枝结果为主（约占 65％），腋花芽结果能力强。4 月上中旬花芽萌动，4 月下旬至 5 月上旬开花，9 月中下旬果实成熟，11 月上旬落叶。果实发育期 126 天，营养生长天数 207 天。适应性广。授粉品种可选用花梨、鸭梨、雪花梨、黄县长把。

17. 库尔勒香梨

主要产于新疆巴音郭楞蒙古自治州和阿克苏地区，为新疆地区最优良的梨品种。果实中等大，平均单果重 104～120g，纺锤形或倒卵形。果皮绿黄色，阳面有红晕，果点极小，果皮薄。近梗洼处肥大，梗洼窄、浅，5 棱突出；萼片脱落或残存，果心较大，果肉白色，肉质细，松脆，汁液多，味甜，具清香，果实成熟时整个梨园香气甚浓。树冠圆头形，树姿半开张，主干灰褐色，表皮粗糙、纵裂。植株生长势强，萌芽力中等，发枝力强，苗木定植后 4 年开始结果，以短果枝结果为主（约占 73%），腋花芽和中长果枝结果能力亦强。丰产稳产。4 月上旬花芽萌动，4 月下旬至 5 月上旬开花，9 月下旬果实成熟，11 月上旬落叶。果实发育期 135 天，营养生长天数 210 天。授粉品种可选用鸭梨、砀山酥梨等。

18. 红香酥

中国农业科学院郑州果树研究所于 1980 年用库尔勒香梨与郑州鸭梨杂交育成的红皮梨。1997 年 10 月通过河南省农作物品种审定委员会审定，命名为"红香酥"。果实卵圆形，萼片脱落或宿存。平均单果重 270g，最大果重 650g。果面洁净光滑，具蜡质，果点中等大，无锈斑，成熟时底色黄绿，表色浓红，着色面 50% 以上。贮藏后底色变为金黄色，更加艳丽。果肉白色，酥脆多汁，石细胞及残渣少，香甜味浓，含可溶性固形物 14%～16%，品质极上。近果心处果肉无酸味。常温下可贮藏 3 个月，冷库可贮至翌年 6 月份，仍甜脆爽口。于 9 月下旬成熟。树势中庸，树姿直立，以短果枝结果为主，果台副梢连续结果力强，有腋花芽结果习性。高接树第 2 年结果株率在 95% 以上，第 3 年花序坐果率高达 92%。高抗黑星病、黑斑病，轻感轮纹病。可与鸭梨、黄冠等互为授粉树。

19. 玉露香

山西省农业科学院果树研究所以库尔勒香梨为母本，雪花梨为父本杂交选育而成。果实大，平均单果重 236.8g，最大果重 550g，果实椭圆或扁圆形；果皮黄绿色，阳面有红晕或暗红色条纹，果面光洁细腻具蜡质，果皮极薄；果心小，果肉水白色，肉质细嫩酥脆，石细胞极少，汁液特多，味甜具清香，口感极佳；可溶性固形物含量 12%～14%，品质上等。北京地区果实 8 月下旬成熟。幼树生长强，大量结果后树势中庸。萌芽率高，成枝力中等。初结果树以中长果枝结果为主，大量结果后以短枝为主。适应性较强，抗寒能力中等，抗腐烂病、褐斑病中等，抗白粉能力较强。果实耐贮藏，在自然土窑洞内可贮至 5～6 个月，为优质耐贮品种。

20. 五九香

中国农业科学院果树研究所 1959 年以鸭梨为母本，巴梨为父本杂交育成。果实大，平均单果重 271g，最大果重 1000g，果实呈粗颈葫芦形；果面平滑，有棱状突起，果皮绿黄色，肩部果梗附近有明显片锈，果点小而多，不明显；果心中大，果心线外石细胞多。果肉淡黄色，肉质中粗。果实采收后即可食用，经后熟肉质变软，汁液中多，味酸甜，具微香；可溶性固形物含量 13%，品质中上等。北京地区 8 月下旬果实成熟。植株生长势较强，萌芽率高，成枝力中等。苗木定植后 3～4 年开始结果，以短果枝结果为主，幼果自疏能力强，多数花序坐单果。丰产稳产。抗寒性较强，抗腐烂病能力较西洋梨强，果实易受食心虫为害。

第二节　建园与定植

一、建园

1. 园址选择

梨树是多年生经济树种，有效经济寿命可达几十年。因此，园址选择十分重要，一定要有长远规划，并做好各项基础工程，为优质、丰产、高效奠定良好基础。园地的选择需要综合考虑当地的气候、土壤、交通和地理位置等条件，必须以我国梨树种植生态区划为依据，在梨树栽培的适宜区、次适宜区进行建园。根据地形不同可以分为以下几种类型：

（1）**山地梨园**　山地空气流通，日照充足，温度日差较大，有利于碳水化合物的积累，果实着色好，优质丰产。选择山地建园时，应注意海拔高度、坡度、坡向及坡形等地势条件对温、光、水、气的影响。由于山地气候变化的复杂性，决定了在山地选择宜园地的复杂性。因此，山地建园时，必须熟悉小气候，避开风沙口，防止水土流失，培肥地力，并因地制宜地选择品种和栽培技术。

（2）**平地梨园**　平地一般水分充足，水土流失较少，土层较深，有机质较多，果园根系入土深，生长结果良好，产量较高。且平地果园地形变化较小，便于实施机械化操作管理，提高劳动生产率，便于生产资料与产品的运输，便于道路及排、灌系统的设计与施工等，比建立山地果园投资少，产品成本较低，有利于提高果园效益。但是平地果园的通风、日照和排水等均不如山地果园。果实的色泽、风味、含糖量、耐贮性等方面也比山地果园差。

（3）**丘陵地梨园**　丘陵地是介于平地与山地之间的过渡性地形，选址时主要考虑土壤类型、土层厚度、土下母质层性质、植被、有机质含量及小气候等情况。丘陵地建园时水土保持工程和灌溉设备的投资较少；交通较方便，便于实施农业技术，是较为理想的建园地点。

（4）**海涂滩地梨园**　海涂地势平坦开阔，自然落差较小，土层深厚，富含钾、钙、镁等矿质营养成分；土坡含盐量高，碱性强；土壤的有机质含量低，土壤结构差；地下水位高，在台风登陆的沿线更易受台风侵袭；缺铁黄化是海涂地区栽培果树的一大难题。在这类地区发展梨园时应注意，只要有 0.5m 深的土层，地下水位在 1m 以下，pH 值不高于 8.5，含盐量不超过 0.3%，无风沙旱涝威胁的成片土地，即可选作园址。

（5）沙荒地梨园　我国著名的梨产区大多分布在河流故道和风沙区。因此，在沙荒地建立优质梨园，在我国是十分普遍和重要的。沙土地的缺点是有机质含量低，梨树生存条件不好。但沙土地土质疏松，易于耕作，透水性好，增温快且温差大，结果早而品质优良，因此沙土地经过改造完全可以建立优质梨园。改造沙荒地有平整土地、植树造林、深翻改土、增施有机肥、设置沙障等方法。经过高标准改造的梨园，具有很好的经济效益。梨树在透气性良好的土壤上根系深广，抗性增强，果实皮细，色泽好，肉质脆甜，品质优良，植株健壮。

2. 园区规划

园址选定后，要遵循"因地制宜，节约用地，合理利用，便于管理，园貌整齐，持续发展"的原则对园区进行设计，内容主要包括作业区、道路系统、水利设施、防护林、辅助设施等。

（1）作业区规划　为便于作业管理，面积较大的梨园可划分成若干个小区，同一小区内的土壤质地、地形、小气候应基本一致，以保证同一小区内的管理技术内容和效果的一致性。地势平坦一致时，小区面积可为 50～150 亩。小区以长方形为好，长边与短边按 2：1 或 5：（2～3）设计。小区的长边应与主风带垂直，与主林带平行。山地要根据地形、地势等划分小区，小区长边与等高线平行，面积 15～50 亩，划分时要有利于水土保持，防止风害，便于运输和机械化作业，便于作业。地形条件比较特殊时，小区也可以是正方形、梯形，甚至不规则形状。梨树栽植的行向，坡地沿等高线栽植；平地一般为南北行向。

（2）道路规划　面积较大的梨园，可根据地形、地势划分成若干个作业小区，根据小区设计干路、支路、小路三级。干路位置适中，贯穿全园，宽 6～8m，外与公路连接相通，内与建筑物、支路连接；支路与干路垂直相通，宽 4～6m；小路与支路连通，宽 2～3m。对于小型梨园，为了减少非生产用地，可以不设干路和支路，只设环园和园内作业道即可。山丘地梨园，地形复杂多变，干路应环山而行或呈"之"字形，坡度不宜太大，路面内斜 3°～4°，内侧设排灌渠。平地或沙地梨园，为减少道路两侧防护林树荫对梨树的影响，可将道路设在防护林的北侧。盐碱地果园，安排道路应利于排水洗盐。

（3）水利设施规划　采用地下水灌溉的梨园，平原应每 100 亩打一口井，水井应打在小区的高地，平地应打在小区的中心位置。无论采用哪种水源，都需修建灌溉系统，其规划可与道路、防护林带建设相结合。从水源开始灌溉系统分为干渠、支渠和毛渠，逐级将水引到梨树行间和株间。山地果园的排水与蓄水池相结合，蓄水池应设在高处，以方便较大面积的自流灌溉。地下水位高、雨季可能发生涝灾的低洼地、盐碱地必须设计规划排水系统。排水系统分为明沟排水和暗沟排水两种。排水沟顺行开放，直通支渠，再汇集导入干渠。除了常规的地面灌溉方式外，有条件的地区还可采用喷灌、滴灌或渗灌的方式。

(4) 防护林规划 防护林一般包括主林带和副林带，有效防护范围为林木高度的 15～20 倍。山地主林带应设在果园上部或分水岭等高处。沿海和风沙大的地区应设副林带和折风带，林带应加密，带距也应缩小。主林带应与当地主风向垂直，主林带间距 400～600m，植树 5～8 行。副林带与主林带垂直形成长方形林网，植树 2～3 行。

(5) 辅助设施规划 梨园规划除了要考虑上述因素外，还要考虑生产生活用房、粪池、果实分级、预贮场地、贮藏保鲜设施及各种辅助设施等项目，以便于果品的贮藏。

二、定植

1. 品种的选择

品种应根据气候、土壤、地理位置和交通条件选择。适地适树是选择品种的重要原则之一。白梨系统适宜在渤海湾、山东、河北大部、陕西关中与渭北、晋南与晋东南、新疆的南疆、甘肃及宁夏冷凉干燥区种植。秋子梨系统适宜在燕山、辽西、辽南冷凉半湿区，陕北和西北冷凉半湿区种植。砂梨系统适宜在江南高温湿润区、淮河以南长江流域各地种植。西洋梨系统适宜在辽宁南部及山东胶东温暖半湿区、晋中、秦岭北麓冷凉半湿区种植。品种的选择必须以区域化、良种化为基础，以市场的消费需求为导向，以科技为支撑，以可持续发展为动力，立足当前，着眼未来，长短结合，选用市场欢迎和畅销的优良品种。具温暖气候优势的地区，可选择早、中熟品种，以补充淡季，增强市场竞争力。具有冷凉气候优势的地区，可选择耐贮运的优质中、晚熟品种，以延长供应期，满足消费者的需求。观光农业发达的地区，可根据观光旅游市场的淡、旺季需求，选择应时优质特色品种发展，满足观光采摘的需求。

2. 种苗及定植准备

(1) 定植前准备 定植前，根据栽植计划确定需要的苗木品种、数量。购苗应选择信誉好、品种质量有保障、正规的育苗单位或科研单位，购苗尽量在当地或就近，避免长途运输带来的损伤，还需对苗木进行检疫。定植前核对、登记苗木，并对根系进行修剪，剪平伤口，去掉多余的分枝；将苗木在水中浸泡 12～24 小时，使根系吸足水分后再进行栽植。苗木要保持无损伤，如有破皮应用塑料膜包扎。将浸过水或生根粉液的苗木蘸上泥浆，立即栽植。苗木数量少时，浸根用水缸或水桶即可，大批量栽树往往没有足够的容器来浸泡梨苗，可以利用水泥池或在地面挖一宽 1m 左右、长 2～3m、深 30cm 的坑，坑里铺整块较厚的没有破洞的塑料膜，膜

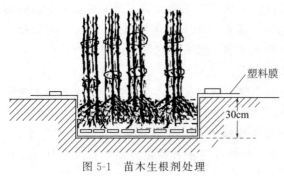

塑料膜

30cm

图 5-1　苗木生根剂处理

上再铺一层砖或瓦片，按量加入清水和生根剂，然后提前一天把梨苗浸入（图 5-1），次日拿出后蘸上泥浆直接定植。

（2）挖定植穴及回填　根据果园规划设计的栽植方式和株行距，在地面上标定好定植点。挖定植坑时应以定植点为中心，挖成圆形或方形的定植坑，挖坑时将其中石头全部挖出，并用表土回填。挖坑时表土和底土要有规律地分开放置，并将坑底翻松。定植坑的长、宽、深均应在 0.8~1.0m 范围内。在土壤条件差的地方，定植穴也可提前挖出，秋栽夏挖，春栽秋挖，以使穴底层的土壤能得到充分熟化，有利于苗木根系的生长。定植坑回填时，先在坑底隔层填入有机物和表土，厚度各 10cm，有机物可利用秸秆、杂草或落叶。将其余表土和有机肥及过磷酸钙或磷酸二铵混合后填入坑的中部，近地面时也填入表土，挖出来的表土不够时可从行间取表土，将挖出来的底土撒向行间摊平。施入充分腐熟的有机肥(人粪尿、圈肥、鸡粪、羊粪等)、过磷酸钙或磷酸二铵。回填时要逐层踩实，灌水使坑土沉实，防止浇水后下沉过多，影响苗木的生长。

3. 定植时期

梨苗定植有春栽和秋栽。秋栽在梨树落叶期到土壤上冻前进行。一般秋天雨水多、土壤墒情好、地温高的南方地区采用秋栽较多。秋栽有利于根系伤口愈合和促进新根生长。

4. 授粉树配置

梨树品种绝大多数自花不实，在定植时必须配置适宜的授粉树。选择授粉树时，应注意以下几点：

①　花期相同，与主栽品种亲和力强，且能产生大量有生活力的花粉。

②　能充分适应当地的环境条件，与主栽品种同时进入结果期且寿命相近。

③　能与主栽品种相互授粉，丰产性好、经济效益较高。

④　成熟期与主栽品种相同或相近，或前后衔接。

授粉品种栽植数量不宜过多，一般主栽品种 3~4 行配 1 行授粉品种。如 2 个品种都好，能相互授粉，可以等量间栽。小果园可加大主栽品种的比例，但为防止因天灾或小年时授粉品种花粉不足，应栽植 2 种授粉品种。主要品种的授粉品种见表 5-1。授粉树的配置方式有中心式、行列式、复合行列式、等高式 4 种。中心式用于授粉树经济价值不高时采用；平地多采用行列式配置，与主栽品种按(2~4)：(2~4)的等量式配置，或 1：(3~4)的差量式配置。复合行列式在两个品种不能相互授粉，需要配置第二个授粉品种时采用；山坡地则多采用等高式配置，且授粉品种应栽于主栽品种的上部(图 5-2)。授粉品种的比例应占栽植总株数的 20％左右。

表 5-1　主要品种的授粉品种

栽培品种	授粉品种	栽培品种	授粉品种
京白梨	南果梨、香水梨、鸭广梨	龙园洋红	晚香、冬蜜
南果梨	苹果梨、京白梨	锦香	鸭梨、锦丰、早酥
砀山酥梨	鸭梨、黄冠	伏茄	红茄、三季梨、早红考蜜斯
鸭梨	京白梨、雪花梨、砀山酥梨	考西亚	早红考蜜斯、红茄、红巴梨
慈梨	鸭梨、金花梨、雪花梨	拉达娜	三季梨、红茄、早红考蜜斯
雪花梨	黄冠、冀蜜、早酥	粉酪	红茄、三季梨、丰水
库尔勒香梨	鸭梨、雪花梨、砀山酥梨	早红考蜜斯	红茄、三季梨、红巴梨
苹果梨	早酥、砀山酥梨、黄冠	红茄	早红考蜜斯、红巴梨
苍溪雪梨	鸭梨、在梨、二宫白	三季梨	茄梨、红巴梨、红考蜜斯
宝珠梨	蜜香梨、富原黄梨、砂加梨	巴梨	红茄、考西亚、康佛伦斯
珍珠梨	早酥、早生新水、伏茄	红巴梨	三季梨、红考蜜斯、康佛伦斯
七月酥	早美酥、中梨 1 号、早酥	阿巴特	红巴梨、红考蜜斯、康佛伦斯
中梨 1 号	早酥、新世纪、早美酥	康佛伦斯	红巴梨、红考蜜斯、丰水
华酥	早酥、鸭梨、锦丰	红考蜜斯	红巴梨、丰水、圆黄
西子绿	黄冠、早酥、中梨 1 号	凯思凯德	红考蜜斯、丰水、五九香
早酥	苹果梨、鸭梨、雪花梨	派克汉姆斯	康佛伦斯、红巴梨、红考蜜斯
翠冠	西子绿、新世纪、中梨 1 号	喜水	丰水、金二十世纪、圆黄
新雅	黄冠、圆黄、丰水	爱甘水	丰水、金二十世纪、鸭梨
雪青	黄花、新世纪、新雅	圆黄	丰水、爱宕、幸水
黄冠	冀蜜、鸭梨、雪花梨	丰水	黄冠、中梨 1 号、早酥
八月红	早酥、砀山酥梨、秦酥	金二十世纪	丰水、雪花梨、鸭梨
玉露香	鸭梨、砀山酥梨、圆黄	南水	金二十世纪、丰水、幸水
五九香	鸭梨、中梨 1 号、圆黄	华山	新水、幸水、金二十世纪
冀蜜	鸭梨、雪花梨、中梨 1 号	满丰	丰水、华山、甘川
黄花梨	翠冠、雪青	黄金梨	丰水、新世纪、爱宕
红香酥	雪花梨、中梨 1 号、黄冠	新高	中梨 1 号、丰水、圆黄
红南果	京白梨、花盖梨、香水梨	大果水晶	丰水、圆黄、华山
寒红梨	苹香梨、金香水	爱宕	丰水、圆黄、满丰

```
× × × × × ×        × × ○ × × ○      ○ × × △ △ ○      ○ × × × × × × × × × ○
× ○ × × ○ ×        × × ○ × × ○      ○ × × △ △ ○      × × × × × × × × × × × ×
× × × × × ×        × × ○ × × ○      ○ × × △ △ ○      × × ○ ○ ○ ○ ○ ○ ○ ○ × ×
× × × × × ×        × × ○ × × ○      ○ × × △ △ ○      ○ × × × × × × × × × × ○
× ○ × × ○ ×        × × ○ × × ○      ○ × × △ △ ○      × ○ × × × × × × × × × ×
× × × × × ×        × × ○ × × ○      ○ × × △ △ ○      × × ○ ○ ○ ○ ○ ○ ○ ○ × ×
     1                  2               3                    4
```

图 5-2　授粉树的配置方式（×主栽品种；○、△授粉品种）
1—中心式；2—行列式；3—复合行列式；4—等高式

5.栽树

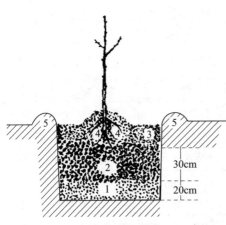

图 5-3　苗木栽植
1—表土；2—表土＋农家肥＋化肥；3—表土；
4—表土＋少量化肥；5—底土

栽树时按品种分布发放苗木。栽植前将回填沉实的定植穴底部堆成馒头形，踩实，一般距地面 25cm 左右，然后将苗木放于坑内正中央，舒展根系。扶正苗木，使其横竖成行，嫁接口朝向迎风面，随后填入取自周围的表土并轻轻提苗，以保证根系舒展并与土壤密接，然后用土封坑，踏实（图 5-3）。栽植后在苗木四周修筑直径 1m 的树盘，随后灌大水，待水渗入后在树盘内盖地膜保墒，栽植深度以与苗木在苗圃时的深度相同为宜，嫁接口要高出地面。栽植不宜过深或过浅，过深不易缓苗，过浅不易成活。最后将多余的土做成畦埂或撒向行间。

第三节　土肥水管理

一、休眠期的土肥水管理

1.土壤封冻前灌水

此期灌水可提高梨抗寒、抗旱能力，有利于树体安全越冬，预防梨树冻害和抽条，也为翌年生长发育打下良好基础。果园灌水，可消灭大量越冬害虫。

2. 全园顶凌刨园耙地

早春土壤刚解冻，正值返浆期，全园顶凌刨园耙地，可以保蓄有深层土壤向上层移动的水分，并能显著提高早春地温，改变土壤通透性，促进有机质氧化分解，短期内显著增加有效态氮素，促进根系吸收、新梢生长、坐果率提高和幼果膨大。春季翻耕还可清除病虫害的潜伏场所。此时地上部树体尚处在休眠状态，根系已开始活动，伤根后容易愈合和再生。刨园深度要比秋耕浅一些，以 10～20cm 为宜。刨园后要及时耙平保墒，风多地区还要镇压。春季大风少雨的地区，一般不宜春耕。山坡地果园要修整鱼鳞坑，以利于雨季保水，防止水土流失。

3. 补施基肥

基肥以早秋施入为好，若因劳力、肥源等问题没有及时施入，早春结合果园翻耕改土补施基肥也行，其效果较早秋施要差一些。补施基肥的最好时期是在土壤刚解冻一锹深时就施入，称为顶凌施肥。

4. 穴贮肥水技术

在缺少灌溉条件、保水保肥力差的果园，采用地膜覆盖、穴贮肥水，是行之有效的方法，对于干旱少雨地区更是适应。可于每年的春季发芽前，在树冠投影内采用穴贮肥水技术。具体做法如下：

(1) 做草把 用玉米秸、麦秸或稻草等捆成直径 15～25cm、长 30～35cm 的草把，草把要扎紧捆牢，然后放在 5%～10% 的尿素溶液中浸泡透。

(2) 挖贮养穴 在树冠投影边缘向内 50～70cm 处挖长、宽、深各 40cm 的贮养穴（坑穴呈圆形围绕着树根）。依树冠大小确定贮养穴数量，冠径 3.5～4m，挖 4 个穴；冠径 6m，挖 6～8 个穴。

(3) 埋草把 将草把立于穴中央，周围用混加有机肥的土填埋踩实（每穴 5kg 土杂肥，混加 150g 过磷酸钙、50～100g 尿素或复合肥），并适量浇水，每穴覆盖地膜 1.5～2m²，地膜边缘用土压严，中央正对草把上端穿一小孔，用石块或土堵住，以便将来追肥浇水。一般在花后（5 月上旬）、新梢停止生长期（6 月中旬）和采果后 3 个时期，每穴追肥 50～100g 尿素或复合肥，将肥料放于草把顶端，随即浇水 3.5kg 左右；进入雨季，即可将石块拿掉，使穴内贮存雨水。一般贮养穴可维持 2～3 年，草把应每年换一次，发现地膜损坏后应及时更换，再次设置贮养穴时改换位置，逐渐实现全园改良。

5. 灌萌芽水

早春梨树萌芽抽枝，开花坐果，需水较多，北方地区春旱现象严重，要根据天气降水情况，及时灌水。常用的灌溉方法有渗灌、穴贮肥水法、管道灌、塑料袋灌、滴灌、喷灌、沟灌、树盘漫灌等。

6. 春季追肥

春季追肥以根部追施化肥为主。幼树根系浅，分布范围不大，追肥应小范围浅施，随树龄的增大，根系的扩展，施肥的范围和深度也要逐年加深扩大；氮等移动性强的肥料可以适当浅施；钾等移动性差的肥料应严格施在根系集中分布层内，而像磷、铁等易被土壤固定的肥料最好和基肥同时施入。

梨树生长前期萌芽、发枝、展叶、坐果、成花，需氮素最多，此期施肥可以解决体内养分贮存不足和萌芽开花需要消耗较多养分间的矛盾，促进萌发和新梢生长，提高坐果，尤其是对树势弱或上年施肥少的树，此次施肥极为关键，肥料种类多以氮肥为主，也可追施多元（含氮、磷、钾、钙、镁、硫、铁、硼、锌、锰等的完全营养）复混肥（配方）或氮、磷、钾复合肥。追肥时期一般在萌芽前 15～20 天。追肥的方法和基肥的施用一样，主要有环状沟施法、条状沟施法、放射状沟施法及全园撒施法等方法。只不过施肥的深度、广度要因品种、树龄、土壤和肥料种类等的不同而不同。幼树每株施多元复混肥 100～150g，结果大树每株 200～250g；或追施氮、磷、钾复合肥，其比例为氮 2 份、磷 1 份、钾 2 份，这次用量为全年用量的 30%～40%。施肥后结合浇水以充分发挥肥效。

二、萌芽期的土肥水管理

1. 根外追肥

梨树在生长季节进行根外追肥，即叶面喷肥，是一种有效的辅助追肥方法（但不能代替土壤施肥），它具有吸收快、分配均匀的特点。用叶面喷肥来补充土壤追肥的不足，对于提高叶片质量和寿命，增强光合效能，进而提高果实产量和质量有很重要的作用。花前可喷 1 次 0.3% 尿素、1% 过磷酸钙澄清液、0.3% 硫酸钾或氯化钾的混合液，或用 0.5% 磷酸二铵与 0.3% 硫酸钾或氯化钾的混合液，或用 0.3% 尿素、0.3% 磷酸二氢钾的混合液。梨树缺锌时，在发芽前喷 4%～5% 硫酸锌，发芽后喷 0.3%～0.5% 硫酸锌溶液，对治疗缺锌小叶病有一定疗效。梨树缺硼或硼不足时花丝萎缩，坐果率下降，硼有利于花粉的萌发，能使受精过程顺利进行。盛花期可喷 0.2%～0.3% 的硼酸或 0.3%～0.5% 的硼砂，提高坐果率。

2. 灌水

在萌芽前灌水的基础上，若天气干旱，土壤含水量少于田间最大持水量的 60% 时就需要灌水，即壤土或砂壤土手握土时不能成团。黏土手握时虽能成团，但轻压易裂，说明土壤含水量已少于田间最大持水量的 60%，需要进行灌水。梨花期易发生霜冻的果园，可在临近开花期浇一次透水，有防霜冻和减轻霜冻危害的作用。一是可以降低地温，延迟开花期（可延迟开花 2～3 天），避免霜冻；二是由于灌水增加了土壤的热容量，不至于夜间土壤温度发生剧烈的变化。

3. 中耕

在北方大部分地区春季干旱，突然蒸发量大，保水是一项重要工作。中耕可以切断土壤毛细管，从而减少水分的蒸发，在雨后或灌水后进行中耕、松土及除草工作可起到保墒、改善土壤透气条件、促进微生物活动、增加养分可利用性的作用。

三、开花坐果期的土肥水管理

1. 喷施生长调节剂

花期可喷施 3000～5000 倍芸薹素内酯、200mg/kg 赤霉酸＋0.2％硼砂＋2％蔗糖。盛花期或盛花后 2 周喷 CPPU 25～50mg/L 可明显促进梨果实的生长，增加苹果梨、满天红等品种的果形指数，从而能在采收时获得更大体积的果实。

2. 落花后追肥

落花后新梢旺盛生长和大量坐果，都需要大量养分，花后及时追施氮肥，可以促进新梢生长和减少落果，为果实细胞分裂和花芽分化创造良好的营养条件。坐果后新梢开始大量生长，是一年中的生长高峰期，可根据树势情况决定是否追肥，对树势较弱的可补施氮肥。一般可不必再追肥。

3. 中耕

一般结合除草，在降雨、灌溉后以及土壤板结时进行。中耕是对土壤进行浅层翻倒、疏松表层土壤，可起到松土、除草、保墒作用，又可避免使用除草剂对环境的污染。

四、果实发育及新梢迅速生长期的土肥水管理

梨树新梢生长和幼果膨大期是梨树的需水临界期，此期果树的生理机能最旺盛，若土壤水分不足，会致使幼果皱缩和脱落，并影响根的吸收功能，减缓梨树生长，明显降低产量。这一时期若遇干旱，应及时进行灌溉。对于生草果园，每次刈割后，为促进再生，应及时灌水，特别是豆科牧草对灌溉的反应比禾本科牧草敏感，要加强灌水。梨树虽然较耐涝，但在长期积水条件下，会严重影响梨树生长。夏季的土壤管理主要进行中耕松土、除草以及种植间作物等。中耕松土一般在灌水后及时进行，每年 2～3 次，保持土壤疏松，防止水分蒸发，提高水肥利用率，增强根系的活动，同时还具有改良土壤结构的作用。新种植的梨园可间作植株矮小的豆类、瓜菜类及绿肥作物，土壤水肥充足的果园可间作小麦等作物，以充分利用土地，增加经济收益，但不宜间作玉米等高秆、需肥多的作物。生长季节内，为满足梨树生长发育，夏季一般采用土壤追肥和根外追肥法，可用尿素、硝酸铵、碳酸氢铵、过磷酸钙、草木灰等，此外，还有复合肥磷酸铵、磷酸二氢钾等。追肥应根据梨树开花、坐果、新梢生长、果实肥大及花芽分化对养分的需要分期进行，以花后

坐果期及果实膨大至花芽分化期进行为宜；根外追肥可根据树势情况结合病虫防治进行，可用0.3%尿素及0.3%～0.5%的磷酸二氢钾。

五、新梢停长及花芽分化期的土肥水管理

1. 肥水管理

衰弱树应及时追肥灌水，恢复树势；肥水条件较好的果园，应注意适当控制水分，叶面混喷氮、磷、钾肥，以利花芽的形成。6月份是梨树果实迅速膨大和梨树花芽大量分化期，两者同时进入需水高峰期。这一时期如干旱缺水严重，会影响果实膨大和花芽分化，后期即使供水充足，也难保证果实的增大。适时适量浇水，满足其水分需求，既能促进花芽健壮分化，又能增大果个，提高产量。雨天雨量大时，根系生长减弱，严重时窒息死亡，尤其是黏土地果园，会引起新梢中下部叶片提前脱落及落果、裂果，使树体早衰，严重时枯死。长时间积水会产生有毒物质。因此，必须及时排水。

2. 中耕除草

进入夏季，雨水开始增多，配合中耕清除果园杂草。目前生产应用最多的是化学除草，化学除草比人工除草彻底及时，并且省工。特别是雨季，除草不便时，使用除草剂更为方便。除草剂的效应除与药剂种类、浓度有关外，还与杂草种类、所处物候期、土壤类型以及气候条件有关。使用前应针对杂草种类、所处物候期、土壤条件以及气候条件选用，并应先做小型试验，然后再大面积应用。

3. 树盘覆草

夏季树盘覆草可降低土温，冬季有增温作用，可缩小地温的季节性变化与昼夜变化的幅度，但春季升温较慢。覆草还具有抑制杂草生长，防止返碱，减轻盐害的作用。而且所覆的草腐烂后，可增加有机质，促使土壤形成团粒结构，增加保肥、保水的能力。

六、果实采收后的土肥水管理

1. 清理梨园

梨果采收后，要及时清理树上、地下残次果、病虫果、枯枝落叶、落果和杂物，将其清理出果园，集中深埋或焚烧，保持梨园地面清洁、无杂草，杜绝病虫源，减少来年病虫害的发生。

2. 梨园覆草

覆草（秸秆等）可起到抗旱保墒、提高土壤温度、改良土壤、提高土壤肥力的作用。我国覆草梨园比例很低，应当提倡梨园覆草。覆草方法：入秋至霜冻之前，可将农作物的秸秆铡碎，均匀地铺在树盘下，厚度为10～15cm，草上面覆盖10～

15cm 厚的肥沃碎土，拍平即可。

3. 秋施基肥

基肥施入的时间越早越好，一般在 9 月至 11 月间。施肥的种类以农家肥为主，厩肥、土粪和商品有机肥都可以，禁施生鸡粪。施肥量一般是"斤果斤肥"，有条件的园子可同时施入一定量的果树专用肥和复合肥，通常每生产 100kg 果至少需施有机肥 100kg，再加 1～2kg 磷肥，于每年 9～10 月施入。基肥以条沟施肥、环状施肥、放射沟施肥、全园撒肥等为主，也可采取树盘内穴施的方法。施肥沟深和宽均为 30～40cm，注意不要伤及大根，施肥后要及时灌水。

4. 秋翻果园

秋翻果园一方面有利于疏松土壤，增加土壤团粒结构，提高土壤孔隙度，有利于树体根系抽发，而且通过深翻后断根可以促发大量新根，促进根系更新，从而提高根系活力，有利于养分和水分的吸收，同时，深翻结合施基肥对增强树势、提高果品质量十分有利。另一方面，秋翻果园能破坏土壤越冬害虫的场所，将地面上的病叶、僵果及躲在枯草中的害虫深埋地下消灭，起到灭虫效果。秋翻以不伤手指粗根为宜，深度为幼树 30～35cm，结果树 35～40cm，按顺行方向进行秋翻。切忌深翻时，翻成行间、株间高，近树株处洼，以防汛期时树体处积水造成涝灾。

5. 灌水

此时灌水可促进树势恢复，提高抗寒能力，一般在土壤结冻前进行有利于肥料的分解利用、梨花芽发育及第二年春天生长。

6. 注意事项

农家肥在施用前必须进行发酵熟化处理，否则在施入后的发酵过程中会产生有害气体损伤根系。另外，化肥要与有机肥和表层土混合均匀施入，特别是穴施应尤其注意。

第四节　整形修剪

一、常用树形

1. 小冠疏层形

小冠疏层形是从疏散分层形演化而来，是中度密植梨园树形之一。一般株距 3～3.5m，行距 4～5m，亩栽 38～56 株。该树形优点是树冠紧凑，结构合理，骨架牢固，结果稳定，树冠内部光照条件好，优质高产，整形容易。生产中注意控制树势上强下弱现象，对于长势较旺的品种应注意加强树冠控制，防止果园郁闭、结果部位外移、产量品质下降。该树形树高 2.5～3m 左右，冠径 3～3.5m，树冠呈半圆形。干高 50～70cm，主枝 6～8 个，分 2～3 层。第一层有主枝 3～4 个，开角为 70°～80°，层内距为 20～30cm，每个主枝上有侧枝 1～2 个，在主枝两侧交错排列，侧枝开角大于主枝；第二层有主枝 2～3 个，开张角度 70°左右，层内距 20cm，方向位于第一层主枝的空档；第三层有主枝 1～2 个。二层以上主枝不配备侧枝，直接着生大、中、小型结果枝组。第一层与第二层之间的层间距为 80～100cm，第二层与第三层层间距 60～80cm 左右。每层主枝均匀分布在中心干四周，上下层主枝间不重叠。上层主枝枝展不大于下层主枝枝展的 1/2。完成整形需 4～5 年（图 5-4）。

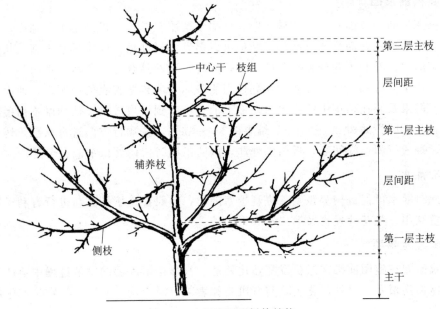

图 5-4　小冠疏层形树体结构

2. 纺锤形

纺锤形是目前采用较多的适宜密植栽培的丰产树形之一，特点是树冠紧凑，结构简单，骨干枝级次少，通风透光，成形容易，修剪量轻，早果丰产，果实质量好，管理更新方便等。适宜采用的株行距为(2～3)m×(3～4)m，每亩栽植 55～111 株。树高 3m，冠径 2～2.5m，树冠上小下大，呈纺锤状。中心干直立健壮，干高 60～80cm 左右，主枝 10～15 个，开张角度 70°～90°，从主干往上螺旋式排列，间隔 20～30cm 左右，插空错落着生，均匀伸向四面八方，无明显层次，同方向主枝间距要求大于 60cm。主枝上不留侧枝，在其上直接着生结果枝组，单轴延伸。下部主枝长 1～2m，往上依次递减，主枝粗度小于中心干粗度的 1/2，中小结果枝组的粗度不超过大型枝组粗度的 1/3（图 5-5）。修剪以缓放、拉枝、回缩为主，很少用短截。

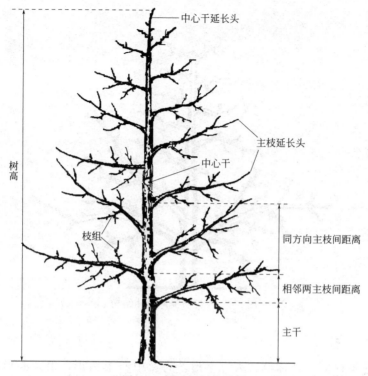

图 5-5 纺锤形树体结构

中心干延长头

主枝延长头

中心干

同方向主枝间距离

枝组

相邻两主枝间距离

树高

主干

3. 改良纺锤形

　　改良纺锤形是小冠疏层形和纺锤形结合成的树形，下部属小冠疏层形，上部属纺锤形。又因其外观像火锅，所以又称为"火锅形"。此形吸收了疏层形骨架牢固、结果稳定、管理方便和纺锤形修剪轻、结果早、成形快等二者的优点，克服了疏层形修剪重、成形结果晚，纺锤形全树培养单轴延伸枝组时需要设施引缚、结果部位外移快、容易发生上强下弱等二者的缺点。全树下宽上窄，呈塔形，光照较好，结果早，品质优。适宜株行距为（3～4）m×4m 的果园，每亩栽 42～56 株。改良纺锤形树高 3m，冠径 3m 左右，干高 60～80cm。中心干基部培养 3～4 个永久性主枝及其侧枝，主枝方位角 120°，开张角度为 80°～90°，长 1.3～1.5m；产量要求占到全树的 70％左右；三主枝层内距 25cm。从中心干基部 3 个主枝往上 50cm 处开始，向上每 30cm 着生一个水平小主枝，螺旋上升，错落排列，形同纺锤。下部的小主枝越往上越短，水平且单轴延伸，小主枝上无侧枝，直接着生大、中、小型结果枝组（图 5-6）。大型枝组在中部，用先截后放法培养，中型枝组在上部，小型枝组插空培养，均用先放后缩法培养。小主枝两侧每隔 20～25cm 错落着生单轴呈下垂状中小型枝组，各主枝上枝组分布呈两头小中间大的纺锤形结构。

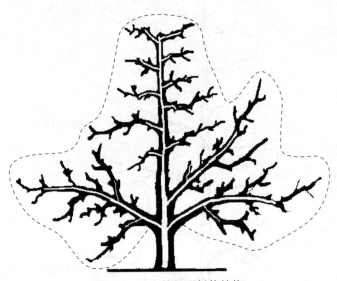

图 5-6　改良纺锤形树体结构

4. "Y"字形

"Y"字形树形，又称倒"人"字形，为无中心干树形，由开心形演变而来，在乔砧密植条件下，可获得极好的产量，并能有效提高果品质量，是生产优质高档梨的主选树形。该树形结构简单，成形快，结果早，结果均匀整齐，果形端正，品质好，枝叶生长缓和，花芽容易形成，利于管理和提高果品质量。树体内部光照条件好，可避免上强下弱。但该树形修剪量大，修剪不当时易出现越剪越旺的现象，树势不易控制。适于土壤较瘠薄、肥水供应困难的山坡地或平地的高密度园采用。适宜的株行距为（1～2）m×（3～5）m，每亩栽植 66～222 株。

树高 2～2.5m，干高 50～70cm，全树有两个主枝，与行向呈 45°角伸向行间，主枝开张角度为 60°～80°。每个主枝有侧枝 1～2 个或直接着生大中小型枝组，在主枝上左右交错排列(图 5-7)。

5. 水平棚架三主肋骨形

水平棚架是生产优质高档梨的栽培技术之一。水平棚架常用的树形主要有三主肋骨形、"H"形、"X"形、"一"字形、"非"字形等。其特点是主枝、侧枝和枝组在合理的引缚下分布于棚架的同一个平面，叶幕呈单层、均匀、连续、自然的结构，覆盖率可高达 100%；枝条牢固，可减少风害和机械损伤；树冠不高，受光均匀充足，通风性好；树势均衡，结果期早，产量稳定，果实大小整齐，果形正，着色佳，质量好，商品率高，病虫害少；树体管理方便省工（如喷药、喷肥、套袋、采收、修剪等）；适合规范化、标准化、机械化、省工化作业。其缺点是架材投资

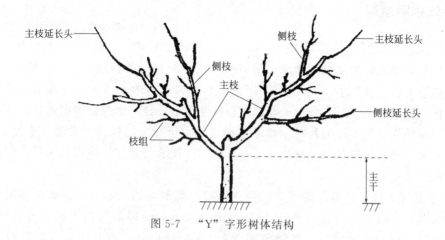

图 5-7　"Y"字形树体结构

大，前期树形培养慢，对水肥条件要求较高，幼树期枝条修剪量大。适应棚架梨树栽培的品种主要为生长中庸、成花容易、结果早的砂梨系统的品种，如黄金梨、丰水、幸水、新世纪、新高、绿宝石、早美酥、黄冠等。栽植株行距为 6m×6m，为提高早期产量，可实行计划密植，后期进行间伐。三主肋骨形树高 1.8～2.0m，干高 1～1.2m，叶幕呈单层水平平面形。无中心领导干，主枝数 3 个，主枝间夹角 120°，成水平状均匀绑缚在棚架上，与主干夹角为 45°，架面上主枝间的水平距离保持在 1.5～2.0m 左右。主枝上有侧枝 2～3 个，第一侧枝距中心干 80～90cm，第二侧枝位于第一侧枝的相反方向，距第一侧枝 1 米，侧枝与主枝夹角为 90°，侧枝上着生单轴延伸的结果枝组，同方向单轴结果枝组间隔 30～40cm（图 5-8）。

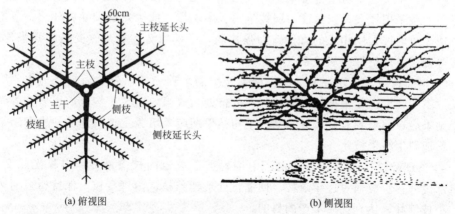

(a) 俯视图　　　　　　　　　　　(b) 侧视图

图 5-8　水平棚架三主肋骨形

二、休眠期修剪

1. 不同年龄时期树的修剪

(1) 幼树和初结果期树修剪 幼树和初结果期树枝条直立生长，开张角度小，往往抱合生长，易产生"夹皮角"。因此，梨幼树和初结果期树修剪的主要任务是迅速扩大树冠，注意开张枝条角度、缓和极性和生长势，形成较多的短枝，达到早成形、早结果、早丰产的目的。要求冬季选好骨干枝、延长枝头，进行中度剪截，促发长枝，培养树形骨架。夏季拉枝开角，调节枝干角度和枝间主从关系，促进花芽形成，平衡树势。

① 促发长枝，培养骨架 在培养骨架时，要多短截。定干应尽量在饱满芽处进行短截，一般定干高度为 80cm 左右。距地面 40cm 以内萌发的枝芽可以抹除，余者保留，以利幼树快长。冬剪时中干延长枝剪留 50～60cm，主枝延长枝剪留40～50cm，短于 40cm 的延长枝不剪，下年可转化成长枝。

② 增加枝量，辅养树体 可通过轻剪少疏枝、刻芽、涂抹发枝素、环割、开张角度等措施，促使发枝，增加枝叶量，迅速壮大树冠。

③ 开张角度，缓和长势 由于多数梨树萌芽力强成枝力弱，通过拉、顶、坠、拿枝以及应用各种开角器开张枝梢角度后，缓和长势，极易形成较多短枝。加之，梨的短枝停止生长早，叶幕形成早，角度开张后，通风透光好，短枝顶芽极易成花芽，从而实现早期丰产。梨的枝条易形成"夹皮角"，脆且易劈裂，枝达到一定粗度后再开张角度会比较困难，因此，开张角度应及时进行。

④ 抑强扶弱，平衡树势 梨树干性强、先端优势强，容易出现上强下弱、同级别枝强弱不均、主从不分等问题。通过对中心干换头或使之弯曲生长，对强枝、角度小的枝采用加大开张角度、弱枝带头、多疏枝缓放少短截、环剥环割、多留果等方法，对弱枝采用相反的方法，抑强扶弱，平衡树势。通过改变枝的开张角度、回缩等方法，调整好主从关系。

⑤ 培养枝组，提高产量 梨树结果枝组的培养一般以先放后缩法为主。第一年长放不剪，第二年根据情况回缩到有分枝处，或第一、二年均长放不剪，等到第三年结果后再回缩到有分枝处。幼树至初结果期应多培养主枝两侧的中小型结果枝组，增加斜生结果枝组。

⑥ 清理乱枝，通风透光 由于前期轻剪缓放冠内枝条增多，内膛光照变差，结果部位外移。应通过逐年疏枝、回缩、处理辅养枝，清理乱枝，保持树冠通风透光，小枝健壮，达到优质丰产的目的。

(2) 盛果期树修剪 梨枝条一般尖削度较小，形成花芽容易，大量结果后其开张角度往往过大，树势易衰弱，易出现"大小年"结果、果实品质下降、抗性下降、病虫害增加等问题。因此盛果期梨树修剪的主要任务是调节生长和结果之间的平衡关系，保持中庸健壮树势，维持树冠结构与枝组健壮，实现高产稳产。具体要求是：树冠外围新梢长度以 30cm 为好，中短枝健壮；花芽饱满，约占总芽量的 30%；枝组年轻化，中小枝组约占 90%；通过对枝组的动态管理，达到 3 年更新，5 年归位，树老枝幼，并及时落头开心。

① 保持树势中庸健壮 梨树进入盛果期，树体骨架已基本形成，应保持中庸健壮状态，确保稳产优质。长势中庸树的树相指标是：树冠外围新梢长度 30cm 左右，比例约为 10%，枝条健壮，花芽饱满紧实。保持枝组年轻化。枝组只有处于一种大小新旧交替、枝组内部动态变化状态，才能保证枝组的年轻化，使全树中庸健壮，丰产稳产。随着树冠的开张，背下、侧背下枝组应逐渐由多变少，侧背上、背上枝组应逐渐由少变多，应以中小枝组为主。位置空间适宜的枝组或培养或维持，不适宜的或更新或疏除，使枝组分布合理，错落有序，结构紧凑，年轻健壮。

②保持树冠结构良好 盛果期树树冠达到最大，枝叶茂密，无效光区增大，内膛结果差或不结果，甚至出现小枝枯死。因此要及时落头开心，疏除上部过多枝，解决上部光照问题。间疏外围密生枝，疏缩辅养枝，疏除影响光照的旺枝，改善内膛光照。疏缩裙枝下垂枝，使下部通风透光。回缩行间碰头枝，解决群体光照。全树保持结构良好，中庸健壮。

(3) 衰老期树修剪 当产量降至不足 15000kg/hm² 时，对梨树进行更新复壮。每年更新 1~2 个大枝，3 年更新完毕，同时做好小枝的更新。梨树潜伏芽寿命长，当发现树势开始衰弱时，要及时在主、侧枝前端二三年生枝段部位，选择角度较小，长势比较健壮的背上枝，作为主、侧枝的延长枝头，把原延长枝头去除。如果树势已经严重衰弱，选择着生部位适宜的徒长枝，通过短截，促进生长，用于代替部分骨干枝。如果树势衰老到已无更新价值时，要及时进行全园更新。对衰老树的更新修剪，必须与增加肥水相结合，加强病虫害防治，减少花芽量，以恢复树势，稳定树冠和维持一定的产量。

2. 不同品种（类群）梨的修剪

(1) 白梨系统 该系统绝大多数品种树体高、干性强、寿命长，幼树枝条较直立，生长旺盛，随树龄增大骨干枝逐渐开张。萌芽率高，成枝力多数较弱，短枝多。潜伏芽寿命长，老树老枝易更新。不少品种有腋花芽结果习性，以短果枝结果为主，但也有一定的中长果枝。短果枝寿命短，果台副梢少，生长弱。包括酥梨、雪花梨、鸭梨、慈梨、秋白梨、蜜梨、黄梨、库尔勒香梨、苹果梨等很多优良品种。

整形修剪上，树形可用疏散分层形、分层开心形和迟延开心形。为防中心干过强主枝开角不宜过大，骨干枝延长枝应轻剪长留。幼树时非骨干枝应少疏多放，大树时应防止外围枝过密。短果枝群除无果台副梢时可用破台剪或基部重截以外，一般不剪，只是用破顶的方法调节结果密度，5 年以后注意回缩更新。内膛枝应短截，以促其分枝而增大结果体积。外围的主、侧枝和大型枝组的当头枝有花芽时，应采取破芽疏花不能让其结果。同时应注意回缩长弱交叉枝，改善内膛光照。有外强内弱的趋势时，应适当开张主、侧枝的梢角。

(2) 砂梨系统　包括我国原有品种和引进的日本、韩国梨品种。砂梨由于原产温暖多湿的南方和日本海域，对旱冷气候适应性较差。有些在北方栽培树体易出现早衰现象，且难以更新复壮，致使寿命缩短，因而在北方发展较少。日本梨引种栽培的品种有二十世纪、长十郎、菊水、二宫白、博多青等。一般树冠较小，干性中强或较弱，寿命较短。枝条粗壮直立，不是很开张。幼树生长旺，成年树生长弱。萌芽率高，成枝力弱，短枝发达，大枝稀疏。具有低级次枝结果的特点，栽后2～4年即可成花结果。我国砂梨的果台发生副梢少，不易形成短果枝群，但老枝更新能力较强。日本砂梨的果台副梢较多，容易形成短果枝群，但大枝不耐更新。

整形修剪上，幼树修剪应少疏、多截和多留，以尽快增加枝叶量，促进成花结果。对较直立的骨干枝其开张角度不宜过大，以防背上冒条徒长。长枝少时，可通过刻伤造枝培养主、侧枝，也可将中心干拉倒作最上一个主枝，使顶部开心。结果大树的修剪主要是调节生长与结果的关系，按比例、有计划地控制叶果比。对易形成短果枝群的日本梨品种，主要是按三套枝修剪技术管理好枝组，骨干枝应尽可能利用原来的枝头，并注意经常维持其正常的枝势，尽量不要换头更新。对不易形成短果枝群的中国梨品种，主要是通过对大、中型枝组的回缩和对长、中果台枝的短截来维持其枝势，一些老化衰弱而且下部已发生光秃的骨干枝可采用回缩换头的办法进行树冠更新。

(3) 秋子梨系统　多数品种抗寒、耐旱，适应性强，但品质较差，在生产上表现较好、栽培较多的有京白梨、南果梨、尖把梨和软儿梨等优良品种。一般树体高大，干性中强，寿命较长。多数品种树冠开张，分枝级次高，枝条较为密集，高级次的枝易于披散下垂。长枝较细较软，中、长枝数量较多，短枝的数量少于白梨系统，不很发达，成花较晚，具有高级次枝结果的特点。芽体小，萌芽率高，成枝力较强，顶芽延伸力强，但细软较易下垂。幼树生长中强，干性一般不如白梨系统强，大树因结果逐渐变弱。多数品种以短枝结果为主，部分品种有腋花芽，但不易形成短果枝群。果台枝连续结果能力差，枝组的更新能力弱。多数品种的果台结果后，抽生果台枝的能力品种间有较大的差异。大部分品种不易形成分枝多而紧凑的短果枝群。

整形修剪上，树形可选用主干疏层形、分层开心形、挺身形和自然圆头形等。幼树由于发枝较多，主、侧枝选留容易，对中心干和主枝延长头不必重截，而应稍轻剪长留。一般骨干枝在冬剪时可在夏梢中上部饱满芽处短截，以维持其生长优势，保证树冠迅速扩大。对其他非骨干枝应多留长放，对背上强旺枝应勤加控制，并配合促花措施尽量使其早结果。对结果大树，应注意及时疏除外围的密乱枝，以理顺与骨干枝的从属关系和改善内膛光照。对小枝组因其不耐剪，一般可缓放不剪，任其结果。对多年延伸过长和结果下垂衰弱后形成的交叉碰头大枝，则必须及时在后部分枝处回缩，并加强管理，以免干扰其他枝的正常生长和结果。这就是"大枝严，小枝宽"的剪法。

（4）西洋梨系统 我国目前在生产上栽培较多的西洋梨品种主要有巴梨、红巴梨、康德梨、日面红、考西亚、茄梨、红安久、红考密斯、红茄梨、五九香、三季梨、伏茄梨等。西洋梨树冠大小因品种而异，干性强，寿命较短。西洋梨萌芽率很高，成枝力弱，往往顶芽易发生长枝，侧芽多数可萌发成中短枝或叶丛枝，以短果枝及短果枝群结果为主。幼树生长较旺，枝性软而直立，直立性强，分枝少，进入始果期晚，一般需4～5年。树冠不开张，多数为圆锥形。盛果期大树，由于结果部位外移下压易使骨干枝开张下垂，生长势减弱，树冠多呈不规则的乱头形。芽体小但很充实。萌芽率高，成枝力较强，枝条容易密挤。骨干枝不耐更新。结果习性因品种差异较大。巴梨、三季梨等短枝发达的品种，易成花，结果早，多在栽后3～4年，短果枝也易形成短果枝群，结果枝级次低，果台枝连续结果能力强。伏茄梨、日面红等短枝不发达的品种，难成花，结果晚，多在栽后5年以上结果。果枝不易形成短果枝群，结果枝级次高，果台枝连续结果能力差。有些品种有腋花芽结果特性。

整形修剪上，树形应选用疏散分层形、分层开心形、柱形或细长纺锤形等，下层主、侧枝可适当增多。幼树注意拉枝开角，促生中短枝，以利整形和提早结果。多留辅养枝和主枝缓放，枝条缓放后极易成花，适度回缩花枝，可使坐果率高，果品质量好。盛果期重点是疏结果枝和短果枝群，培养健壮的中长果枝，调节留果量，复壮树势，平衡大小年。树体衰弱时，要充分利用潜伏芽及时回缩，促进后部发枝并加以培养更新，取代老弱枝组，恢复树冠。西洋梨由于对光照要求不高，所以可适当缩小层间距和多留辅养枝。对巴梨、三季梨等易形成短果枝群的品种，宜采用疏旺枝、缓放中庸和弱枝的剪法。对伏茄梨、日面红等不易形成短果枝群的品种，宜用少疏多放的剪法，对强旺枝可先控后放。骨干枝前部下垂后，对背上发出的徒长枝可选一方向较好的强壮枝培养为新枝头，原头仍保留。无徒长枝时，应用顶吊法将枝头抬起，并使上部少留花果，尽量保持斜上的姿势。注意对骨干枝不要大更新和疏大枝，以免影响树体寿命，修剪方法的重点应放在维持和保护树势的技术措施上。

三、生长期修剪

1. 刻芽和环割

刻芽也叫目伤，其做法是春季萌芽前，在枝或芽的上（或下）0.5cm处，对皮层用刀或钢锯条刻半月牙形切口，但不伤木质部，芽上刻伤能促进该芽萌发抽发中短果枝、克服光腿现象、均衡枝条长势、促进幼树早果、调整树体平衡；芽下刻伤则抑制其生长。环割是在枝干上用刀剪或锯环切 1 圈，只割伤皮层，也不伤及木质部，不启起树皮。有的旺树拉一刀，促花效果不明显，为加强效果可于一周后在距原环割部 10～20cm 处再割 1 圈，或采用多道环割，即在枝条上每隔一定距离环切 1 圈，促进效果会比较明显。修剪时，常在需要生枝的部位（如主枝两侧或中干等）刻伤或环割，使之发枝。生产上当年生枝用钢锯条，多年生枝用手锯效果较好。

2. 抹芽与除萌

在嫩芽刚吐出不久，用手抹除新定植幼树整形带以下的芽以及背上、过密、竞争等生长部位不合适的芽。抹芽时根据需要选择生长健壮、长势良好、方位合适的芽留下，可减少无用芽对养分的消耗，改善树体光照，减少夏季修剪疏枝量，避免冬季修剪造成较大伤口，有利于骨干枝的培养，可起到事半功倍的效果。对剪锯口、主干、根茎等部位萌发出的萌蘖，当萌蘖长出几厘米时，用手掰除或剪除叫除萌，除萌也可以减少营养消耗，有利于上部枝条的生长发育。

3. 疏枝

疏枝即适当疏除外围过密的分枝和内膛直立强旺枝上过多的分枝。疏除得越早，消耗的养分就越少，伤口就越小；反之消耗养分较多，伤口也较大。

4. 扭梢

对主枝背上的强旺枝和强旺枝组进行扭梢控制，暂时利用其结果。扭梢一般在当年生枝 20～30cm 长时，即枝条没有木质化时进行。方法是：用右手在基部 2～3cm 处朝着有空间处扭转，使其变向变势。3～5 年生幼树，全树扭梢数不要超过 10 个。

5. 撑枝和拉枝

2～5 年生幼树，在 4 月下旬至 5 月上旬应采用拉枝、坠枝的方法处理冬剪时留下的竞争枝、直立枝，使其呈水平状，以提高萌芽率、增加短枝量。对结果期树采用摘心、扭梢、环割、环剥等方法处理生长强旺枝，以抑制其生长，促发二次枝，增加枝量，促其成花。

6. 环剥、环割

环剥、环割只能在生长过旺不能结果的树上或枝上使用，弱树弱枝上不能采用。环剥即用刀在枝或干的一定部位割两道，深达木质部，并剥去两道之间的韧皮部。一般剥口的宽度为梨树枝干直径的 1/10 或 1/8，过宽易引起树体衰弱或死亡，过窄达不到应有的环剥效果。环剥时间华北地区一般在 5 月下旬到 6 月上旬。环剥后及时保护剥口，可用塑料薄膜或牛皮纸包扎伤口。剥后若达不到环剥的效果，可以在 30 天后再进行第二次环割。环割部位和时间与环剥相似，但只割透树皮，而不剥皮。割后 20 天即可愈合，一般割一次达不到效果，可割 2 次或 3 次。但要 1

次 1 道，不可 2～3 道同时进行，尤其在主干上，1 次多道可致使树体严重衰弱。环剥、环割对梨树促花是最可靠的措施，可以做到让哪个枝结果哪个枝就能结果。

7. 拉枝

拉枝是将较为直立枝条改变生长方向，使其角度开张。拉枝可缓和枝条的生长势，使营养物质和激素分配均衡，有利于花芽形成；拉枝也可以增大分枝角度，改善光合条件，提高叶片的光合效能。拉枝可在全年进行，但一般以夏秋季采用效果较好。主要对当年生、一年生、多年生竞争、直立、强旺枝进行。使用拉枝技术应注意三点：一要选准着力点，使枝条开角后仍趋于直线，避免成为弓形枝。二要保护枝条，防止劈裂。实施拉枝时，应先使枝条基部软化再拉平，同时在枝条的着力点上垫衬柔软物品，以避免损伤树皮。角度过小的多年生枝开张角度，应先将枝条基部用绳索绞拉固定。三要在弯枝后及时抹芽，防止背上抽生长枝。对于由于枝条比较粗大，在上年秋季和冬季没有开张角度的大枝，可在树液开始流动后枝条变软时，进行拉枝。

第五节　花果管理

一、疏花芽

梨树的花芽容易辨认，冬剪时对大年树超前疏除花芽，可按树龄、树势和立地条件，因地制宜，疏除过多的花芽。

二、花前复剪

时间在萌动期到现蕾期，甚至到初花期。可按距离疏除密生和瘦、弱、小花芽，保留壮、胖、大花芽。复剪的顺序可根据品种发芽早晚、树龄大小、树势强弱、花量大小安排先后。一般是先剪老树和成龄树，后剪幼树和初结果树；先剪花量大的树，后剪花量小的树。对于生长势偏弱、花量过大的大年树，要做到因树定产，因枝定花，适当调整树体负担量。尤其在大年时，对衰弱树上的超长花枝、细弱花枝、过量花枝进行花前复剪，疏掉过多的花芽，有利于调节大小年结果和优质丰产。

三、破花剪、疏花蕾花序、疏花朵

1. 破花剪

对花量过多的树，或各级主枝延长枝头附近和主侧枝基部等不需要挂果的部位，或者难以结出大果的下垂细弱枝等结果枝，应在花芽萌动后的现蕾期，从中部向上 1/3 处破花剪。疏花后这类枝条当年可继续形成花芽。

2. 疏花蕾花序

冬季修剪偏轻导致花量过多时，在花蕾露出时，用手指轻轻弹压花蕾折断花梗，既可以起到疏花序的作用，又不至于损失叶面积。也可在花序伸出后用疏果剪剪去整个花序，宜早不宜晚。疏花序时应去弱留强，去小留大，去下留上，去密留稀，去腋（花芽）留顶（花芽）。疏花序一般按 20cm 左右的果间距保留一花序，其余全部疏除的标准进行，但应根据品种果型大小来定。一般黄金、大果水晶、新高等大果型品种按 25～30cm 留 1 个花序，丰水、绿宝石等中果型品种按 20～25cm 留 1 个花序，注意保留花序下部的叶片和果台副梢，疏花序除了可以节省养分消耗外，还可以保留果台副梢，疏花序后果台长出的果台副梢当年形成花芽，能达到以花换花的目的，还能提高枝果比和叶果比，对提高果实品质和克服大小年结果有很好的作用。

3. 疏花朵

疏完花序后应及时对留用的花序进行疏花蕾。时间从花序分离后即可进行，最好在开花前完成，最晚在盛花时完成。注意疏中心花，留边花 1～4 朵；疏花瓣小的花，留花瓣大的花；疏花瓣皱缩的，留花瓣平展的。

疏花蕾花序花朵的程度要根据花期气候进行，气候稳定的重疏，反之则轻疏或不疏；花量大、授粉条件好、坐果率高的果园重疏，反之则轻疏；老龄树重疏，初结果树轻疏；弱树、弱枝及内膛重疏，壮树、壮枝及树体上部轻疏；同一果枝上远位花重疏，距离枝组近的轻疏。

四、授粉

1. 花期放蜂

花期放蜂有利于授粉、受精，而且可明显改善梨树人工辅助授粉费工、费时的现状，提高生产效率和经济产量。近几年借助壁蜂的传粉活动来完成梨树授粉，一般于花前 4～5 天放蜂，其效果与人工授粉相当，而且简单方便，节省人工。蜜蜂的传粉效率和传粉效果优于壁蜂，从坐果后对花序疏果的角度考虑，采用人工放蜂（蜜蜂授粉和壁蜂授粉）或人工授粉，其工效都相差不大，但是蜜蜂授粉比壁蜂授粉和人工授粉更有利于高产、稳产、优质。

2. 人工辅助授粉

在授粉树配置不合理，花期遇到大风、低温、阴雨、霜冻等情况时，抓住晴天及时进行人工辅助授粉，是提高坐果率和抵御花期不良天气的一项抗灾措施。从初花期开始，选择晴好天气进行，梨花开放的当日和次日是梨树人工授粉最佳时机，开花 5 天以后授粉能力大大降低。一般一个园片要求 2～3 天内完成授粉工作。授粉适宜气温为 15~25℃，低于 10℃授粉效果最差；大于 30℃时，柱头枯焦，授粉无效。授粉时间可在上午 8 时至下午 4 时，但以 9~10 时最佳。授粉 2 小时以内如遇到下大雨，最好在雨后重授；3 小时以后遇雨，可不重授。

3. 人工点授

人工点授法是指开花时用铅笔的橡皮头、毛笔或棉签等蘸取花粉去点授。其优点是准确率高，选择性强，花粉用量少，效果最好，缺点是用工量大。授粉时把蘸有花粉的授粉器向花的柱头上轻轻擦一下即可，每蘸一次，一般可点授 5~10 朵花。按留果标准，每花序点授基部的第 3~4 朵边花即可。为降低授粉成本、便于分辨授粉与否，生产上一般要在花粉中加入 1~2 倍的粉红色石松子细粉末作为填充剂。

4. 机械喷授

机械喷授是将花粉和填充剂按 1:（20~50）的比例配好，搅拌均匀，采用电动授粉器授粉。机械喷授效率高，但花粉用量大，成本高，而且容易出现坐果过多的问题。主要适用于面积较大，劳动力短缺的果园。如花期出现阴雨天气，低温寡照天气，可采用此法抓紧时间抢授，能最大限度地提高坐果率，减少果园损失。

5. 挂袋插枝及振花枝授粉

在授粉树较少或授粉树当年花少的年份，可从附近花量大的梨园剪取花枝。花期用装水的方便袋插入花枝，分挂在被授粉树上，并上下左右变换位置，借助蜜蜂等昆虫传播授粉，效果也很好。为了经济利用花枝，挂袋之前，可先把花枝绑在竹竿上，在树冠上振打，使花粉飞散，振后可插袋挂树再用。

6. 鸡毛掸子滚授法

事先做好或购买的鸡毛掸子，先用酒精洗去毛上的油脂，晾干后绑在木棍上，当花朵大量开放时，先在授粉树行花多处反复滚蘸花粉，然后移至要授粉的主栽品种树上，上下内外滚授，最好能在 1~3 天内对每树滚授 2 次。此法功效高，适用于大面积密植梨园。

五、疏花疏果

梨树形成花芽容易，在授粉良好的情况下，多数梨品种坐果率较高，容易实现丰产。但花量大、坐果过多、树体负载过重时，营养的供应和消耗之间发生矛盾，果个会变小，品质会下降，且易发生大小年结果。过量结果还会造成树势减弱，抗性下降，夏秋不耐旱，易受早期落叶病（如褐斑病）侵害，严重时大量落叶后引发二次开花，对翌年开花结果影响很大。梨树限产可以节省树体营养，增进树体健康，对于提高产量和质量都有重要作用。

采取"三疏"即疏花蕾、疏花序（花）和疏果的措施，控制全树的花量和留果量，使树体可以集中营养供给留下花果的生长和树体生长发育。从节省营养的角度看，"疏果不如疏花，疏花不如疏蕾，迟疏不如早疏"。

1. 疏花

梨树开花顺序与苹果相反，边花先开，依次向内，中心花最后开。一般先开的花果实大。来不及疏蕾时可以进行疏花，以花序伸出到初花时为宜。在一花序中应保留第3~5朵花结果。在花量多、自然灾害少的情况下，对坐果率较高的品种疏花比疏果更为有利、易掌握，但有晚霜危害的地区以谢花后疏果较为稳妥。疏花的方法是留先开的边花，疏去中心花和畸形花，通常在1个花序中选留2~3序位的连花，梗长而粗，能长成大果且果形端正。疏花时，一般结合人工授粉受精一块进行。疏花的程度、方法与疏蕾相同，如果花前疏蕾工作做得好，此时仅人工授粉就比较省事了。

2. 疏果

在现代梨树生产中，疏果是一项必不可少的技术措施。疏果的目的一是为了当年生产的果个大，提高商品果率；二是为了克服大小年，保证翌年有足够的花芽，可以达到连年丰产、稳产。为兼顾节约营养并为生产留有余地，可早疏果，晚定果。一般在谢花后1周开始，并在谢花后2周内完成，为避免养分消耗，促进果实生长发育，疏果越早越好。早熟品种和花量过大的梨园，要适当提前疏果，两次套袋的绿皮梨，如黄金、水晶等为了在花后10天套小袋，疏果不宜太迟。

梨为伞房花序，每个花序一般有5~7朵花，花序的花朵发育程度和开花时期不同，不同序位所坐的果实存在品质差异。疏果时每花序留1~2个果即可，一般选留第2~4序位的果为宜，因为第1序位果成熟早、糖度高，但果实小、果形扁，果柄也粗短；第5~7花序幼果小且果柄细长，晚熟、糖度低，增长潜力更小。总之，疏果时要用疏果剪，按一定的果间距进行，应先上后下，先内后外，首先疏除病虫果和畸形果，保留果形端正、着生方位好的果，切忌贪多。目前大多采用按果实间距留果。品种间的果实大小不同，留果的距离也不相同。一般小型果间距15~20cm，中型和大型果间距为20~30cm。

六、果实套袋

1. 果实套袋的作用

梨果实套袋为果实生长发育创造了优越的微环境，可有效防止病虫鸟对果实的侵害，避免农药残留污染，防止果锈日灼，明显改善果实外观品质，是提高果实质量的一项行之有效的技术措施。与不套袋果相比，套袋果果面光洁美观，果皮细嫩、色泽淡雅、果点变小、果锈变少（彩图5-1）。套袋后，病虫侵染少，农药烟尘和杂菌不易进入，可减少喷药次数2~3次，大大降低了果实的病虫为害和农药污染。同时由于套袋果连同果袋一起采收，减少了采收机械伤，贮藏期间烂果少。但套袋也有不利的一面，表现在套袋后果实原有的风味下降，可溶性固形物含量降低，袋内温度高、湿度大，使黄粉蚜、康氏粉蚧等喜欢隐蔽场所的一些害虫的防治难度增加。

2. 果袋的筛选

目前，由于国产袋生产厂家众多、标准不一，果袋质量良莠不齐，若选用的果袋不适宜，则达不到套袋应有的效果，因此要注意选择优质果袋。优质果袋除应满足经风吹雨淋后不易变形、不破损、不脱蜡、雨后易干燥的基本要求外，还应具有较好的抗晒、抗菌、抗虫、抗风等性能，以及良好的密封性、透气性和遮光等性能。质量低劣的果袋易破损，造成果面花斑，并导致黄粉蚜、康氏粉蚧等害虫入袋为害。除部分绿皮梨品种一般要求保持品种本色外，大部分梨品种（褐皮、黄皮、红皮）的果袋遮光性以不透明度达 90％以上为宜，保证果实在黑暗环境中生长发育，这样褪绿好，果实着色鲜艳均匀。根据材料果袋可分为纸袋、塑料薄膜袋和液膜袋，生产上应用最多的是双层纸袋。绿皮梨套外黄内浅黄或外黄内白的双层袋，果皮颜色黄绿；套外黄内黑或外灰内黑的双层袋，果皮颜色为黄白色；套外灰中黑内无纺布的三层袋，果皮颜色为白色。褐皮梨以外黄内黑或外灰内黑的双层带为佳，红皮梨可采用外黄内红的双层袋。

3. 套袋前的准备

套袋前，要在果面上彻底喷洒杀菌、杀虫剂。可选用 10％吡虫啉可湿性粉剂 2000 倍液＋70％甲基硫菌灵可湿性粉剂 1000 倍液（或 80％代森锰锌可湿性粉剂 800 倍液），不宜使用乳油类（氯氰菊酯、阿维菌素等）制剂，更不宜使用波尔多液、石硫合剂等农药，以免刺激幼果果面产生黑点和药锈，严重降低果实的商品价值。喷药的器械要选择好，最好选用雾化好的喷头，喷成细雾状均匀散布在果实表面，且压力不要过大，喷药时间不要太长，避免雨淋状喷雾，否则也易造成果面锈斑或发生药害。喷药后待药液干燥即可进行套袋，严禁药液未干套袋。喷药时若遇雨天或喷药后 5 天内没有完成套袋的，应补喷 1 次药剂再套袋。在套袋前 1～2 天进行"潮袋"，以避免干燥纸袋擦伤幼果果面和损伤果梗。用塑料盆或其他器皿盛水，将袋口向下浸入水中，水的深度不超过 4cm，浸水 12～24 小时。挤出多余的水，用塑料包严置于阴凉处，随用随取。套果时一次不要拿太多果袋，以免纸袋口风干而影响套袋操作。

4. 套袋的时间

套袋时间因品种而异，套一次大袋的，一般在花后 20～45 天完成。过早套袋易折伤果柄，影响果实的发育，但有研究认为套袋越早梨果实石细胞降低越多；过晚套袋则果皮转色较晚，果点大而突出。对一些绿皮梨品种如翠冠、黄金、新世纪等，为减轻锈斑的发生，可套两次袋，第一次在花后 10～15 天套单层蜡质小袋，其后再过 30～40 天套双层防水、防菌大袋。同一园区梨园套袋，应先套绿皮梨品种，再套褐皮梨品种。

5. 套袋方法

套袋时，先将幼果上的花瓣、花萼等残留物除去，把手伸进袋中使袋体膨起，一手抓住果柄，一手托袋底，把幼果置于袋的中央，将袋口从两边向中部果柄处挤摺，再将铁丝卡反转90°，弯绕扎紧在果柄或果枝上。套完后，用手往上托袋底，使全袋膨起来，两底角的出水孔张开，幼果悬空在袋中（图5-9）。套袋顺序应先树上后树下、先内膛后外围。

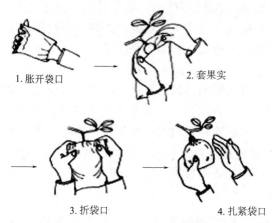

1. 胀开袋口　　2. 套果实

3. 折袋口　　4. 扎紧袋口

图5-9　套袋方法（引自张绍铃等，2010）

6. 套袋注意事项

确保幼果处于袋体中上部，不与袋壁接触，防止蝽象刺果、磨伤、日烧以及药水、病菌、虫体分泌物通过袋壁污染果面。套袋过程中应十分小心，不要碰触幼果，造成人为"虎皮果"，绑扎袋口不要用力过大，以不损伤果柄为度，防止捆扎丝扎得太紧影响果实生长或过松导致风刮果袋脱落。袋口要扎严扎紧，不要扎成喇叭口形状，以防积存雨水、药液，造成果面污染，影响外观品质。注意不要把叶片套进袋内。

7. 套袋的配套技术

套袋栽培不同于一般栽培模式，套袋后果个较小、果实原有的风味下降，可溶性固形物含量降低，需要加强综合管理来减少套袋的不利影响。套袋园应加强土肥水管理，深翻熟化扩大活土层，增强根系功能，加大施肥量，养成健壮偏强树势，注意弱树不要套袋。整形修剪方面应适当降低枝叶量、疏除过密枝，枝量分布合理，光照均匀。特别注意疏花疏果，合理负载，防止树势偏弱，提高套袋果商品果率。套袋后的病虫防治关键要做到"防病治虫"。"防病"即要求定期进行喷药保护，达到预防病害目的；若待病害发生再进行防治，其效果往往不够理想，很容易造成大面积落叶现象。"治虫"即根据虫害发生情况，在虫害发生初期立即进行喷药防治，特别要注意对黄粉蚜、康氏粉蚧、梨网蝽等虫害的防治。可选用高效氯氰菊酯、毒死蜱、吡虫啉、阿维菌素等杀虫药剂。套袋果应适当推迟10～15天以上延后采收。

8. 摘袋

（1）摘袋时间　对果实成熟期不需着色的绿色、褐色梨品种，采果前一般不进行摘袋，等到分级时再脱除果袋，因套袋梨果果皮比较细嫩，带袋采收可防止果实失水、碰伤果皮或污染果面。对于在果实成熟期需要着色的红色梨品种，如红香酥、满天红、美人酥、红巴梨等，应在采收前14～25天摘袋，以使果实着色。摘袋应选择晴天，一般上午8:30～11:00，摘除树体西南方向的果袋；下午3:00～5:00，摘除树体另外方向的果袋。

（2）摘袋方法　对于单层果袋，首先打开袋底通风或将纸袋撕毁成长条，4～7天后除袋；摘除双层袋时，先在采前10～20天将外层袋连同捆扎丝一并摘除，靠果实的支撑保留内层袋，使袋内果实迅速适应强光等外界环境，防止日灼，取掉外层袋5天后再去内层袋。土壤干旱的果园注意摘袋前先浇1次水，以防果实失水。由于果实着色是由直射光引起的，在直射光线的照射下，先形成着色果点，然后以着色果点为中心呈放射状向四周扩散，最后所有颜色连成一片，只是果实的着色不均一，在有阳光照射的地方着色要深，因此，在果实取袋后，一定要将果柄周围遮拦阳光的叶片摘去，以增加果实的着色效果。

七、果实采收

梨果实的采收期，对产量、品质、贮运性和树体贮藏营养等都有较大的影响。采收过早，果实尚未成熟，产量低，品质没有达到品种应有特性，风味淡，品质差；采收过晚，果实成熟度高，果肉松软发绵，不适于长途运输和贮藏，树体养分消耗大，不仅影响当年果实的销售，还影响第二年产量。因此，正确确定果实采收成熟度，做到分期、分批采收，才能获得高档优质的果实。

1. 采收期的确定

梨果实成熟程度一般可分为三种，即可采成熟度、食用成熟度和生理成熟度，要根据不同市场需要和产品用途来决定梨果在哪个成熟度进行采收。对于1株树来说，要分3～4次采摘，一般主枝先端的果实先成熟，中部的果实成熟期较为集中，基部的成熟最晚。

（1）果皮色泽　果实成熟过程中果皮色泽有明显的变化，未套袋果可以果皮色泽作为判断成熟度的指标，绿皮品种以果皮底色减退，褐皮品种由褐变黄为依据。在日本，许多梨园都采用成熟度比色板进行果实比色，以确定具体的采收期。但是，套袋的果实因果袋种类不同果皮色存在差异，应结合其他方法进行。

（2）**果实可溶性固形物和果实硬度**　可溶性固形物用手持测糖仪测定，果肉硬度用硬度计，可参照该品种原有的采收时硬度。比如鸭梨果实的硬度应在$6.6\sim7.5kg/cm^2$，可溶性固形物达到11%。

（3）**果实发育的天数**　梨品种都有其固有的果实发育期，在同一栽培环境条件下，从开花到果实发育成熟所需的天数相对稳定（因地区稍有不同），应根据该品种的果实发育期并结合本地区特点确定其采收期。如中梨一号约100天、鄂梨二号106天、翠冠105～115天、黄冠120天、丰水125天、鸭梨150天、水晶梨165天左右。

（4）**种子发育程度**　种子的发育程度是果实成熟度的一个重要参考指标，梨种子尖端变褐时可作为采收的参考，可结合果实发育天数、可溶性固形物和硬度等指标进行综合判断。

2.采摘技术

目前梨果采收的主要方法是人工采摘，使用的工具有采果篮、采果袋、果筐或纸箱等。采果篮底及四周用泡沫软垫、软布及麻袋片铺好，防止扎、碰坏果面。树体高大时要用采果梯，不要攀枝拉果，以免拉伤果台，伤害树体。

采果要选择晴朗的天气，在晨露干后至上午12点前和下午3点以后进行，可以最大限度地减少果实田间热。下雨、有雾或露水未干的时候采摘的果实，由于果面附着有水滴，容易引起腐烂，因此不宜采摘。必须在雨天采果时，需将果实放在通风良好的场所，尽快晾干。要坚持分批、达标采收，避免一次性采收。采摘应自下而上，由外至内顺序进行。采收前要求采果人员剪平指甲或戴手套。摘果时手托住果实底部向上一抬，果柄即与果枝分离。套袋的果实连同果袋一起采收，在采后商品化处理时再解除果袋。

第六节　病虫害防治

一、梨树常见病虫害种类

梨树主要病害有：黑星病、轮纹病、黑斑病、炭疽病、褐斑病、干枯病、腐烂病、白粉病、褐腐病等。

梨树主要虫害有：梨茎蜂、梨大食心虫、梨小食心虫、红蜘蛛、蚜虫、金缘吉丁虫、梨圆蚧、球坚蚧、梨木虱、叶肿瘿螨、缩叶瘿螨、梨星毛虫、尺蠖和毒蛾、盲蝽、梨实蜂、金龟子、梨冠网蝽、斜纹夜蛾等。

二、全年梨树病虫害防治的主要方法

1. 早春萌芽前

利用早春时节刮除主干、主枝基部粗皮，收集烧毁或深埋掉病残体。为防治干腐病、黑星病、轮纹病、梨木虱、叶螨、梨圆蚧等，可喷 5 波美度的石硫合剂，进行清园。

2. 开花前

喷 50%多菌灵可湿性粉剂 800 倍液+50%毒死蜱乳油 1000 倍液+4.5%高效氯氟氰菊酯乳油 2000 倍液，可防治梨木虱、黑星病等。也可以人工剪掉黑星病病梢，摘除梨大食心虫为害的花序。花前喷 3～5 波美度石硫合剂或 45%晶体石硫合剂 30 倍，可以有效防治梨褐腐病（彩图 5-5）的发生。

3. 落花后

喷 70%代森锰锌可湿性粉剂 800 倍液+50%毒死蜱乳油 1000 倍液+10%顺式氯氰菊酯乳油 1000 倍液，可兼治黑星病和梨木虱的为害。

4. 幼果期

可以喷布 70%甲基硫菌灵可湿性粉剂 800 倍液+50%毒死蜱乳油 1000 倍液+20%甲氰菊酯乳油 1000 倍液，或用 70%代森锰锌可湿性粉剂+40%溴氰菊酯乳油 1500 倍液，防治此期常见的黑星病、梨木虱、叶螨、蚜虫等。果实套袋也可以防治多种病虫为害。如套袋栽培可明显降低茶翅蝽（彩图 5-6）对梨树的为害。

5. 果实膨大期

果实膨大期的病虫害仍很常见，有叶螨、梨小食心虫、梨木虱、蚜虫、蝽象等害虫，病害主要以黑星病为主。可以喷洒 75%百菌清可湿性粉剂 600 倍液，加10%吡虫啉可湿性粉剂 2500 倍液，或 1.8%阿维菌素乳油 3000 倍液，效果稳定。

6. 果实成熟前

果实成熟前用药要考虑农药的安全间隔期，在农药安全间隔期前定期喷洒常规药剂，防治常见的黑星病、轮纹病、梨小食心虫等。在梨果园中向阳背风且隐蔽性较强的地点，人工捕杀茶翅蝽成虫。

7. 休眠期

梨进入休眠期可采取许多农业防治措施，以确保第二年的丰产和稳产。这段时间可以在园内清除落叶、杂草、落果等，集中深埋或烧毁，消灭越冬病菌和害虫的越冬虫态。

第六章

软枣猕猴桃栽培技术

第一节　品种介绍

1. 魁绿

中国农业科学院特产研究所于 1980 年选自吉林省集安县复兴林场的野生软枣猕猴桃优株，经扩繁成无性系，1993 年通过吉林省品种审定（彩图 6-1）。果实扁卵圆形，平均果重 18.1g，果皮绿色光滑，果肉绿色，多汁，细腻，酸甜适口，可溶性固形物 15％，总糖 9％，有机酸 1.5％，维生素 C 430mg/100g，每果含种子 180 粒左右。树势生长旺盛，坐果率高，可达 95％以上，果实多着生于结果枝 5～10 节叶腋间，多为短枝和中枝结果，每个枝可坐果 5～8 个。在吉林左家地区，伤流期 4 月上中旬，萌芽期 4 月中下旬，开花期 6 月中旬，果实成熟期 9 月初。在无霜期 120 天以上，大于 10℃有效积温 2500℃以上的地区均可栽培。抗逆性强，在绝对低温－38℃的地区栽培多年无冻害和严重病虫害。

2. 丰绿

1993 年通过吉林省农作物品种审定委员会审定，果实卵球形，单果平均重 8.5g，最大果 15g，果形指数 0.95，果实可溶性固形物 16.0％，总糖 6.3％，总酸 1.1％，维生素 C 254.6mg/100g 鲜重。在无霜期 125 天以上，≥10℃有效积温达 2500℃以上的地区均可栽培。

3. 桓优一号

辽宁省桓仁满族自治县林业局山区综合开发办公室选育（彩图 6-2）。果实卵圆形，平均果重 22g，皮青绿色，中厚。果肉绿色，肉质软，果汁中，香味浓，可溶性固形物 12％，有机酸 0.2％，维生素 C 379mg/100g，果实成熟后不易落粒，可长时间留存于树上。植株生长健壮，树冠紧凑，以短果枝和短缩果枝结果为主，抗寒力极强。在辽宁桓仁，4月下旬萌芽，6月上中旬开花，9月中下旬果实成熟。

4. LD133

平均单果重18g，最大果重30g以上。果实卵圆形，果皮绿色、光滑无毛，果肉绿色、多汁、细腻，酸甜适度，口感好。雌雄异株。树势生长旺盛，庭院栽培10年生树单株产量50kg左右。抗逆性强，在绝对低温−38℃的地区栽培多年无冻害和严重病虫害。在丹东地区，成熟期在9月中下旬，属中晚熟品种。

5. 龙成2号

果实长椭圆形，皮绿色偏红褐色，平均单果重22.8g，最大单果重36.8g，纵径5.15cm，横径2.9cm，果肉绿色，可溶性固形物20.5%，维生素C 406mg/100g。丹东地区4月中下旬萌芽，6月初开花，9月末10月初成熟（彩图6-3）。

6. 佳绿

2014年通过吉林省农作物品种审定委员会审定，果实圆柱形，单果平均重19.1g，最大果重39.2g。果实可溶性固形物12.50%，总糖11.4%，总酸0.76%，维生素C含量124.99mg/100g鲜重。在无霜期125天以上，≥10℃有效积温达2500℃以上的地区均可栽培。

7. 苹绿

2015年通过吉林省农作物品种审定委员会审定，果实圆形，平均单果重18.3g，最大单果重24.4g。果实可溶性固形物18.54%，糖含量12.18%，酸含量0.76%，维生素C含量为76.48mg/100g鲜重。在无霜期125天以上，≥10℃有效积温达2500℃以上的地区均可栽培。

8. 绿王

2015年通过吉林省农作物品种审定委员会审定，平均每朵花的花药数44.6个，每花药的平均花粉量16750粒，花粉萌发率95.8%。花期长约9天，与魁绿、丰绿、佳绿等雌性品种花期相遇、亲和性好。在无霜期125天以上，≥10℃有效积温达2500℃以上的地区均可栽培。

9. 红宝石星

2008年通过河南省林木果树新品种审定委员会审定，果实长椭圆形，平均单果重18.5g，最大单果重34.2g。果实可溶性固形物14.12%，糖含量12.1%，酸含量1.12%。适宜在河南、陕西、四川、湖北、湖南等无霜期180天以上，≥10℃积温3700℃以上的地方种植。

10 宝贝星

2011年2月通过四川省农作物品种审定委员会审定，果实椭圆形，平均单果重

6.91g。果实可溶性固形物 23.2%，酸含量 1.28%，全年生长期为 250 天左右。

第二节 园址选择与定植

一、园址选择

软枣猕猴桃建园以壤土、砂土地为好，pH 中性或微酸均可，要求土壤有机质含量高、透气性好，避免在黏重土壤及盐碱地种植，如水稻田、排水不良地块等。避免在低洼、风口、易涝地块建园。其植株冬季抗寒，萌芽较早，容易遭受倒春寒危害，生长季不耐高温干旱，长时间持续高温易产生高温伤害，造成落叶，果实要避免阳光直射，否则易产生日灼。植株生长需要充足的水分，根系分布较浅，呼吸强度大，不耐涝，人工栽培需有灌溉条件。幼树期适当进行遮阴，植株生长良好，成树需要有充足的光照。气候适宜地区平地、丘陵、山地均可栽培。

二、定植

1. 时期

软枣猕猴桃栽植有春栽和秋栽。春栽多在土壤解冻后至萌芽前进行，秋栽在落叶期到土壤上冻前进行。在秋季雨水多、空气和土壤的湿度大、地温高的地区，采用秋栽比春栽效果好，秋栽当年伤口可愈合，根系可得到充分的恢复，翌年春天能及时生长，成活率高，地上部分生长得好。但在冬季严寒、干旱、多风的北方地区，秋栽后要埋土越冬，加大了工作量。此外，秋栽时各种农作物收获比较繁忙，劳动力也比较紧张。因此，北方寒冷地区习惯于春栽。春栽时宜早不宜晚，在芽没有萌动前栽植成活率较高。

2. 定点与挖坑

软枣猕猴桃株行距一般为(1.5～2)m×(3～5)m，先在地面上用石灰标定好栽植位置，以定植点为中心，挖圆形或方形的定植坑，定植坑的长、宽、深均应在0.5～0.6m范围内。挖出的表土和底土要有规律地分开放置，并将坑或沟底翻松。在土壤条件差的地方，定植坑或沟也可提前挖出，秋栽夏挖，春栽秋挖，以使底层的土壤充分熟化，有利于苗木根系的生长。

3. 回填和施肥

回填时先在坑或沟底隔层填入有机物和表土，厚度各 10cm，有机物可利用秸秆、杂草或落叶。将其余表土和有机肥及过磷酸钙或磷酸二铵混合后填入坑的中部，近地面时也填入表土，挖出来的表土不够时可从行间取表土回填，保证定植沟中的土全部为表土，将挖出来的底土撒向行间摊平或做畦埂。回填时要逐层踩实后灌水沉实，准备栽植。对于地下水位较高或排水不良的地块，可在沟底回填炉渣作为渗水层，然后再回填。

4. 苗木准备

根据苗木标准进行选苗、分级和检疫。栽植前进行适当修剪，剪去枯桩，保留15cm；对根系进行修剪，剪平伤口，剪去过长的根系，保留 15～20cm 即可。将选好的苗木捆成捆放入清水中浸泡，使根系吸足水分，将浸过水或浸过生根粉液的苗木根部蘸上泥浆后即可栽植。苗木在运输和定植前，应避免日晒和风干，注意保湿。苗木准备好后要立即栽植，若不能很快栽完，可用湿麻袋或草帘遮盖，防止失水。

5. 授粉树配置

软枣猕猴桃为雌雄异株植物，建园时需要配置雄株进行授粉才能正常结果。授粉树的配置雌雄比例一般为(6～8)：1(图 6-1)。并且要求雄株的花期和主栽品种的花期相一致，花粉量要大，花粉活性高，和主栽品种亲和性好。

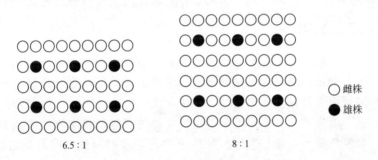

6.5：1   8：1

〇 雌株
● 雄株

图 6-1　授粉树配置

6. 栽植

栽植行向，平地以南北走向为宜，有利通风；山坡地栽植应按等高线栽植为宜。栽植时按品种、授粉树分布及栽植株行距发放苗木。栽植时将底部堆成馒头形，踩实，一般距地面 20cm 左右，然后将苗木放于坑内正中央，舒展根系，不要圈根，扶正苗木，使其横竖成行，随后用表土覆盖，以保证根系舒展并与土壤密接，然后踏实。栽植后沿行向在苗木两边修宽 1m 的树盘，随后灌大水，待水渗入后在树盘内覆上一层松土，然后盖地膜保墒，栽植深度以苗根颈部与栽植地面平齐为宜。栽植不宜过深或过浅，过深不易缓苗，过浅不易成活。在地下水位高的地块应适当浅栽或者起垄栽培。

第三节　土肥水管理

一、萌芽期

春季为保证芽眼的正常萌发和新梢的迅速生长，在芽眼萌动前追施速效性化肥。施肥量视化肥种类而定，盛果期的树一般每亩施入尿素 20～25kg 或碳铵 35～40kg，配合少量的磷、钾肥，使用量占全年的 10%～15%，采用沟施或穴施均可，深度为 10～15cm，施肥后覆土盖严，幼树可少施；结合施萌芽肥，进行一次全园中耕。施肥后浇一遍萌芽水，萌芽水一定要浇透，以促使化肥充分溶解发挥作用。有条件的地方可对畦面进行覆盖，覆盖材料有地膜、秸秆、稻草等，覆盖后能有效减少地面蒸发，抑制杂草生长，稳定土壤温、湿度等，同时有机覆盖物经分解腐烂后成为有机肥料，可改良土壤。生草栽培土壤不用进行耕作。软枣猕猴桃园及周围作物使用除草剂时，注意除草剂种类的选择，避免造成除草剂伤害。

二、新梢迅速生长期

从萌芽到开花期间，一般不进行全园翻耕，结合追肥局部挖施肥沟、施肥穴对土壤进行翻土。根据当地气候条件、灌水、杂草生长情况结合除草进行中耕。在杂草出苗期和结籽前进行除草效果更好。中耕深度一般为 5～10cm，里深外浅，尽量避免伤害根系。规模较大的果园可采用小型旋耕机或割草机进行中耕除草。新梢迅速生长时，为缓和营养生长与生殖生长的矛盾，可根据树势情况开沟追施 1～2 次复合肥和氮肥。但对树势旺的植株，不再追氮肥。幼叶展开后可每隔 7～10 天叶面喷肥 1 次，在花前 2～3 周喷锌肥或硼肥，常用 0.2% 磷酸二氢钾＋0.2% 硼酸或 0.2%～0.3% 尿素＋0.2% 硼酸，以利正常开花受精和幼果发育。在萌芽前灌水基础上，北方地区若天气干旱，土壤含水量少于田间最大持水量的 60% 时就需要灌水。一般结合追肥进行灌水，以利于加速新梢生长和花器发育，增大叶面积，增强光合作用。

三、开花坐果期

开花坐果期一般不对土壤进行大范围的翻耕，并禁止灌水。花期叶面喷 0.3% 的硼砂和磷酸二氢钾，以促进花粉管伸长、提高坐果率。缺锌严重的果园，在花前 2～3 周，应每隔 1 周叶面喷施锌肥，以利正常开花受精和幼果发育。

四、果实发育期

果实发育期间应根据土壤及杂草生长情况及时进行中耕，保持土壤通气良好、增加土壤有机质。通常灌溉后和大雨后要中耕，深度 3～4cm，里浅外深。也可以在行间种苜蓿、草木樨、三叶草等，在适当的时间进行刈割，割下的草对果园进行覆盖。从坐果到果实成熟一般需追肥 2～3 次，分别于花后和果实膨大期进行。花后肥于落花后 1 周进行，果实膨大肥在果实迅速膨大期进行，注意氮、磷、钾肥的配合，有条件的可配施腐熟的饼肥。另外结合喷药进行叶面喷肥。坐果后，每 10 天喷一次 0.2％～0.3％的磷酸二氢钾，连续喷施 3～4 次，对提高果实品质有明显作用。还可喷钙、锰、锌等叶面微肥。叶面喷肥的种类和次数可根据植株需肥情况而定。

五、果实成熟期

果实生长后期要控制氮肥，增施磷、钾肥。可在开始着色期每亩施磷肥 50kg、钾肥 30kg，浅沟或穴施均可，施肥后覆土灌水。果实成熟期连续喷 2～3 次氨基酸钙以提高耐贮运性。果实接近成熟时，为提高果实品质，一般不再进行灌水，但在降雨很少、土壤含水量很低时，也应适量灌水。

六、果实采收后

采果后，可结合防治病虫害喷施叶面肥恢复树势，增强叶片的光合能力，每 10 天左右喷洒 1 次 0.2％的尿素＋0.2％的磷酸二氢钾等叶面肥，连喷 2～3 次。结合秋施基肥进行深翻改土。基肥在 9 月上中旬及早施入，通常用腐熟的有机肥，如厩肥、堆肥等作为基肥，每亩用有机肥 2000kg 以上，混入尿素 15kg，过磷酸钙 20kg，硫酸钾 20kg，也可用等量复合肥，充分混合后，开沟或挖穴施入。施肥沟与行向平行。结合施基肥，灌水一次，以促进肥料分解，提高树体养分积累。秋旱或冬旱应及时灌溉，以保持适宜的土壤湿度。雨水多时要及时排水。

第四节　架式及整形修剪

一、常用架式

1. 水平棚架

水平棚架是把一个连片的栽植区整体搭成一个水平的棚架。一般架高 200～220cm，每隔 4～5m 设一立柱，呈长方形或正方形排列，四周边柱用锚石和紧线器拉紧固定，周边的骨干线和立柱上的骨干线用较粗的钢绞线或钢管，骨干线之间的载蔓线用 12 号钢线或镀锌线，在骨干线上每隔 50cm 拉一道载蔓线，形成一个水平的棚面。枝蔓水平均匀分布在架面上。

采用棚架时，植株栽植株行距一般较大，成形后叶幕为水平叶幕。植株生长缓和，通风良好，光照分布均匀；枝、芽、叶、果生长发育平衡，果大小整齐，着色好、日灼轻，果品质量高，产量稳定，病虫害轻；土、肥、水管理相对集中；架下空间大，便于小型机械作业。但棚架一般前期产量较低，夏季修剪不及时会造成架面郁蔽和病害加重。水平棚架适合平地建园和生长势较强的品种。常用的树形有水平龙干形、一干两蔓羽状形等。

2. 倾斜大棚架

架长8～10m以上，架根（距离栽植行最近的第一排立柱）高1.0m，前柱（距离栽植行最远的一排立柱）高2～2.5m，架根和前柱中间每隔4m左右设立一根中柱，中柱高度从架根向前柱逐渐升高，在架根和前柱上设横杆，在横杆上沿行向每隔50cm拉一道铁丝，形成倾斜式架面。搭建时先将边柱和边横梁固定好，然后整好所有的支柱和横梁，最后固定铁丝。

植株距离架根0.5～1m单行栽植，枝蔓倾斜均匀分布在架面上。叶幕与地面稍有倾斜，近树侧较低，远树侧较高。倾斜大棚架单位面积植株栽植少，覆盖面积大；便于土、肥、水集中管理，通风透光；架面离地较高，能有效控制病虫害。但倾斜大棚架栽植密度小，树冠成形慢，早期丰产性差；棚面过大，单株负载量大，对肥水和整形修剪要求较高，管理不当容易出现枝蔓前后长势不均衡，结果部位前移，后部光秃，主蔓恢复和更新较难的现象；棚架较矮或低矮的倾斜部分，机械化作业比较困难。倾斜大棚架适合地形复杂的山坡地，适合生长势比较强的品种；常用的树形有龙干形等。

3. 倾斜小棚架

架形结构与大棚架大同小异。架长4～6m，架高比倾斜大棚架有所降低。小棚架弥补了大棚架的缺点，它可以增加单位面积的栽植株数，有利于早期丰产；主蔓较短，前后生长均衡，容易调节树势，产量稳定，通过及时整形可以丰产、稳产、更新容易。适合丘陵坡地及地形不整齐的地块使用，适宜生长势中等的品种采用，常用的树形有龙干形等。

4. "T"形架

"T"形架是在单篱架的顶端设一根横梁，横梁垂直行向，使架面呈"T"形，故称"T"形架。优点是架面增大，枝叶分散，通风透光，树势缓和，较单篱架增产；果枝可悬垂，病虫害轻，品质优；省工，便于管理，有利于机械化作业等。缺点是行间空间变小，制作安装较单篱架费工费料。这种架式比较适合山坡梯田地。

二、整形修剪

1. 软枣猕猴桃的树体构成

软枣猕猴桃与其他植物一样，是由具有一定功能的各种器官构成的。成龄的软枣猕猴桃植株包括地上、地下部分。地下部分是根系，地上部分包括主干、主蔓、侧蔓、结果母枝、结果枝、营养枝、叶片、芽、果实等，其中主要器官的构成见图6-2。

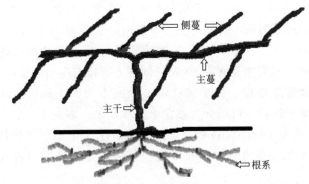

图 6-2　软枣猕猴桃树体结构

2.生物学特性

（1）**萌芽率**　一年生枝上芽萌发数量占该枝总芽的百分数称作萌芽率。软枣猕猴桃萌芽率较一般果树高。

（2）**成枝力**　一年生枝上萌发长成长枝枝条的能力称作成枝力。成枝力按具体出枝数量计算。成枝力一般以 3~4 个为中等，多于 4 个为成枝力强，少于 3 个为成枝力弱。

（3）**芽的异质性**　软枣猕猴桃枝条不同位置上的芽，由于形成时间早晚和营养状况不同，其芽的质量和饱满程度也不同，这种芽的质量上的差异称芽的异质性。软枣猕猴桃芽的异质性不明显，除基部有 2~3 个弱芽外，其余芽均较饱满。

（4）**顶端优势**　顶端优势又叫垂直优势或极性现象，指枝条顶部萌发的枝生长旺盛，长势最强，向下依次减弱的现象。软枣猕猴桃顶端优势不明显，生产中植株控制不好往往表现为下强上弱，根蘖发生多且生长旺盛，后部枝条长势较前部枝条旺盛。

（5）**成花结果习性**　软枣猕猴桃的大部分品种成花结果能力较强，较易成花，当年生枝能形成花芽，长中短枝均容易成花，长势较好的情况下，结果枝可连续成花结果。

（6）**潜伏芽**　软枣猕猴桃潜伏芽数量多，寿命长，利于更新。经修剪刺激后，容易萌发抽枝，尤其是老树或树势衰弱以后，经大的回缩非常容易发新枝，这是与其他果树区别较大之处。

3.常用树形及整形过程

（1）**一干两蔓羽状树形及整形过程**　干高 1.8~2.0m，主蔓长 1m，与行向一致。主蔓上着生侧蔓，同侧相邻侧蔓之间距离 50cm，侧蔓上直接着生结果母枝，结果母枝之间间距 25cm。

第一年，定植后留 3～5 个芽进行剪截，萌芽后从萌发出的新梢中，选留一个生长健壮的新梢向上引缚直线延伸，培养为主干，其余抹除。冬季修剪时留 1.2～1.5m。第二年，萌芽后，50cm 以下的芽抹掉，顶端选留 2 个新梢，沿行向两侧分开成为主蔓，其余芽及时摘心控制。冬季修剪时，主蔓留 1.2～1.5m。其余枝条培育为结果母枝。第三年，主蔓不够长的继续培养主蔓，同时在主蔓上两侧培养侧蔓，呈鱼刺状排列，同侧侧蔓间距 50cm。侧蔓上直接着生结果枝组或者结果母枝。

（2）龙干形及整形过程　每个植株留 1 个或多个大小和长短基本相同的主蔓（称龙干）。根据龙干的多少可以分为独龙干、双龙干、多龙干，各龙干之间的距离约为 50～75cm。在龙干上不配备侧蔓，而直接着生大中小型结果枝组，枝组间距 20～25cm。枝组中的结果母枝进行长中短梢修剪，龙干先端的延长枝行中长梢或长梢修剪。

独龙干、双龙干、多龙干均以龙干为基本单元，其结构相同，现以独龙干为例介绍其整形过程。第一年，定植后留 3～5 个芽进行剪截，萌芽后从萌发出的新梢中，选留一个生长健壮的新梢向上引缚直线延伸，培养为主蔓，其余抹除。冬季修剪留 150cm。第二年春季，发芽后选留顶端一个健壮枝作为主蔓的延长枝，龙干基部 50cm 以下的芽一律抹去，50cm 以上左右交替每隔 25～30cm 留 1 壮梢作结果母枝。冬剪时主蔓上每隔 20～30cm 留一个结果母枝。主蔓延长枝剪留 120cm，结果母枝留 15～20cm 短截。第三年，在主蔓延长蔓上继续选留结果母枝，方法同第二年。春季在上一年培养的结果母枝上，各选留 2～3 个好的结果枝或营养枝培养枝组。冬季修剪时可参考上年修剪方法继续培养主蔓和结果枝组。一般 3～5 年可完成整形工作。

4.修剪技术

（1）生长期修剪　生长期修剪是从植株萌芽开始直到落叶前的修剪。软枣猕猴桃生长季修剪手法主要有抹芽、定枝、摘心、剪梢、疏枝、引缚等。

① 抹芽与定枝　抹芽是在芽已经萌动且尚未展叶时，选择萌芽的去留。定枝是当新梢长到 15～20cm 时，选择新梢的去留。抹芽与定枝的目的是调整新梢生长方向和调节植株体内营养分配，以达到集中树体营养，减少营养消耗的目的，使树体发芽整齐、生长健壮、花序发育完全、新梢生长一致、枝条分布合理、架面通风透光。

抹芽与定枝要根据架面空间大小进行。稀处多留、密处少留、弱芽不留，还要根据树势强弱进行，树势强的抹芽宜晚，抹芽数量要少，以分散养分，削弱树势；树势弱的抹芽宜早，抹芽数量宜多，以集中养分。同时还要根据修剪方式进行，短梢和极短梢修剪的树，抹芽宜少，长梢修剪的树可多抹芽和多疏枝。也要考虑物候期进展、芽的质量、芽的位置等。抹芽一般分两次进行，第一次抹芽在萌芽初期进行，第二次抹芽在第一次抹芽后 10 天左右进行。抹芽主要抹除主干、主蔓基部的潜伏芽和着生方向、部位不当的芽，以及三生芽、双生芽中的副芽、弱芽、过密芽等，如棚架整形距地面 50cm 以下的芽，每个节位上只保留 1 个健壮主芽。第二次抹芽，主要抹除萌芽较晚的弱芽、无生长空间的夹枝芽、靠近母枝基部的瘦弱芽、部位不当的不定芽等。根据生长势等决定抹芽程度。定枝一般在展叶后 20 天左右，新梢 15～20cm 时进行。定枝时，疏除徒长枝、过密枝、过强枝、过弱枝、病虫枝等。对架面不同部位，枝条密处要多疏，稀处少疏，下部架面多疏，上部架面少疏。各地结合实际情况可灵活运用。强结果母枝上可多留新梢，弱结果母枝则少留，有空间处多留。

② 摘心　又称打头、打顶、掐尖、打尖等，是把生长的新梢嫩尖连同数片幼叶一起摘除的一项作业。摘心的目的是暂时终止枝条的延长生长，减少新梢幼叶对养分水分的消耗；促进留下的叶片迅速增大并加强同化作用。

营养枝摘心根据生长期的不同其作用不同，摘心时还要考虑品种特点、架面空间大小、新梢密度等因素。生长前期营养枝摘心一般用于培育结果枝组，常利用背上枝或长势旺盛的营养枝，在新梢迅速生长期进行，摘心强度以留 10～15cm 为宜。生长后期摘心主要是控制植株生长，促进枝条成熟，提高植株营养积累，增强植株越冬性，一般在 9 月上中旬可对还在继续生长的新梢进行摘心。

结果枝摘心是把用于营养生长的养分分配给开花结果，以促进花序良好发育并提高坐果率，促进花芽分化，降低成花节位，增加枝蔓粗度，加速木质化。一般在开花期前后对生长旺盛的结果枝进行摘心，对于提高坐果率的效果非常明显，摘心的程度，以去掉新梢头部为宜。

延长枝摘心用于继续扩大树冠的延长枝，可根据当年预计的冬剪剪留长度和生长期的长短适时进行，生长期较短的北方地区应在 8 月上旬以前摘心，生长期较长的南方地区可以在 9 月上中旬摘心。摘心的适宜时期是使新梢在进入休眠之前能够充分成熟。

③ 疏枝　即适当疏除架面上过密的枝条和直立强旺枝。疏除得越早，消耗的养分就越少，伤口就越小；反之消耗养分较多，伤口也较大。软枣猕猴桃在生长季可进行 2～3 次疏枝工作，第一次在落花坐果后进行，可以根据坐果情况疏除过密的、多余的枝条，之后可以根据架面枝条疏密程度进行 1～2 次，始终保证架面枝条疏密得当，防止架面郁闭，否则容易造成下部叶片变黄脱落。

④ 绑缚　绑缚枝蔓是实现修剪意图的重要途径。冬季修剪后要将主、侧蔓按树形要求进行绑缚，注意将各主蔓尽量按原来生长方向拉直，相互不要交错纠缠，并在关键部位绑缚于架上。龙干形的各龙干间距 50～60cm，尽量使其平行向前延伸；对采用中、长梢修剪的结果母蔓可适当绑缚，绑缚后分布要均匀。生长季当枝条长到一定长度后要及时对枝蔓进行绑缚，生长季绑蔓的对象主要是结果母枝和结果枝。枝蔓绑缚时要注意给枝条留有增粗的余地，又要在架上牢固附着，以免移动

位置。通常采用"8"字形或"猪蹄扣"引缚，使枝条不直接紧靠铅丝，又防止新梢与铁丝接触。绑缚材料要求柔软，经风、雨侵蚀在1年内不断为好。目前，多用塑料绳、马蔺、稻草、麻绳或地膜等材料绑缚。

⑤ 雄株花后修剪　雄株花后要及时进行修剪，防止过旺、过密，主要采用疏枝方法，减少占用架面空间。

（2）休眠期修剪　休眠期修剪从落叶后上冻开始，到第二年春季伤流期之前均可进行。尚未完成整形任务的幼树，冬季修剪时以培养树体结构为重点，连续培养主、侧蔓和结果枝组。延长蔓可根据需要适当长留。盛果期树，冬季修剪的重点是调整和更新结果枝组，平衡枝势，控制结果部位，并通过转主换头、选留预备枝等方法保持主、侧蔓的生长势。衰老期树，冬季修剪时应及时在生长健壮的枝蔓处回缩更新，或者从基部萌蘖中选择合适的枝条预先培养，使其成长为新蔓，冬剪时再逐步去掉需更新的老蔓，以新蔓取而代之。

枝组内更新修剪分单枝更新和双枝更新。单枝更新即冬季修剪时不留预备枝，只留结果母枝。在结果母枝上同时考虑结果和更新。第二年冬剪时再从基部选择发育好的当年枝短截作为下一年的结果母枝，其余的枝全部去掉。双枝更新即进行一长一短修剪。上部枝作结果母枝，适当长留，一般采用中、长梢修剪；下部枝作预备枝，适当短留，一般采用短梢修剪，留2~3个芽。第2年冬剪时，去掉原来的结果母枝，预备枝留下2条枝蔓，继续进行一长一短修剪，循环往复。这样可以减缓结果部位外移，使植株保持健壮生长和较强的结果能力。采用此种方法培养更新枝比较可靠，能保证每年获得质量较好的结果母枝，适用于发枝力弱的品种。

随着结果枝组年龄的增长和每年的修剪，结果部位逐渐外移，剪口增多，枝组老化，结实力下降，甚至失去结果能力，这时应对枝组进行更新。具体做法是：逐渐有计划地回缩老结果枝组上的结果母枝或者将老枝组从基部疏除，刺激主、侧蔓上或枝组基部潜伏芽萌发，从潜伏芽发出的新梢中选择位置合适的进行培养枝组。

第五节　花果管理

一、花期授粉

定植时按照雌雄比例（6~8）：1均匀配制授粉树，雄株不足时，可采用花期挂花枝的方法进行补充，即在缺少雄株的地方挂上装满清水的水瓶，从雄株采集含苞待放的花枝插入水瓶中，每天给水瓶补充清水，每1~2天更换花枝1次。花期放蜂可显著提高坐果率，减少落花落果，提高果实整齐度和果实品质，每亩配1~2箱蜜蜂，在花朵开放前1~2天将蜂箱放入园中，调整好角度，平稳放置。也可以进行人工辅助授粉，取当日开放的雄花直接对着新开放的雌花进行涂抹，每朵雄花可授5～7朵雌花。软枣猕猴桃目前还没有专门的商品花粉出售，可以提前收集雄花粉，使用时用花粉稀释剂稀释花粉，用毛笔或者电动授粉机进行人工授粉。

二、疏花疏果

软枣猕猴桃果实比较小，疏花疏果工作比较简单，花前疏去过密、畸形、病虫危害的花蕾，坐果后疏除畸形果和过小的果，保证所留的果大小整齐一致、分布均匀、自然下垂。

第六节　病虫害防治技术及自然灾害预防

一、软枣猕猴桃常见病虫害种类

目前软枣猕猴桃上发现的主要病害有：茎基腐病、白粉病、花腐病、菌核病、黄化病、灰霉病、叶斑病、溃疡病等。

主要虫害有：锈壁虱、红蜘蛛、蓑蛾、大青叶蝉、金龟子、桑白蚧等。

二、全年软枣猕猴桃病虫害的综合防治方法

1. 萌芽前

早春及时清园，清除枯枝、落叶，铲除杂草，人工剥除老翘皮，清除虫卵，及时深埋或焚烧，减少越冬虫源、病源。全园喷施一次3～5波美度的石硫合剂，主要是为了清除越冬的病原菌，兼治红蜘蛛、蚜虫、卷叶蛾、潜叶蛾等的越冬虫态。

2. 花前花后期

此期根据具体发生的病虫害严重程度采取对应的防治措施，局部或者单株发生时可采用人工或物理的防治方法，大面积发生时优先选用生物防治方法，发生严重时可及时使用化学药剂来防治。花前选用铜制剂如波尔多液、琥胶肥酸铜、氢氧化铜等；花后可用梧宁霉素、春雷霉素等抗生素；还可用50％的氯溴异氰尿酸可湿性粉剂1000～1500倍液喷雾，可防治大多数真菌、细菌和病毒引起的病害。

3. 生长后期

生长后期常出现一些虫害，如红蜘蛛、蚜虫、介壳虫、叶蝉等，可用50％的溴氰菊酯乳油1500倍液，或1.8％阿维菌素乳油3000倍液喷雾，也可加入螺螨酯、甲氰菊酯防治螨类为害。同时要进行科学施肥，增强植株抗性，减少病虫侵染。

4. 越冬前

越冬前在越冬场所附近进行集中捕杀，或在树干上束草，诱集前来越冬的害虫，然后烧杀。这个时期也要关注溃疡病的发生，一经发现，可使用5波美度的石

硫合剂或腐植酸钠涂抹。注意除去园内或四周的病虫寄主植物，以减少转主为害。

三、自然灾害的预防

1. 冻害的预防

用抗寒强的砧木。栽培方式上，采用抗寒性砧木嫁接栽培，比采用自根苗栽培抗冻害。采用合理的冬季防寒管理措施，加强树体保护，例如树干包稻草、涂白等，可大大减轻冻害的发生。生长季增加树体的营养积累，能有效提高树体抗寒能力，减少冻害发生。也可采用设施大棚进行冻害预防。发生冻害后要及时进行修剪，合理回缩，剪除受冻的枝条等，并对伤口涂抹或喷施保护剂进行防护。冻害后要做好病虫害防治工作，防止病菌入侵，并及时多次补充营养，精细花果管理，合理负载，恢复树势。

2. 霜冻的预防

霜冻的准确预报是取得防治成功的前提。当前能够准确快捷预报到每个园下霜时间的科学方法是应用便携式农用自动报警仪预报。将报警仪安装在距地面 1m 高处，接通 220V 交流电源，或配置一个 12V 的直流蓄电池，将报警仪的温度传感器面向西北方向，报警的温度设置在 −1.5℃，当现场温度降至 −1.4℃时，报警仪会自动发出报警声或叫响主人的手机，提醒采取防霜措施。

新植软枣猕猴桃园，应选择能避开晚霜和冷空气沉积的园址。春季萌芽前至开花前连续灌水 2～3 次，或树盘覆草加灌水，以降低土温，推迟开花，尽可能躲过晚霜危害。在早春全树喷布 8%～10% 石灰水，可延迟开花 3～4 天。霜冻来临时，园内及时点燃事先摆放的加热器升温。用自动防霜扇搅动空气防霜，是目前发达国家防治霜冻的通用有效方法。用秸秆、柴草、锯末等能产生大量烟雾的物资点燃发烟，要求烟堆高 1m 左右，每亩设烟堆 6～10 个，在进风处可多放几堆，以便让烟雾笼罩全园，可提高园内气温 1～2℃，在霜冻不太严重的情况下，采用此法效果良好。春季扣冷棚的办法，可有效解决晚霜冻害的问题。

3. 防风措施

建园前应参阅当地历史气象资料，选择合适地点发展软枣猕猴桃。果园规划设计中，应考虑在园区四周营建防风林，以降低风速，减少风灾所造成的损失。防风林树种以乡土树种为宜，也可以在果园周围人工搭建防风网。

第七章

南果北移果树设施栽培技术

　　南果北移果树设施栽培，是指将我国南方热带、亚热带地区的果树移至北方，通过一定的设施进行栽培，使之能够正常地生长发育并形成一定经济产量的一种栽培方式。果树在园艺学分类中，根据果树的生态适应性，把这些主要栽培的果树分类为寒带果树、温带果树、亚热带果树和热带果树；按照冬季叶幕特性，分为落叶果树和常绿果树。为此，多少年来，受自然条件、果树特性等的限制，果树生产一直是按照落叶果树只能栽植在北方，热带果树只能栽植在南方来进行果树生产的，热带果树在北方栽培几乎是不可能实现的。随着近十几年来我国设施果树的快速发展以及广阔的市场需求，经科研人员创新性的摸索实践，南果北移果树设施栽培取得了突破性的进展。南果北移果树设施栽培的成功，打破了果树原有的栽培界限，使南方热带果树在北方栽培成为可能，这是我国果树生产发展的一次重大突破，为我国北方果树设施栽培提供了更多的优良树种，显著地提高了经济效益和社会效益。

　　南果北移果树设施栽培试验和研究在我国起步比较晚，1997年辽宁农业职业技术学院率先引进无花果进行塑料日光温室栽培并获得成功，该项目2001年通过辽宁省科技成果鉴定。2001年开始，又先后从广州等地引进杨桃、青枣、番木瓜、西番莲、无花果、火龙果、枇杷7种树种，通过省教育厅科研立项进行专题试验和研究，2007年1月通过辽宁省科技成果鉴定。近些年来，北京、山东等农业科研和技术推广部门也开展了南果北种的专项试验研究，都取得了阶段性的成果。这些科研成果已在辽宁大连、沈阳，北京郊区，山东寿光等地区得到推广和应用，取得了可喜的经济效益和社会效益。到目前为止，通过试验观察，已筛选出适宜在北方设施种植的南方果树树种有：台湾青枣、甜杨桃、番木瓜、枇杷、无花果、火龙果、番石榴、西番莲、香蕉、莲雾、菠萝、芒果、番荔枝、砂糖橘、蛋黄果、龙眼、杨梅和黄皮等。随着我国设施农业、旅游观光采摘农业的快速发展，通过试验研究与推广，南果北移果树设施栽培这一栽培新技术将会进一步完善和规范化，发展前景广阔。

南果北移果树设施栽培的意义在于充分利用了热带果树资源，填补南果北移的空白；丰富北方设施果树栽培的树种，为北方市场提供新鲜的热带水果；发挥热带水果生长优势，进行北方日光温室生产；南果北移果树设施栽培，明显改善了热带水果的果实品质；为北方发展观光农业提供新树种。

第一节　大果甜杨桃日光温室优质栽培技术

一、甜杨桃概述

杨桃又名阳桃、洋桃、五敛子，属酢浆草科阳桃属，为热带亚热带常绿果树，原产于亚州东南部热带亚热带地区。世界上杨桃栽培历史较久的地域为东南亚地区。我国的栽植据称在汉朝经由马来西亚传入，在东汉（公元 1 世纪）杨孚的《异物志》有记载，距今已有 2000 多年的栽培历史。现今，杨桃分布于广东、福建、海南、广西、台湾、云南等省（自治区）。其中以海南的琼山、文昌，广东的湛江、广州、惠阳、潮州、江门，福建的漳州、云霄、沼安，广西的南宁、玉林、平南、桂平、浦北、百色，台湾的台南彰化、屏东、苗栗、台中栽培较为集中。我国台湾栽培面积最多，1989 年种植面积高达 $2694hm^2$，产量 44174t；现今有 $2500hm^2$，产品少量出口，销往日本、美国等。

除我国外，杨桃种植较多的国家还有印度、泰国、马来西亚、巴西、美国（佛罗里达州、加利福尼亚州、夏威夷）、澳大利亚、印度尼西亚、越南、菲律宾及以色列等。就产量面积而言，杨桃在国内外均属小众水果，尚未列入联合国粮农组织的统计范围。各地试种表明，大果甜杨桃比原有普通甜杨桃果实大、水分足、肉质嫩、产量高、收益大，售价比普通甜杨桃高 2～3 倍；更由于其结果早、收益早，果农乐于种植，市场畅销，深受消费者和生产者的欢迎。大果甜杨桃是甜杨桃中的大果品种，受地域限制，能种植的国家和地区数量有限，产量较少，我国适宜种植的地方也不多。大果甜杨桃在国内外市场上供不应求，在广东北回归线以南的地区，因地制宜发展大果甜杨桃作为一种优质水果供应国内市场，同时出口国外，具有广阔的前景。在北方，设施农业的发展给大果甜杨桃的发展带来更大的发展空间，将会给北方的果农带来更多的经济效益。

杨桃果形美观，清甜多汁，酸甜适度，风味可口，是南方名果之一，具有较高的营养价值。据测定马来西亚香蜜杨桃（B10）可食率为 88.53%，可溶性固形物含量为 7.7%，每百克果实含蛋白质 170mg、粗脂肪 7.82mg、维生素 B_1 28.86mg、维生素 B_2 5.36mg，胡萝卜素、维生素 B_1、维生素 B_2 含量较高。同时，杨桃又有药用价值，能清热降温、润喉爽声、拔毒生肌、止血。产区群众常将其嫩枝叶或果实捣碎，加少许红糖，用来敷治疖疮。杨桃还可加工成蜜饯、果汁、罐头、果酱，特别是杨桃果汁，是盛夏降火优良饮品，极受欢迎。大果甜杨桃具有较强的抗逆性。一是耐寒，多数株系能耐短时 2.7℃ 的低温，湛江地区 1999 年 12 月 22 日至 26 日出现了历史上最为严重的霜冻灾害，南亚热带作物研究所测得最低温度为 −2.2℃，该所杨桃园小苗均无冻死，大树仅叶片与部分幼果出现冻害，对产量及树体无多大影响。二是耐涝，广州 1993 年 6 月上旬降水量 264.7mm，杨桃园全园浸水 24 小时，水消退后，杨桃无明显伤害，亦无死亡现象。三是耐旱，1993 年 7 月上旬，全旬几乎无雨，降水量仅 7mm，而杨桃只是表现卷叶，少量落叶，抽梢略受抑制。在高温干旱的天气下，果园 10 天不灌溉，植株仍能正常生长，影响不大；在雷州半岛干旱地区，经过 3～5 个月基本无雨的天气后，杨桃仅表现出少量的卷叶、落叶。雨季到来之后，又重新抽枝发梢。这说明喜湿的杨桃也十分耐旱。四是抗病虫性较强，试种期间，病虫种类的发生数量较少。目前我国杨桃商品生产尚未发现毁灭性的病虫害，仅有少量的赤斑病、炭疽病、果实蝇、金龟子等病虫为害。

大果甜杨桃生长快、结果早、产量高。在广东省的广州、东尧、高要、揭西等地试种表明，大果甜杨桃生长迅速。以 B10 为例，杨桃年发新梢 5～6 次，一年生苗定植 12 个月干周长可达 15.5cm，冠幅达 183.8cm，树高达 1.72cm。春植至次年年底可形成树冠。定植当年有少量结果，次年投产，第 3 年即可丰产。广东省林业厅在高要市试种，1993 年 4 月定植，1994 年底收获，10 亩试验果园平均株产达 20.3kg。在北方温室栽培也表现出生长快、结果早的特性。2004 年春在辽宁农业职业技术学院基地温室引进的大果甜杨桃 B10 品种，嫁接苗定植第一年即开花结果，平均每株产果 2.0kg 左右，第二年平均株产 7.0kg 左右，第三年株产最高的可达 15kg。大果甜杨桃同普通甜杨桃一样，一年多次开花，多次结果，而且较容易调节果期，有利于避开不利气候条件，因而既丰产又稳产。

北方设施栽培甜杨桃始于 2002 年，由于甜杨桃生长速度快，结果早，具有果形奇特的特点，深受农业高新科技园区和市民的欢迎。杨桃具有较强的耐阴性，枝条柔软下垂，树形优美，寿命长，北方设施栽培极具特色。随着设施农业的发展，大果甜杨桃在北方地区设施种植将逐年增多，是农业观光、采摘园区以及农户重点发展的一种南方果树。

二、主要优良品种

1. 马来西亚 B10 杨桃

原产于马来西亚，当地称沙登仔肥杨桃、新街甜杨桃（彩图 7-1）。我国引进后在海南有较大的栽培面积，被命名为"香蜜杨桃"。叶互生，无托叶，复叶长 10.0～18.5cm，小叶 7～13 片，多为 9～11 片，近对生，全缘，叶梢及叶轴不被柔毛，小叶多为椭圆形，长 5.3～10.6cm，宽 2～5cm，以复叶顶部小叶为最大，先端急尖，基部偏斜，下面无毛。花序复总状，花较小、紫红色；花瓣 5 片，柱头 1 枚，雌蕊 5 枚。浆果椭圆形，果顶钝圆；未熟时果青绿色，充分成熟时黄色；皮薄、有蜡质光泽，果形美观；果实平均纵径 12.2cm，横径 8.0cm，果棱较厚，单果重 150～300g；果肉淡黄色、汁多清甜、化渣、纤维少、果心小、种子少或无，含可溶性固形物 7.0%～10.0%，可食率达 88%～96%。它是北方温室栽培的主要品种。

2. 马来西亚 B17 杨桃

原产于马来西亚，也称水晶蜜杨桃、红杨桃（彩图 7-2）。植株生长势中庸，中等高。7 年生树平均树高 3.67m。其复叶长 25cm 左右，小叶 7～13 片，多为 11 片；叶阔卵形，长 4.2～9.8cm，宽 2.1～5.2cm，浓绿色。其与 B10 主要区别在于果实，其果实偏大，单果重 200～400g，果肩中央凹，果顶浅 5 裂，果皮较粗，少蜡质光泽，未熟果皮有明显的水晶状果点，果实成熟时金黄色，质地较 B10 硬，肉脆化渣，多汁，香甜可口，有蜜香气，可溶性固形物 11.0%～13.0%，高者可达 16%，品质极优，但偏生，采摘时果略有涩味。该品种自花授粉率低，生产上需配授粉树才能丰产，目前在广东湛江地区栽培较多，是北方温室栽培主要品种。

3. 马来西亚 B2 杨桃

从马来西亚引入。其叶呈倒卵形，叶尖急尖，叶基较宽，歪斜明显；叶长 6.1cm，宽 3.6cm。单果重 150～200g，幼果粉红色，成熟果色与香蜜杨桃相似，但果形卵圆，风味纯，清甜，无酸味；每果种子 5～7 粒，丰产性能好，坐果率高，可作其他品种的授粉树，也可作主栽品种。

4. 台农 1 号杨桃

台农 1 号又名 6301，专供鲜食，是我国台湾凤山热带园艺试验分所利用二林种、蜜丝种与歪尾种混植自然杂交，为二林种实生后代选育而得。于 1990 年经我国台湾农林厅品种命名委员会审查通过并正式命名。该品种枝条柔软，枝条呈橙红色带有白色斑点突起；叶片比二林种大；果呈长纺锤形，果蒂突起，果尖钝，果皮肉色金黄，光滑美观，敛厚饱满；果大肉细、纤维少，品质优良，风味清香，平均单果重 338g，糖度 8.6%，有机酸 0.27%，十分丰产。但其皮薄，不耐贮藏。

5. 蜜丝甜杨桃

蜜丝甜杨桃原产我国台湾，为实生品种选育发现。该品种一年可抽梢 5～6 次，在高温多雨季节，新梢生长无间歇期。春栽至次年年底即形成树冠，开始正常开花结果。每年从 7 月下旬至 11 月上旬陆续开花、结果，9 月中旬至翌年 2 月下旬果实陆续成熟，表现早实丰产。其果形端正，果实饱满，尖端微凹入，平均果长 8.0cm，果径 5.2cm，敛较厚 1.6cm，平均单果重 168g，最大单果重 250g。果肉白黄色，肉质细嫩，纤维少、汁多、味甜，糖度6.90％，有机酸0.15％，风味较佳。1992年由华南农业大学陈大成引入试种，在广州市栽培表现良好。辽宁农业职业技术学院2003年由华南农业大学引入辽宁日光温室栽培获得成功。

6. 东莞甜杨桃

广东东莞市1983年自马来西亚引入。树势中等，发枝力强，枝条下垂。小叶7～9片，卵形，淡绿色。每年开花4～5次，花序多生于当年生枝的叶腋。果较大，单果重250～350g，果厚、肉色橙黄色，汁多味甜，化渣、果心小，品质好，可食率达97％。可溶性固形物含量为10.0％，含糖量9.6％，有机酸0.2％，每100mL果汁含维生素C 22mg。适应性强，丰产稳定。嫁接苗定植后2年开始结果，7年生树株产40～50kg。

三、生长结果习性及其对环境条件的要求

1. 甜杨桃的生长结果习性

（1）根系的生长 杨桃的根系有主根、侧根和须根。杨桃的主根发达，可深入土壤1m以上，若土层深厚或地下水位较低，可深达3m。侧根多而粗大，主要根群分布在表土下10～35cm的土层中。须根较多，在表土2～3cm处已有分布，以10～30cm处最多。根系生长受种植地的气候、土壤及栽培管理状况等因素影响，新根的开始生长期、旺长期及持续时间、停止生长期随不同地区而有所差异。如在广州，新根一般2月上旬开始生长，6～8月进入根系生长旺盛期，9月至10月下旬根生长渐趋缓慢，至11月停止生长。在南宁地区，根系生长由3月上旬开始直至11月下旬，计约270天。海南东南部，杨桃根系生长则无明显停歇期。云南的野生杨桃非常长寿，可活百年以上，根系仍然生长旺盛，功能健全。杨桃由于吸收根分布较浅，易受表土层土壤温度、湿度急剧变化产生的不利因素，特别是春、秋、冬旱，盛夏高温多雨及雨季积水、通气不良的影响。因此，在栽培上要注意覆盖护根，保湿调温，建好排灌系统，排涝防旱，在北方温室栽培更应加强对根系的管理。

（2）枝梢的生长 甜杨桃的嫁接树主干高度一般为50～60cm。主枝3～6条，横向伸展；枝条末端多下垂，主干及粗大枝条忌日晒。杨桃萌枝力强，只要温度、水分适宜，周年可萌发新梢，一般每年有4～6次，抽生多集中于3～9月，在高温、多湿季节，新梢生长无明显间歇期，本次新梢生长尚未停止，近顶部的侧梢又继续萌发。南宁的甜杨桃枝梢生长由3月下旬开始至12月中旬结束约280天。杨桃的成枝力很强，新梢生长迅速，当枝长达30～35cm时即可抽发新枝。一般的春植树至次年底即可形成树冠，并开始正常开花结果。枝梢延伸下垂的枝条，俗称"马鞭枝"（图7-1）。幼年树枝梢一般向上斜生，结果树枝梢软垂，夏、秋梢易形成徒长枝。春梢以及二年生的下垂枝是主要的结果枝，特别是2～3年生的"马鞭枝"

图 7-1　甜杨桃花果枝叶状
1—花序；2—果实；
3—马鞭枝；4—复叶

结果最好。徒长枝修剪后留下的残桩上也能着生花序，开花结果。因此，在修剪树冠内部的徒长枝时，不宜贴着基枝剪截，要留 1~2cm 枝桩结果。

(3) 花与开花期　甜杨桃的花为总状花序，每一花序有数十朵花（彩图 7-3），为两性完全花。杨桃花一般在上午 8~9 点开放，至闭合需 10~12 小时。杨桃的花序一般从 2~3 年生的枝条叶腋抽出，每年可抽生 4~5 次，常见花果并存现象（彩图 7-4），在多年生的骨干枝上甚至主干上也能抽生花序和开花结果（彩图 7-5）。杨桃的枝桩也能抽生花枝及带叶结果枝，这一特点与许多其他类果树不同。杨桃有一年多次开花结果的特性。不同品种的杨桃，花期也有所不同。花期和果期随种植地和积温差异而不同，偏南地区积温高，花期早，供果期较长；往北则花期延迟，供果期短。马来西亚的水晶蜜糖杨桃一年有 6 期花，而海南的杨桃，花期主要集中在 5~11 月间，供果期主要以 8 月、10 月至翌年 1 月为主。南宁地区的杨桃，开花期 6 月上旬至 12 月下旬，约 200 天，果实生长期 6 月中旬至翌年 3 月下旬，250~300 天，冬果在树上可保持 2~3 个月，于次年 3~4 月采收，供果期 6~8 个月。广州郊区栽培的杨桃，一年中有 4 次主要花期，第一花 5 月底至 6 月初开，8 月中下旬可以来收青果，这次果产量少，品质较差；第二次花 7 月中下旬开，8 月至 9 月中下旬采收，这次果品质好、果型端正、纤维少，汁多味甜，产量高，若果实继续留在树上 15~20 天，使其充分成熟，到 10 月上中旬采收，果实由黄变红黄，品质更佳；第三次花 8 月底至 9 月初开，产量也较低；第四次花 10 月中旬至 11 月初开，12 月至翌年 1 月采收，果实品质差，味酸而纤维多，产量低，通常不让本次花开花结果，以免影响树势。若采取环剥措施，可提前在 4 月中旬开花，7 月上中旬果成熟。杨桃一年多次开花结果的习性是丰产稳产栽培和产期调控栽培的生物学基础。

(4) 果实的发育　甜杨桃的果实为肉质浆果，长椭圆形，有五棱，横切面呈五角星形。成熟时，果皮呈黄蜡色，有光泽（彩图 7-6）。杨桃开花至果实成熟需 60~80 天。杨桃的果实生长发育曲线呈 "S" 形，谢花后 15 天内膨大较慢，15~50 天迅速膨大，50 天后果实膨大渐趋稳定。明显落果高峰期有 2 个，一个在花后及小果形成初期，另一个在小果形成 5~10 天内的转蒂期（果顶转而下垂），采前也可由病虫害或异常天气引起落果。果实发育过程中，随成熟度增加，含水量及糖度增加，酸度下降，果皮颜色也发生变化。不同年龄的枝条和在树冠上不同部位所结的果实品质不同。在老枝上结的果一般较小而味淡、品质差；一年生枝条上结的果，果大而品质好，结果量也较多；在树冠顶部结的果，果小，品质较差；在树冠周围结的果，果大而形正，尤其在外围下垂枝上的果，糖分高、品质好，以近枝端结的果最宜留作正造果。

2. 甜杨桃对环境条件的要求

（1）**温度**　杨桃为热带果树，喜高温，不耐冷冻和霜雪。只能在热带南亚热带地区栽培，在云南西双版纳海拔 600～1400m 的热带雨林、热带季雨林、南亚热带季风常绿阔叶林中分布有野生杨桃。杨桃要求年平均气温 22℃以上，冬季无霜雪。因此，在北纬 23°以南的广大地区可以发展场桃，在北方只能在保温效果比较好的节能塑料日光温室内栽培。杨桃在 10℃以下低温时树体生长不良，落果，叶片变黄脱落，细弱枝条干枯。4℃以下嫩梢会受冷害，接近 0℃则大量枝叶受害，幼龄树易被冻死，成龄树大量落叶和枯枝。但短时低温对甜杨桃的影响不大。2010 年冬季最冷月的 12 月份，笔者通过对辽宁农业职业技术学院试验温室栽培的大果甜杨桃的调查，发现 12 月 14 日的零点至零点三十分时段的平均温度为 0.49℃，零点三十分至一点时段的平均温度为 2.11℃，甜杨桃植株的枝条和叶片发生冻害，主干没有发生冻害。杨桃在日平均气温 15℃以上枝梢开始生长，适宜温度为 26～28℃，花期在 27℃以上的环境，授粉和结果良好。

（2）**水分**　杨桃喜湿润，特别适于在半干旱地区种植。一般栽培地区要求年降水量 1700～2000mm。雨水充沛时，甜杨桃年发梢多次，生长量大，花多，果多，因此要求有充足的水分。在干旱地种植需具备灌溉条件。花期久旱不雨或天气干热，会大量落花、果实发育不良或落果。秋冬期过早，叶也容易发黄脱落。同时，杨桃根系怕积水，过高的地下水位或雨季排水不良，常导致烂根和树势衰弱，叶片出现黄斑而脱落，虽开花亦不能结果。因此，在降水量大的地区，需要注意排水。

（3）**光照**　甜杨桃为较耐阴果树，喜半阴环境，要求光照适中，忌强烈日照，尤其是花期及幼果期最怕烈日干风。主干和骨干枝以及幼树也怕日晒。在日照比较充足的环境中，杨桃对氮的利用率较高，叶片较厚，含氮及含磷也较高，枝叶生长健壮，花芽分化良好，病虫害减少，高产，着色良好，糖和维生素 C 的含量高，果实品质及耐贮性也好。但若光照过于强烈，加上干旱，易导致树冠顶部大量枝条干枯、落叶而秃顶，果实也生长发育不良，品质变差。当光照不好或种植太密时，树冠严重交错，树冠内膛枝结的果，因为缺乏适度光照，着色不良，含糖量低，病虫害较多，影响品质。因此，甜杨桃栽培要适当密植栽培，北方设施栽培在夏秋季节要注意用遮阳网防晒。

（4）**风**　甜杨桃枝梢一般较细弱、柔软、下垂，果梗比较纤弱，结果后易受风害造成落叶、枝折、大量落果等。经常性的风吹会减低叶片和嫩梢的生长，降低叶的水势。在南方杨桃种植地宜选择风小的地区，或在果园周围建立防风林带以减轻风害及冬季的寒害。在北方温室栽培，露地栽培时间一般在 6～9 月，也需要做好防风工作。

（5）**土壤**　杨桃对土壤类型和土壤酸碱度的适应性较广，在南方山地、平地、河流冲积地都可以栽培。以排水良好、土层深厚、疏松、肥沃的土壤生长快、产量高、品质好。杨桃不耐盐碱，对干旱瘠薄的山地、丘陵地土壤，需经改良并增加有机肥后才能保证其正常生长及开花结果。在北方的日光温室栽培，应选择土层深厚、有机质含量丰富的壤土进行建造，或建造后改良土壤，以保障甜杨桃的正常生长和结果。

四、温室的选择

甜杨桃为热带果树，抗寒能力差，在北方以日光温室栽培为主。温室要求空间相对较大，跨度 7.5m、矢高 3.2m 以上，采光、保温性能好（保温效果冬季最冷月份室内温度要求达到 5℃以上）。

五、定植技术

在南方，杨桃 3～10 月均可种植，最适宜定植期为 3～5 月，在北方温室栽培以 5～6 月份定植为宜。定植时选择优质的壮苗种植，植后浇足定根水，并覆盖稻草等保温保湿，以后视具体情况浇水。在温室栽培的密度可采用 1.5m×2.0m，定植时可挖宽、深分别为 80cm、60cm 的定植沟，要施足基肥。也可用杂草、稻草等有机肥填入植穴内，一层肥料一层土，达八成满时，再将人畜粪的堆沤肥 100kg，磷肥 1.5kg，饼麸肥 1.5kg 与表土混合均匀，回填灌水沉实。

为了提高苗木的成活率，定植前要进行苗木处理，首先要消毒，外地调入苗木栽前可用 3～5 波美度石硫合剂药液喷布苗木进行消毒，同时要分级和修整，要按苗木大小、根系好坏进行分级。对外地调入和贮藏中失水的苗木栽前须在水中浸根 3～5 小时，让根系充分吸水。此后，将种植穴沉实的土翻起捣碎，挖深 10～20cm 的小坑，把苗放入坑内，使根系舒展，随填土随提苗随压实。埋土深度以保持原来的土印为宜，栽好后在四周做一树盘，灌透水，水渗下后立即培土以防水分蒸发和苗木动摇。3～5 天内每天淋水一次，随后每隔 2～3 天淋水一次，保持土壤湿润，直到植株成活。因杨桃枝干比较不耐强光，因此，苗木定植后最好将苗干绑上草把（彩图 7-7）。定植成活后，第一次新梢老熟，可施薄肥，以后每月施一次。冬季可结合扩穴改土增施有机肥。

六、土肥水管理

杨桃生长快，成龄树一年四季开花结果，产量高，比一般果树更需要充足养分和良好土壤结构。所以，改良杨桃栽植地的土壤理化性状，提高其肥力，为杨桃生长提供一个疏松、肥沃的土壤环境，是杨桃高产优质栽培中的一个重要环节。杨桃枝干怕晒，幼龄树生长势较弱，需要一个较荫蔽、土壤较疏松的湿润环境，以利地下根系扩展和地上枝叶生长。所以用秸秆、草、薄膜等覆盖树盘，能起到调节地温、保墒、改良土壤结构、促进树盘根系微生物活动的作用。随着树龄的增长，每年要坚持扩穴改土来改良土壤结构。扩穴改土以秋季为宜，方法是每年轮换在株间或行间挖沟改土。其深度大约为40cm，宽度至少60cm，穴的长度则随树龄增加而加长。扩穴改土结合施肥，所选的肥料可以是厩肥、饼肥、腐熟的人畜粪尿、绿肥作物秸秆等。施肥时最好底层放秸秆等，其他肥料与表土混合后回填。甜杨桃成龄树的土壤管理，以清耕覆盖法为主，在杨桃需肥水较多的生长前期保持清耕，后期进行覆盖。

1. 甜杨桃幼树土肥水管理

甜杨桃幼树的生长特点是以营养生长为主，即每年抽生新枝，长出新叶，发出新根，因此其施肥管理重点应放在促进树体长大上。即在杨桃定植成活并抽梢后，以薄施勤施为原则，每月薄施腐熟人畜粪尿水（尿稀释3～5倍，粪水稀释1～2倍）2次，半年后提高浓度并改每月施用1次。11月以后植株生长缓慢，重施以有机肥为主的过冬肥，每株10kg土杂肥或腐熟禽畜粪肥，以增强树势和提高抗寒力。由于杨桃生长快，第二年即要扩穴埋肥，可在1～2月进行。开穴施肥，每株施堆沤肥100kg、磷肥1.5kg、麸饼肥2kg，分层混土填好。经扩穴埋肥后，根系扩展快，树生长势旺。以后每年均要进行管理和施肥。

2. 成龄杨桃树土肥水管理

进入结果期的成龄杨桃树，一年多次发梢、多次开花结果，消耗养分多，因此重施肥料、加强肥水管理是高产优质栽培甜杨桃的关键措施之一。结果树重点施好促梢壮梢催花肥、保果肥、壮果促花肥、促花促熟肥和过冬肥。杨桃喜湿怕涝，注意灌溉与排水。结果树的施肥量随产量增加而增加。

（1）促梢壮梢催花肥 春季收果后的3～4月份，结合修剪，清理果园，在树冠下挖穴施重肥（基肥），以有机肥为主，并配合施复合肥和尿素；若控制果实在冬季采收，则施由过磷酸钙、饼肥、人畜粪尿混合堆制的混合肥，加少量尿素效果更好。

（2）保果肥 在6～7月份，果实拇指大并开始转蒂下垂时施用。此期施肥以复合肥、饼肥、钾肥较好，应避免施用尿素，以防植株徒长。

（3）壮果促花肥 在7～8月份，第一批果实定形充实，又一批花继续开放，可再施一次肥，这次施肥量和种类同保果肥。因此期气温高，宜晴天早晚施，若干旱，还要结合灌水。促花促熟肥：为了使果实早熟，提高品质并促下一批花抽出，在9～10月，果实将成熟前施一次速效化肥或腐熟人畜粪尿和花生麸。

（4）壮果防寒肥 在11～12月份，果实膨大期可补施速效钾肥和腐熟人畜粪尿，促进果实膨大和提高树体抗寒力，使其安全越冬。还要根据树势、叶色，采用叶面喷肥方法补施肥料，以满足杨桃需肥量大的特性。如叶面肥以高美施或0.2%硼酸＋0.2%硫酸锌＋0.2%硫酸镁＋0.2%磷酸二氢钾＋0.4%尿素喷施3～4次效果较好。确定合理的施肥量，主要从土壤肥力、产量、修剪强度、肥料利用率等方面来考虑。

杨桃性喜湿润环境，生长量大，开花结果多，果实含水量高（在90%以上，比苹果高出约10%），且其吸收根分布较浅。幼龄杨桃树应实行覆盖保水和灌水相结合的方法，保持土壤经常性湿润，但灌水又不能过久过多，否则易造成烂根。成龄杨桃树则应抓好以下几个需水临界期供应水分：①春梢萌发期，3～4月杨桃萌发大量新梢，需要大量水分，而此时正值春旱季节，及时灌水可促进枝叶生长和老熟，为5～6月开花结果打下基础；②开花前期和开花期，在开花前一个月和开花期应保证水分供应，否则会影响其开花和花质量；③果实膨大期，在大量小果转蒂下垂后，至果实体积基本定形的这段时间里，应及时灌水，以促进果实膨大和提高品质。一般情况下，杨桃虽然喜欢湿润气候，但是根系不耐水浸，长时间水浸会导致落叶、落花、落果、枯枝、烂根，影响树体生长发育。所以，雨季要防止杨桃园积水，特别是树盘积水，如有积水应及时排干。

七、温湿度管理

因为大果甜杨桃为常绿果树，全年生长期陆续开花陆续结果，因此都要保持良好的温度条件。因为冬季不休眠，在北方进入秋季以后，随着气温的下降，就要及时进行温室覆盖，一般9月下旬就要将温室的塑料和草帘覆盖好，防止气温下降影响杨桃的正常生长；进入冬季最冷的12月至翌年1月份，温室早晨的最低气温要保持在5～8℃以上，以保证树体正常生长，低于此温度，就要临时加温。空气湿度各时期控制在60%～65%为宜。各时期温湿度管理指标见表7-1。

表7-1　温室扣棚后至揭棚的温湿度管理指标（时间为9月下旬～翌年5月末）

物候期	日　　　期	最高温/℃	最低温/℃	相对湿度/%
第四次开花、果实生长、新梢生长	10.01～11.30	28	8～18	60
果实生长、成熟、新梢缓长	12.01～翌年2.28	26～28	5～8	65
新梢生长	3.01～3.31	28	8～16	65
	4.01～5.31	28	15～18	60

八、整形修剪

杨桃在幼龄树期间，要注重整形工作，以期养成强壮的干枝及适当树形，以利将来开花结果及栽培管理；成年树则注重于结果的调节与树势的维持，以提高果实产量及品质，并方便以后的喷药、疏果、套袋、采摘等工作的进行；而对老树则以更新复壮为主要目的。

杨桃树的整形修剪，要根据甜杨桃本身的生长结果特性，因势利导进行修剪，如杨桃的开花结果部位与其他果树不同，顶梢、主枝、主干均可着蕾开花。因此，为通风透气修剪时，尽可能不疏剪，应采取短截，使短截后留下的枝头开花结果。品种间生长结果习性也有很大差异，如台农 1 号促花修剪与马来西亚 B10、B17 修剪，由于结果特性不一样修剪方式也有差异。在不同的自然条件和栽培措施下还应采取不同的修剪措施，如杨桃在常有较大风害的地区选择倒圆锥形的棚架式修剪以减少风害，而无风害的地方则采用其他树形，既可增加产量又可降低成本。在北方温室栽培，为了充分利用温室有限的空间，前部可采用自然圆头形、中后部可采用纺锤形的整形方式。

1. 自然圆头形

在定植后自主干离地面 50cm 处剪断定干，使其自然分生侧枝，再选取角度合适的主枝 3～5 条构成骨干枝。培养过程为第一年定植后，待苗木长至 70cm 高时，将其离地面 50～60cm 高处剪断定干。由于杨桃枝柔软易下垂，故应尽量提高定干高度。待发梢后，在主干离地面 30cm 以上，选留生长强、分布均匀、相距 10cm 左右的新梢 3～4 条为主枝，其余可作辅养枝，与主枝重叠、相距太近的枝条应早抹除为好。预留好主枝后须立支柱扶缚主枝使其与主干成适宜的角度。第二年春发芽前，将选留主枝适当短剪细弱部分，发春梢后，在先端选一个强梢作为主枝延长枝，其余作侧枝，并逐步培养主枝。以后主枝先端如有强夏秋梢发生，选留一个作主枝延长，其余摘心。第三年继续培养主枝和选留副主枝，配置侧枝，使树冠尽快扩大，主枝要保持斜直生长，以维持生长强势。一般第二年可让树冠内部、下部的辅养枝适量结果，而主枝尽量让其少结果，第三年以后才逐步让其挂果。北方温室内因前地脚处空间小，靠近前端的树可采用自然圆头形树形（彩图 7-8）。

2. 纺锤形树形

北方温室栽培采用纺锤形整形为主，采用纺锤形树形可以提高栽培密度，有利于控制树势（彩图 7-9）。定植成活后主干留 30～40cm 定干。选留 3～4 个主枝，其中顶端生长势较强的主枝绑缚在事先立好的竹竿上，使其向上生长，作为中央领导干，其余主枝待长至 30～40cm 时短剪，培养为侧枝，每个主枝留 2～3 个侧枝，每个侧枝再留 2～3 个小枝，形成第二年结果的树冠骨架。第二年对于分布不均匀的枝条，可通过拉枝调整。对从主枝上抽生的侧枝，留下分布均匀的水平枝和下垂枝，以利形成结果枝。每次发梢要进行疏梢，疏去过密枝、病残枝、弱枝、徒长枝，过高直立枝可以进行拉枝，促进分枝生长，扩大树冠。修剪时应注意留 1～2cm 的桩。原则上是使树冠枝叶分布均匀，疏密适度。对中、下部的水平枝和下垂枝呈层状排列，层间有一定距离，使树冠通风透光。修剪宜轻不宜重，下垂枝尽量保留。

冬季修剪主要是将树体基部的细弱枝、病虫枝以及枯枝剪除，短截或疏除生长过旺、过密和扰乱树形的徒长枝。修剪下垂枝时要适当保留基部 10～20cm，促使第二年结枝头果。立夏时进行夏剪，先将冬春出现的枯枝剪除，再将中下层的纤密枝轻剪。幼树和初果树一般顶部徒长枝多，要及时疏除或短截。要注意保留一定数量的枝条以适当遮阴，防烈日直晒果实。结果树的修剪重点放在调节结果部位和维持树势上，以改善通风透光条件，减少病虫害，提高果实品质。3 月份果实采收后，疏去弱枝、过密枝和徒长枝，直生粗壮枝可用拉枝，确保树冠布局合理。春梢抽出后要疏去密生、丛生的部分春梢。6 月中下旬，再次修剪，疏去弱枝、密枝、影响树冠徒长枝。结果树修剪宜轻，对中下部枝条要尽量保留，使枝叶分布均匀。修剪时应保留枝基部 5～10cm 的枝段，因杨桃能在该处开花结果。对树势较旺的可适当疏剪树冠上层营养枝以抑制向高生长。

杨桃在修剪时，要注意更新结果枝，因为在栽培多年后未经更新结果枝的植株，开花率低，产量、品质不稳定。因此，在成年树修剪上要注意进行结果枝更新，通常在 2～3 月间保留一侧枝后再将老化枝条剪除。对徒长枝，因其生长旺盛，组织不充实，虽会开花结果，但果实成熟期晚，品质也十分低劣，为避免其夺取整个植株养分、水分，引起落花落果，应优先除去此类枝条，但在树冠上方可避免枝干受日光直晒灼伤危害的徒长枝应予以保留。对主干附近偶尔抽出的细枝，其枝条节间长，且位于树冠内，日照不良，虽能开花结果，但果实品质低劣，应予以去除，以减少养分消耗，促通风透气。

九、花果管理

1. 加强肥水供应

杨桃易开花，花量也大，为了提高杨桃坐果率，要保证供给树体足够的营养，做好水肥工作，杨桃果树在肥水供给充足的条件下能周年多次抽梢开花坐果。在 9、10 两月份按株产 20kg 果计，建议每株施入氮磷钾比例为 26∶8∶17 的复合肥 0.45kg。无透雨时可兑水淋施。如果结合在花期喷施 1～2 次腐植酸叶面肥效果会更加显著。

2. 拉枝、扭梢促成花

大果甜杨桃生长旺盛，尤其幼龄树普遍树势偏旺，不易进入生殖生长期。为了促其开花结果，除有计划地增施磷钾肥、翻土深耕断根等措施外，必须进行主枝拉枝，拉枝全年随时可进行，一般当主枝长到 40～50cm 以后就可以拉枝，拉枝时先使其软化，然后下拉，以防劈裂。对背上直立枝可扭梢（彩图 7-10）处理，抑制其生长，促进成花。中心干或强旺主枝环割后也可成花（彩图 7-11）。环割应选在一二级主枝上进行，并且注意留下 1～2 条主枝不环割，让其正常生长，供应养分养根，保持植株壮旺。

3. 花期环剥促坐果

适当进行环割促花，可提高杨桃的坐果率。对生长过旺的植株，可于花前或花期用电工刀或专用环割刀进行一次环剥（彩图 7-12）。方法是在主干离地面 30cm

处，选择较光滑部位，螺旋环剥 1~1.5 圈，剥口宽 0.2~0.3cm，深达木质部，对促进花芽分化、开花、结果有一定效果。注意刀具要刃口锋利，操作熟练，割线要光滑。

4. 花期喷布赤霉酸

杨桃属于聚伞形圆锥花序，开花多但开花期不完全一致。在低温条件下，于盛花期和幼果期喷施 50mg/L 赤霉酸，能极显著提高大果甜杨桃的坐果率，增加坐果数量。

5. 合理疏果

在正常情况下，杨桃坐果相当多，为促进果实膨大及提高杨桃品质，必须去除果型不正、病虫害果、密集过多之幼果。另外，坐果部位对杨桃品质、产量都有较大影响，适宜结果的部位以副主枝至当年生新枝范围内较佳，疏果时要去除花果位置不良的果实。疏果时间要尽早，早疏更有利于节约树体营养，疏小果比疏大果好。疏果一般分两次进行，第一次是坐果后 20~30 天；第二次是套袋前，果实约 5cm 长时疏除。但疏果次数与时间应根据具体的品种和肥水管理条件灵活掌握。杨桃花果量较大，目前疏花疏果的工作主要还是以人工疏花疏果为主。原则是着生位置不当，在主干、主枝上直接着生的应疏除花穗，一个小枝上留 2 个花穗，其余疏去，副主枝及侧枝茎上约 15cm 留一花穗，密生者疏除，对新梢顶萌发的花穗，一般可疏除 1/3~1/2。

6. 留果量的确定

为了保证产量，在疏果之前应根据树体规模、肥水条件及目标产量确定留果量和疏果量。然后再根据品种果型大小计算出单株留果量。把计算所得的留果数加上 10% 左右的病虫果、落果损耗就是疏果时实际留果量，从而确定出疏果量。一般管理水平的杨桃，马来西亚杨桃系列三年生树全年留果数 150 个，每批留 55~60 个果，产量品质均佳，年平均株产 30kg，平均可溶性固形物可达 9.5%。四年生树全年留果量为 240 个，每批果留 80~90 个。而五年及五年生以上树，全年留果量以 300~350 个效果较好，生产上应根据实际情况灵活确定。如栽培品种为台农 1 号或蜜丝则增加留果数，因为其单果重稍小，管理好的果园可增加留果数。

7. 果实套袋

杨桃果实套袋可减小病虫为害，降低农药使用次数，防止农药残留，促进果实发育，增进果皮色泽，提高果实糖度与外观，避免果实遭受寒害及日烧，减少果实因水分蒸发而皱缩，减少果皮擦伤等（彩图 7-13）。经测定，果实经套袋后，提高了糖酸比、降低了单宁及纤维含量，一二级果的商品率大大提高，经济效益显著。套袋时间：待果实长 5cm 左右，最后一次疏果后进行。在套袋前 2~3 天，必须全面喷布杀菌杀虫剂。果袋可用废报纸、白色牛皮纸袋、黄色防虫果实袋、黑塑料袋等。其中黄色防虫果实袋效果最好，用塑料袋较适宜，不足之处是塑料袋作套袋材料果实糖分稍有下降。套袋方法：用牛皮纸、黄色纸皮果实袋作套袋材料，在套袋前先将袋口（2～3cm）水浸5～10分钟，甩去过多的水分，然后用手把纸袋撑开，再把果套于袋内，用手把袋口合拢，再用软铁丝或细绳圈住袋口。用塑料袋则先在袋底剪1～2个漏水口，再套袋，注意把袋口绑紧，以防病虫浸入。杨桃主要在侧枝、一年生枝及新梢结果，枝条柔软且杨桃果实较大，结果多的枝条，常因负荷过重而折断，因此在温室栽培时，需将结果枝吊起来或在树冠四周用竹木支撑结果枝。

十、病虫害防治技术

大果甜杨桃目前在南方主栽地区还没有发现毁灭性病虫害。在北方温室栽培其病害发生不是很严重，但有几种常见病虫害对树势及产量、品质影响较大。病虫防治以防为主，综合防治。加强肥水管理、整形修剪、提高树体抗性是预防病虫害的主要措施。

1. 常见病害及防治技术

(1) 炭疽病 杨桃炭疽病对果、叶均可危害。不但危害采收前成熟期果实，而且在采后贮藏运输过程中会继续造成危害，是杨桃的常见病。果实各龄期皆会被感染。其病斑圆形，受害果实初期出现褐色小斑点，后逐渐扩大，呈黑褐色，内部组织腐烂，病部表面密生橙红色黏质的黏孢团。严重时整个果实腐烂，散发出酒味。叶片上的病斑为紫色小点。叶柄、枝条受害，病斑呈褐色坏死，叶片早落，形成秃枝。

防治方法：清洁田园，减少病源。冬夏两季，结合修枝，把园中枯枝、落叶、落果全面清除，连同有病枝叶集中烧毁，并全园喷1次1％波尔多液。杨桃开花之前、谢花结幼果后，以及幼果期各施1次杀菌剂，保护花果。药剂可用0.5％波尔多液，70％甲基硫菌灵可湿性粉剂1000倍液，40％硫黄胶悬剂300倍液。果实成熟前30天，喷1次防治病虫的混合药剂，然后套上耐水纸袋，可以防病。

(2) 赤斑病 杨桃赤斑病又称褐斑病。主要危害叶片，严重时可引起病叶早落，影响树势，间接造成产量损失。发病初期，受害叶片产生细小黄点，后逐渐扩大成圆形、半圆形或不规则形，直径1～5mm。颜色初为黄色，后变褐色至灰白色，边缘褐色，有一黄色晕圈，组织枯干，脱落，造成穿孔。天气潮湿时，病斑表面可长出不明显的灰色霉层。植株发病严重时，病斑相连成片，病叶早衰脱落。

防治方法：清洁果园，及时收拾温室内枯枝落叶，集中烧毁，减少初侵染病源。加强管理，增强树势，提高抗病力，可增施有机肥，防止过多、偏施化学氮肥。喷药预防，掌握春梢抽出展叶期喷药，隔7天喷1次，连续喷2～3次。药剂可用50％多菌灵可湿性粉剂500倍液、75％百菌清可湿性粉剂800倍液、45％灭菌威水分散粒剂 350 倍液、0.5%波尔多液、40%硫黄胶悬剂 300 倍液。

(3) 杨桃煤病 本病病原菌主要是以浮尘子、介壳虫、蚜虫等害虫分泌物为生的寄生菌。因此，害虫发生严重时，本病发生也随之严重。主要危害叶片、枝条及果实。被害部覆盖一层黑色绒状薄膜，阻碍叶片光合作用，减弱树势。果实被害时主要以果蒂部分较为严重，并向下蔓延，果实生长因而受阻，造成果实变形，影响外观而降低商品价值。

防治方法：做好蚜虫及介壳虫防治工作，加强果园管理，使通风透光良好。并于果实 5cm 长时套袋，套袋时需将排水孔打开，袋口须紧密。

2. 常见虫害及防治技术

(1) 胶蚧 杨桃胶蚧属同翅目，胶蚧科，是危害杨桃的一种最常见的介壳虫，以成虫、若虫成串群集在杨桃枝条上，刺吸汁液，使杨桃树势衰弱，影响开花结果。杨桃胶蚧虫体紫红色，椭圆形，长 2.5～3mm。虫体背面覆盖深紫红色树脂质分泌物，厚而硬。天气转暖后，新梢成长，在老化的枝条上即可见成串紫黑色的胶蚧虫腹下孵化出新一代鲜紫红色的若虫。若虫分散活动，一般向上爬至新梢进行危害。

防治方法：做好田园清洁，秋冬季节结合修剪枝条，剪除病虫枝条，集中烧毁。春季新梢萌发期，及时检查，在若虫盛孵期及时进行药剂防治。药剂可选用40%杀扑磷（速扑杀）乳油 800 倍液，或胶体硫 300 倍液。

(2) 红蜘蛛 红蜘蛛属蜱螨目、叶螨科，是发生最为普遍的一种叶螨。以成虫、若虫刺吸叶片、绿色枝梢和果实表皮汁液，造成寄主叶片发黄、落叶、落果，影响产量（彩图 7-14）。在杨桃园中，常危害叶片，使被害叶片出现黄白色的细小斑点，严重时斑点密布，连成一片，全叶呈灰白色，失去光泽，叶片脆薄，容易脱落，影响树势。

防治方法：做好冬季清园工作，消灭越冬虫源。加强栽培管理，增施有机肥料，增强植株抗虫能力。适时施药，保护新梢、花穗，减少害虫直接危害果实。施药的重点时间应在春暖、秋凉的两个季节，并且要掌握幼螨发生期进行。虫口密度大时，可以几种药剂轮换使用，防止害虫产生抗药性。药剂可选择73%炔螨特乳油2000～3000 倍液，5%噻螨酮乳油 1000～2000 倍液等。

十一、及时采收

大果甜杨桃是多次开花，果实分批成熟。所以，要根据成熟度，及时将成熟的果实分批、分期采收，以免影响下一批果实生长，且过熟的果实品质下降、不耐贮运。杨桃的采收时期由成熟度来确定，分为可采、食用、生理成熟度三个类型。

1. 可采成熟度

果实大小已生长定型，但还未完全成熟，应有的风味和香气还没有充分表现出来，果皮由青绿转为微黄绿色，肉质硬脆，适于贮藏和加工。

2.食用成熟度

果实已成熟，具品种特有的色香味，可溶性固形物含量最高，化学成分和营养价值也最好，适于当地销售或制作果汁，不宜长途贮运。因此在北方温室栽培，可保证果实的食用成熟度。

3.生理成熟度

果实在生理上已达到充分成熟，肉质松绵，淡而无味，营养价值降低，不宜食用，种子只作为采种用。

杨桃采收后的贮藏寿命随成熟度的增加而减少，采收时还应考虑到贮运时间和市场的远近，近销的可采成熟度高一些的果实，远销的则采较生一些的果实。人们的消费习惯也决定着采收时机，比如中国消费者比较喜欢红黄颜色的果实，可采成熟一些的果实，有的外国（如美国）消费者喜欢较绿颜色的果实，可采成熟度低一些的果实。采摘杨桃还得注意农药残留量的问题，严格按照无公害、绿色果品的标准生产。

第二节 火龙果日光温室优质栽培技术

一、火龙果概述

火龙果又称红龙果、仙蜜果等，为仙人掌科量天尺属植物，果用栽培品种。该植物原产于中美洲热带雨林地区，后传入越南等东南亚国家以及我国台湾。火龙果是一种新兴的热带、亚热带果树，它集"水果""花卉""蔬菜""保健""医药"为一体，有很高的经济价值。

火龙果的果实营养丰富，具有低脂肪、高纤维素、高维生素C、高磷质、低热量等特点。火龙果果实对人体的健康有绝佳功效，可预防便秘及降低血糖、血脂、血压、尿酸，食疗和保健功能显著，主要是因为它含有一般植物少有的植物性白蛋白和花青素，含丰富的维生素和水溶性膳食纤维。食用含白蛋白丰富的火龙果，可避免重金属离子的吸收而中毒，白蛋白对胃壁还有保护作用。花青素在葡萄皮、红甜菜等果蔬中都含有，但以火龙果果实中的花青素含量最高，尤其在红肉品种的果实中。它具有抗氧化、抗自由基、抗衰老的作用，还能抑制脑细胞变性，预防痴呆的发生。

火龙果有光洁的巨大花朵，花冠直径 25cm，全长 45cm，每朵重 250g 以上，少数可达 500g，可用来炒、煮或做生菜沙拉；烘干后可长期保存，香脆可口。火龙果的花可以菜、茶兼用，在早晨花谢之后，以不伤及子房和花柱为原则，环切花瓣，鲜花可做菜，荤素皆宜，干制成花茶，气味芬芳。美丽的大花绽放时，香味扑鼻，而且其花具有高营养、低热量、富含维生素 C 的特点，具有明目、降火的功效，有预防高血压的作用。火龙果是近年国内进口水果市场中的新品种，它奇特的外形，特殊的口感，曾引起许多消费者的青睐。

目前世界各国大面积种植火龙果的地区，主要分布在墨西哥、越南及泰国。在日本和欧美等地，火龙果一直被视为优良的保健食品。随着我国经济发展和人们物质文化生活的不断提高，特别是内陆市场其他大众水果产销基本饱和之后，火龙果这种具有特别风味的高品质水果更有市场竞争力，其市场前景十分广阔。近些年北方一些园区进行了日光温室栽培，推广观光采摘，取得了较好的经济效益和社会效益。

二、种类及优良品种

主要种类：依据果肉颜色分为红、白、黄、紫四个种类。白肉火龙果（红皮白肉），鲜食品质一般，可加工成果汁、果粉及果酱。土壤肥力好的情况下，亩产大约 3500kg 以上。红（紫）肉火龙果（红皮红肉、紫肉）（彩图 7-15），鲜食品质好，果实可加工成果汁、果粉、冰淇淋粉、果冻、果酱，提炼花青素。土壤肥力好的情况下，亩产大约 4000kg 以上。黄肉火龙果，鲜食品质佳，但籽大、硬，推广较少。

1. 白玉龙

果为红皮白肉类型，为我国台湾选出。产量高，授粉率高，耐寒，抗病性强，品质好。果卵圆形，单果重 500～1000g，多汁，水分含量为 85%，是目前较理想的推广栽培品系。

2. 黄皮火龙果

又称麒麟果，原产自美洲，其营养价值丰富，含有很多植物鲜有的花青素和植物性白蛋白，以及丰富的维生素、水溶性膳食纤维等。黄皮火龙果的果皮是黄色的，果肉是白色的，呈细丝状透明状态。种子黑色。口感十分甘甜。

3. 珠龙

红皮红肉十多个品系中相对典型的一个品系，为我国台湾选出。果重 300～700g，香味浓郁，果肉花青素含量极丰富，易裂果。须在果皮转色 3 天左右采摘。径肉粗厚，外形径干极易与白肉类型相区别。

4. 红仙密 1 号

我国台湾选出的红皮红肉杂交品种，自花结实率高，减少了红肉类型对白肉类型授粉的依赖性。产量高，不易裂果，但香味淡。

5. 长龙果

山东省菏泽市 2007 年选育的新品种。果实长圆筒形，果实纵径 13～19cm，横径 7～9cm，平均单果重 460g，最大单果重 980g。果实成熟时，果皮鲜红有光泽，果肉红色，内有黑芝麻状细小种子，种子较软可食用。果肉细腻而多汁，含糖量 19％，果皮薄易剥离，果实成熟后可长期挂树贮藏。长龙果根系特别发达，无明显的主根，分布在 2～15cm 表土层中。长龙果生长旺盛，萌芽力和发枝力较强，一年四季均可生长，无休眠或休眠特性不明显。定植后 8～12 个月即可开花结果。设施栽培每年开花结果 12～15 次，较集中的有 4～5 次。花期为 5 月中旬至 12 月，采收期 6 月中旬至 12 月中旬。3 月份定植当年可结果，第二年每亩可产 400kg 左右，第三年进入丰产期，平均株产 2.96kg，合计亩产果 3216.8kg，四年生亩产量可达 4500kg 以上。

三、生物学特性及对环境条件的要求

1.生物学特性

火龙果植株为多年生肉质植物，茎蔓呈三角状（彩图 7-16），主茎一般有 8 条主要分枝，植株长成后茎径可达 13～18cm。茎节有攀缘根，可在墙壁、棚架上攀缘生长，茎节凹陷处生有矮刺 1～3 枝。植株生长迅速，一年可长 7.5m，最高可达 10m。火龙果在炎热高温季节自茎节下着生花苞（彩图 7-17），花芽分化至开花一般为 40～50 天。花型大，花朵可长达 14cm，直径 25cm，全花重 350～500g。花蕾似漏斗，花萼黄绿色，质厚，成鳞状片。

花瓣纯白色，直立，倒披针形，全缘，先端有尖突。雄蕊细长且多，花粉乳黄色，雌蕊柱头青色（彩图 7-18）。授粉后，雌雄蕊老化，柱头裂片呈褐色。一般于傍晚开花，凌晨逐渐凋萎，清晨时完全凋萎。自花授粉，但坐果率低，并且花粉的品质会影响果实重量，因此一般采用人工授粉。授粉方法简便，用手指蘸取花粉抹于柱头即可。授粉后 2 天，子房转为深绿色。4～5 天后，授粉成功的子房开始膨大；若授粉不成功，子房变黄并脱落。授粉后 25～30 天，果皮色转红，种子变黑，果肉与果皮容易分离。果皮转红后 5～6 天，表皮出现光泽时，即可采收。果实球形至卵圆形（彩图 7-19）。不同品种果肉颜色不同，有白色、红色、黄色、紫红色等。开花结果期不一致，果期在 4～11 月。火龙果植后第 2 年即可投产，植株寿命可达 100 年以上，产量随树龄增长而增加。

2.对环境条件的要求

（1）温度　火龙果的最适生长温度在 25℃～35℃，温度低于 10℃ 和高于 38℃ 将停止生长，以植物特有的短暂休眠抗逆。5℃ 以下低温可能导致冻害，幼芽、嫩枝甚至包括部分成熟枝也能被冻伤或冻死。打破休眠的温度，分别为 12℃ 和 35℃。生殖生长与温度的关系是在 20℃ 左右，花芽正常萌发；较长时间持续在 15℃ 以下，花芽自然转化为叶芽；25～35℃ 环境，开花后 30～35 天成熟；15～25℃ 环境，开花后 35～45 天成熟；低于 15℃，幼果可能长期不成熟，即使成熟的也难以膨大，表皮不转红。

（2）**光照**　火龙果需要较强的光照，一般要求光照强度在 8000～12000lx。由于火龙果是附生类型的仙人掌，当光照强度到 2000lx 左右时仍能够正常营养生长，但其生殖生长受到严重影响。

（3）**水分**　火龙果具较强的抗旱性，但其正常生长要求有足够的水分供应。干旱会诱发休眠，火龙果进入休眠就意味着暂时停止生长，多次和太长时间的停止生长，影响经济效益。同时空气湿度过低，将会诱发蜘蛛和生理病变。

（4）**土壤**　火龙果无主根，侧根大量分布在浅表，并有比地下根更多的气生根，具高度好气性，2cm～5cm 的浅表土层是火龙果主要根系活动区。透气不良，酸度过大可直接诱发根系群的死亡。因此，根系分布区必须排水良好，土质疏松肥沃，团粒结构良好而又绝不砂质化，最适土壤 pH 值为 6～7.5。

四、定植技术

日光温室栽培火龙果的栽植，一般采取 3m×2m 的株行距，用水泥柱支撑，每个水泥柱按照其 4 个方向各种植 1 株，每亩埋 110 根水泥柱，栽植 440 株火龙果，也可以带状栽植（彩图 7-20）。火龙果一年四季均可种植，因其根系喜欢透气，故种植时不可过深，一般约覆土 3cm 左右，初期应保持土壤湿润，否则不利于其生长。随着苗木生长，随时使用麻绳或布条，将植株绑缚于水泥柱上，绑缚时一定要一面紧贴水泥柱。每次灌水时浇湿水泥柱，有利于气根发育。

五、肥水管理

火龙果的施肥原则是勤施薄施，由于火龙果采收期长，要重施有机质肥料，氮、磷、钾复合肥要均衡长期施用。农家肥的使用，以充足、少量、多次为原则，使日生长量 0.5～1cm 前后的时段尽可能地保持很长时间。每年主要的施肥期分为春夏秋冬四次，分别是催梢肥、促花肥、壮果肥和复壮肥。根据挂果量和生长势，考虑适当地追肥，开花结果期间要增施钾肥和镁肥，以促进果实糖分积累，提高品质和糖度。在不同的季节和不同的生长情况，可以在千分之三的比例内添加速效化肥，或者使用根外追肥的方法，添加、补充营养和外源激素。浇水适量而充足对火龙果是必须的。在大量气根形成前，只能采用根系灌溉法，但又切忌长时间浸灌，也尽量不要从头到尾经常淋苗。长时间浸灌会使根系长期处于缺氧状态而死亡，火龙果的气根多，在管理得当的时候，可以迅速转化为吸收根，所以，在灌水施肥的时候，一般需要顺势引导，使用扩穴逐渐扩宽根系分布和绑扎牵引诱导地上部气根下地。

六、整形修剪

从幼苗开始，除保留一个顶芽分枝外，抹除其余所有枝条。待主枝延伸至拟安装支撑圈高度以下 5～10cm 时截断主枝，约 6 个月左右，然后选留 3 个健壮分枝，用 2～3 年时间，逐渐扩宽枝条数，根据预留的营养面积，一般每株留枝 15～20 个，实现营养枝和挂果枝替换。长到 150cm 高的植株，再分枝 3 个以上，自然下垂而老熟后，如果时间在 4～11 月的范围内，便有开花结果的机会。实践证明，中上部的枝，尤其是下垂枝，开花结实率相当高，而中下部以下的花很少开放。从枝条分布的位置来看，上部枝条生长势一般大于中下部的枝条。而背上枝的生长势比其他的枝更大些。顶部枝和背上枝因为位置高，又不便于绑缚，而且其生长势强，组织机械强度差，容易被风吹断，可以逐步使用撑拉吊的方法，在枝条成熟开始挂果后，使其下垂。这样前半段作为营养枝，在后期成为挂果枝使用，是比较理想的。幼苗和幼树期整形修剪的依据来自其树体和枝条的基本发育规律。幼苗期剪除侧枝，仅仅保留一个强旺的向上生长枝，利于集中营养、快速上架。在生产中以 2/3 的枝条作为挂果枝，其他的枝条，在挂果枝已足够的时候，缩小生长角度，抹除花芽实现营养生长，继而培养强大的后续挂果枝。已经挂果较多的枝，次年再次形成大量、集中花的可能性较小，则应该在该枝基部形成大而强壮的分枝后，进行疏剪；或者短切衰弱部分，将其培养为营养枝扶壮。关于疏剪或短切的方法选择，需要考虑植株整体营养面积。

七、环境调控

1. 湿度

生长后期原则上不喷雾，但可选择性地于温度不太高时（18～22℃）进行喷雾，每周进行 2 次，每次 1～2 分钟，清洗叶面尘埃，空气湿度尽可能通过洒水保持在 50% 以上。

2. 温度

气温要求白天 20～25℃，夜晚 15～20℃，冬季加温保证 10℃ 以上。加强通风，促进棚内外空气交换，冬天采取选择性间断通风。

3. 光照

应尽可能加强光照。当花苞 1～3cm 长时增加光照，以利花苞生长和成花物质的积累，在阴天或太阳不太强时尽可能加强光照，但需防阳光烧伤。当花苞长至 4～6cm 时又要加大遮阴，避免强光照射，以免出现早熟现象，促使花苞正常发育。一般上午 10 时至下午 4 时遮阴，同时增加叶面追肥，以磷、钾、铁为主。采花前一周应适当遮阴，促进花苞伸长。但不需全天遮阴，若采花期前后差异大时，可根据不同品种具体需求掌握遮阴时间。

八、病虫害防治技术

1. 常见病害及防治技术

（1）炭疽病 主要危害茎。节间最初出现褐色的水浸状无定形黄色褪绿斑，疾病和健康部分分界不明显，扩大成红褐色斑点后，患处逐渐软化腐烂。

防治方法：加强肥水管理，避免漫灌和长期缺氧状态而死亡，喷灌会造成果园湿度增大，有利于病害的发生，最好采用滴灌技术，起垄栽培，施用腐熟有机肥增施钾肥，提高植株抗病性。也可用 80% 乙蒜素乳油 1000 倍液喷雾治疗。

（2）茎枯病 病斑凹陷，并逐渐干枯，最终形成缺口或孔洞，多发生于中下部茎节。

防治方法：种植或选用抗病优质品种是防治火龙果病害最经济有效的措施。日常管理中要清除病残枝体及田间杂草，保持田间卫生，从而减少田间病源。还要加强肥水管理，避免漫灌和长期喷灌。病害大发生时可喷洒 70% 代森锰锌可湿性粉剂 1500 倍液，每隔 7~10 天喷一次，共 2~3 次。

（3）枯萎病 发病植株茎节失水、退绿、变黄、萎蔫，随后逐渐干枯，直至整株枯死。枯萎病症状最早出现在植株中上部的分枝节上，起初是茎节的顶部发病，在棱边上形成灰白色的不规则病斑，然后向下扩展，下部病斑凹陷，并逐渐干枯，最终形成缺口或孔洞。潮湿情况下，病株上生有粉红色霉层。

防治方法：日常管理参照茎枯病方法，发病初期可喷 70% 多菌灵可湿性粉剂 1000 倍液，每隔 7 天喷一次，共 3 次。

2. 常见虫害及防治技术

（1）白蚁 白蚁会直接啃断火龙果植株茎干或者蚕食根群，使受伤组织向上黄化、溃烂。

防治方法：可在根部施用毒死蜱毒土进行药物灭除。

（2）蜗牛、蛞蝓、蚂蚁等地下害虫 它们啃食植株的嫩枝条。

防治方法：可在果园中放养鸭子吃害虫，也可在地面或树周围撒石灰或用毒饵诱杀。

（3）蚜虫 在花期或坐果期会发生，可用 75% 吡虫啉可湿性粉剂 1500 倍液喷雾。也可用食蚜蝇等进行生物防治，或用肥皂水以毛笔擦洗去除。

（4）果蝇 当果实成熟果皮转红时，果蝇会产卵在将成熟的果实表皮内，孵化的幼虫取食果肉，导致裂果、烂果。

防治方法：在冬季或早春深翻园土，减少虫口基数；在盛发期，夜间用 50% 溴氰菊酯乳油 2000 倍液或 90% 敌百虫晶体 800 倍液，加 3%~5% 的红糖喷洒树冠，连喷 3 次，间隔 7 天；也可将浸过 97% 甲基丁香酚加 3% 二溴磷溶液（按 95：5 的比例配成）的小纸片悬挂于树上诱杀成虫，每平方米挂 50 块，每月挂 2 次。在果实发育中期进行套袋，以防成虫产卵。

九、采收和贮藏

火龙果从开花至成熟一般需 30～40 天，果皮变红，具有光泽时，即可采收。采收时用果剪贴紧枝条把果柄剪断，最好保留一段果柄，以减少果实在贮运过程中的养分消耗，采下后轻放于果筐中，尽量减少机械损伤。火龙果耐贮藏，一般采收后在常温下可保存 15 天以上，若在保鲜库中 10～15℃条件下贮存，时间可延长到 2 个月以上。

第三节　无花果日光温室优质栽培技术

一、无花果概述

无花果属桑科榕属，原产于亚热带地区的阿拉伯半岛南部。据考证，无花果是人类栽培最早的果树树种之一。无花果又名映日果、奶浆果、蜜果、天仙果、明目果，为多年生落叶小乔木或灌木，在适宜条件下也可长为大树。

无花果是由花芽分化发育而成的花序托聚花果，肉质囊状，顶端有一小孔，为周围鳞片所掩闭。花序托内壁上排列有数以千计的小花，被称为隐头花序，外观只见果不见花，故名无花果。食用部分实际上是由花序托所裹生的多数小果共同肥大而成的聚花果。无花果是一种高营养、高药用的食疗保健型水果。

无花果树冠开张，在自然生长的情况下呈圆头形或广圆形。1～2 年生枝条呈灰黑色、灰黄褐色或灰白色，成熟枝条树皮滑，开始多为灰白色，随枝龄增大颜色逐步加深。无花果根系发达，适应性比较强，耐旱、耐盐碱、好氧忌渍，对土壤要求比其他果树低得多，各类土壤都能生长，可以成片种植，也可以零星种植。无花果枝条生长快，分枝少，一般栽培当年就可以结果，第 2 年就有一定产量，5～8 年可进入盛果期，是一种栽培管理容易、病虫害少、可基本不用农药的果树树种，又称为无公害树种。进入结果期后，除徒长枝外，几乎树冠中所有的新梢都能成为结果枝。

在良好的管理条件下，可以连年获得丰产，每亩产量一般在 1000～1500kg，高产园可达 2000kg 以上，结果寿命可达 40～100 年，并且容易更新复壮。在和田有树龄达 500 年以上的无花果，仍硕果累累。无花果果实发育期 50～60 天。1 年生枝条上的花芽经生长发育，多夏季成熟，称为夏果。管理较好的果园，当年新梢中、下部也能发育结出果实，于当年秋季成熟，称为秋果。成熟的无花果可加工成蜜饯、果酱、果干和糖水罐头等多种产品。无花果生长快，结果早，自然休眠期极短，但抗寒性较弱，南疆地区种植时冬季需要埋土防寒，同时防止抽干发生，北疆即使埋土也不能进行露地栽培，在辽宁可在日光温室内栽培。无花果果实极不耐贮运，不宜大量发展，可在近郊适当发展。进行设施栽培不仅能克服其抗寒性差的弱点，还可调节其成熟期，达到提早或延迟鲜果供应、增加产量、提高经济效益的目的。

二、主要种类和优良品种

1. 主要种类

根据无花果授粉和花器类型的不同，将无花果分为普通类型、斯密尔那类型、中间类型、原生类型四种。

普通类型的无花果几乎不需要冬季低温打破休眠，其雄花着生在花序托上部，花序主要为中性花和少数长花柱雌花，长花柱雌花经人工授粉，可获得种子。不需授粉就能结实，形成一种聚合肉质果，为世界各地栽培最广泛的无花果类型。普通类型无花果中的黄色品种有金傲芬（A212）、B1011、A1213、A134、ALMA、0032；红色品种有波姬红（A132）、日本紫果；绿色品种有 B110。斯密尔那类型无花果的花序托内只着生雌花，其长柱花只有通过无花果小黄蜂传播原生型无花果花粉授精，使种子发育，才能形成可食用果实。有夏果和秋果，生产上主要收获秋果。斯密尔那类型无花果的代表品种有卡利亚那。

中间类型结果习性介于斯密尔那类型和普通类型之间。第 1 批花序不需经过授粉即能长成可食用果实（春果）。第 2、第 3 批花序需经授粉，才能发育成可食用果实（夏果、秋果）。中间类型无花果的代表品种有果王。原生类型无花果被认为是栽培种类品种的原始种。其花序托上着生雄花、雌花和虫瘿花，雄花着生于花序托内的上部；虫瘿花密生于花序托的下半部；雌花也着生于下半部，但数量极少。温暖地区 1 年可产 3 次果，即春果、夏果和秋果。美国栽培的 3 种食用无花果很可能为原生类型的无花果进化而来。其花托内的短花柱花产生花粉，且适于无花果小黄蜂产卵，具协助雌株或其他类型无花果授粉作用。原生类型无花果的代表品种有A813、C47。

2. 主要优良品种

(1) 麦司依陶芬　1985 年由日本引入。该品种树势中庸，树冠开张，枝条软而分枝多，夏、秋果兼用型，以秋果为主。夏果 7 月上中旬成熟，长卵圆形或短圆形，果皮绿紫色，夏果单果重 70～100g，最大可达 150～200g，品质优良(彩图 7-21)。秋果 8 月下旬至 10 月下旬成熟，果下垂，中大，单果重 50～70g。果皮薄、韧、紫褐色，果肉桃红色，肉质粗，可溶性固形物含量 15％左右，味较浓，品质中上。耐盐、抗寒性较弱。盛果期早，极丰产，采收期长，较耐运输，以鲜食为主，也可加工。休眠期需冷量为 80～200 小时。

(2) 青皮无花果　该品种树势旺盛，主干明显，侧枝开张角度小，多年生枝为灰白色，叶片大，粗糙，色绿，裂刻不足叶长的 1/2，叶形指数为 1.12。果实扁圆或倒圆锥形，果形指数为 0.86 左右，成熟时果皮黄绿色，果肉淡紫色，果目小，果面平滑，果皮韧性大，夏果单果重 80～100g，秋果重 40～60g。可溶性固物含量为 18%，汁多，口感风味极佳，鲜食、加工皆可。

(3) 芭劳奈　在山东省泰安市 4 月上中旬萌芽，11 月初落叶，落叶较早。夏果 6 月底成熟；秋果 6 月 5 日前后开始现果，8 月 2 日开始成熟，发育期约 58 天。秋果长卵圆形，果柄端稍细，果形指数约 1.3，中等大，单果重 40～110g；果目微开，果肋可见，果顶部略平，果肉颜色浅红，较致密，空隙小。果肉可溶性固形物含量 18%，完熟果可达 20%，肉质为黏质、甜味浓、糯性强，有丰富的焦糖香味。鲜食味道浓郁，风味极佳，品质极优。

(4) 金傲芬　1998 年由美国引入。树势旺盛，枝条粗壮，分枝少，年生长量 2.3～2.9m，树皮灰褐色，光滑。叶片较大，掌状 5 裂，裂刻深 12～15cm，叶形指数 0.94，叶缘具微波状锯齿，有叶锯，叶色浓绿，叶脉掌状基出。夏、秋果兼用品种。始果节位 1～3 节。单果重 70～110g，最大 200g，卵圆葫芦形，果形指数 0.95。果颈明显，果柄 0.9～1.8cm，果径 6～7cm，果目小，微开，不足 0.5cm。果皮金黄色，有光泽，果肉淡黄色，致密，可溶性固形物 18%～20%。鲜食风味极佳，极丰产，较耐寒。扦插当年结果，两年生单株产量达 9kg 以上。夏果发育期约 64 天，秋果发育期 62 天。

(5) 布兰瑞克　原产于法国的夏秋兼用无花果品种，临沂地区夏果采收期 7 月中旬，秋果采收期 8 月中旬至 10 月中旬，以秋果为主。夏果卵形，成熟时绿黄色，单果重 80g，最大可达 150g；秋果为倒圆锥形或倒卵形，果梗基部常有膨大，均重 50～60g，果皮黄褐色，果顶不开裂，果实中空；果肉红褐色，可溶性固形物含量 16% 以上，味甜而芳香，品质优良。适宜制罐和蜜饯加工。该品种树势中庸，树姿半开张，树体矮化，分枝弱，连续结果能力强，丰产性好，耐寒、耐盐性强。目前华东一带有种植。可在华东、华南及沿海滩涂发展。品质上等。

(6) 波姬红　1998 年从美国得克萨斯州引入我国的无花果新品种，临沂地区 8～10 月成熟，果实夏秋果兼用，以秋果为主，果皮鲜艳，为条状褐红或紫红色，果柄短，果长卵圆或长圆锥形，秋果平均单果重 60～90g，最大单果重 110g。果肉微中空，浅红或红色，味甜，汁多，可溶性固形物含量 16%～20%，品质极佳，为鲜食大型红色无花果优良品种。树势中庸、健壮，树姿开张，分枝力强。叶柄长 15cm，黄绿色。耐寒、耐盐碱性较强。夏、秋果兼用。始果部位 2～3 节，极丰产。果实长卵圆或长圆锥形，果形指数 1.37，果皮鲜艳，条状褐红或紫色，果柄 0.4～0.6cm，果目开张径 0.5cm，极丰产。耐寒、耐盐碱性较强。为鲜食大型红色无花果优良品种。成熟果实 30℃ 室温下存放 7 天，仍可食用。

(7) 中农红(B110)　夏秋果兼用品种。树势中庸，分枝较少，树冠较开张。新梢年生长量 1.3～2.3m。果实长卵圆形，果形指数 1.16，始果节位 1～5 节。在山东省济宁 3 月中旬萌芽，4 月上旬展叶，现果期 4 月上旬，果熟期 7 月下旬。熟时果实下垂，果皮黄绿或浅绿色，果柄 0.2～1.2cm，夏果单果重 90g，秋果单果重 45～60g。果肉红色、汁多、味甜，可溶性固形物含量 18%～22%，品质极佳。该品种丰产性特别强，较耐寒，果实个大，产量高，果目小，不易被昆虫侵染，具有一定抗病能力，是鲜食和加工制干最佳品种（彩图 7-22），也是美国加利福尼亚大学推广的优良品种。

(8) 日本紫果　1997 年由日本引入，为红色优良无花果品种。树势健旺，分枝力强，新梢年生长量 1.5～2.5m，枝粗 2.1cm，新梢节间长 6.1cm。枝皮绿色或灰绿、青灰色。叶片大而厚，宽卵圆形，叶径 27～40cm，叶形指数 0.97，掌状 5 深裂，裂刻深达 18.5cm，叶柄长 10cm。果实夏、秋果兼用，以秋果为主，始果节位 3～6 节。果扁圆卵形，无果颈，果柄极短，0.2cm 左右，平均单果重 40～90g。果皮生长期绿紫条相间色，成熟时果皮深紫红色，皮薄，易产生糖液外溢现象。果目红色，0.3～0.5cm。果肉鲜艳红色、致密、汁多、甜酸适度，果、叶中含微量元素硒，可溶性固形物含量 18%～23%，较耐贮运，品质极佳。较耐寒，鲜食加工兼用，具有广阔的市场发展前景。

(9) 中农寒优（A1213）　1999 年山东省林业科学研究院由美国加利福尼亚引进我国，在山东济宁、青岛、临沂、济南、潍坊、东营、寿光，四川重庆，河北石家庄、秦皇岛等地栽培。树势健旺，分枝力强。新梢年生长量 2.6m，枝粗 2.7cm，节间长 6.0cm。果实长卵形，果颈明显，果目微闭，果柄长 1～2.1cm，果形指数 1.2，果皮薄，表面细嫩，黄绿色或黄色诱光泽，外形美观。果肉鲜艳桃红色，汁多、味甜，可溶性固形物含量 17% 以上，平均单果重 50～70g。秋果型，较耐贮运，品质极佳。山东嘉祥果熟期 8 月初至 10 月上旬。丰产性强，在山东省林科院苗圃 5 月份定植营养袋苗，当年结果 17 枚。冬剪截留长度 10～15cm，可耐受 -13.7℃ 地温及早春 30℃ 左右日较差考验，为鲜食无花果商品生产的优良品种。

(10) 绿抗 1 号　夏、秋果兼用型，以秋果为主。秋果为倒圆锥形，单果重 60～80g，最大可达 120g 以上。成熟时浅绿色，果顶不开裂，但果肩部有裂纹，果肉紫红色，中空，可溶性固形物 16% 以上，风味极佳。该品种树势旺，树姿半开张，枝条粗壮，分枝较少，耐寒性中等，抗病力强，耐盐力极强。

(11) 美利压（A134）　1998 年由美国引入。树势强健，分枝力强，树冠较开张。新梢年生长量 1.5～1.8m，枝粗 1.4～2.2cm，节间长 5.2cm。较适合密植，易结果，夏、秋果兼用品种。叶片掌状 4～5 裂。果实卵圆或倒圆锥形，单果重 70～110g，微开张，果径 4.0～6.5cm。熟时果皮金黄色，皮薄光亮。果肉褐黄或浅黄色，微中空，汁多、味甜，风味佳，品质优良，始果部位低，第 1、2、3、5 节位均能结果，极丰产。2 年生鲜果产量达 8.11kg/株，为鲜食丰产黄色大型无花果优良品种。

（12）蓬莱柿 原产日本。果大，丰产，鲜食和加工均宜。秋果专用品种，夏果少。果倒圆锥形或短卵圆形，果顶圆而稍平且易开裂，单果重60～70g，果皮厚，紫红色；果肉鲜红色，可溶性固形物含量16％，肉质粗，无香气。树势极强，树冠高大，生长旺盛，枝稀，枝长而粗壮，不易生二次枝。丰产性好，耐寒性很强。

三、生长结果习性及对环境条件的要求

1. 生长结果习性

无花果新梢的加长生长呈双"S"形曲线。发芽后至6月中旬为第1个生长高峰，7月中旬以后出现第2个生长高峰。6月下旬至7月上旬为较短暂的缓慢生长期，此时形成的新梢节间极短，加长生长近于停止。两个生长高峰所形成的新梢分别为春梢和秋梢，生长较弱或中庸树春梢较长，生长旺盛树秋梢较长。无花果新梢的加粗生长同样为双"S"形曲线，但第1生长高峰持续时间较短，5月中旬即进入缓慢生长期，6月下旬加长生长放慢后，增粗生长进入第2速生期。无花果新梢加粗和加长生长，其第1个缓慢生长期与春果的急速膨大和成熟时期基本一致。这表明，生殖生长与营养生长间的养分竞争，可能是新梢生长减缓的主要原因。同时，此期出现的高温低湿天气可能也会减弱新梢生长。各品种几乎均可抽生二次枝，抽生部位多为春秋梢相接处。二次枝当年亦可着果，但果实多不能正常成熟。二次枝的抽生可增加结果部位，有利于扩大树冠，但同时使冠内光照条件恶化。无花果随树龄增加树势很快变弱，多年生树若不短截复壮，则仅具春梢而无秋梢，生长曲线成单"S"形，节间也大幅度缩短。

无花果的结果习性与其他果树显著不同，几乎每个新梢均可成为结果枝，每个叶腋几乎都是结果部位（彩图7-23）。其花芽分化的特点是随着新梢的生长，由下部叶位顺次开始芽的分化，形成的芽中有2～3个生长点，其中一个生长点形成叶芽，其他生长点则形成花芽（花序）而结果。但新梢基部数节芽的生长点中途停止发育，新梢顶端数节也因气温降低而停止分化。这些当年未结果叶位的芽来春继续分化，形成春果。根据结果期、结果部位和花芽分化特点的不同，应将随春季萌芽而现的果实称为春果。春果的结果部位均为上年生枝上未曾结果的叶腋，而夏、秋果的结果部位均为当年生枝，夏果着生于春梢叶腋，秋果着生于秋梢叶腋。春果数量与品种特性密切相关，夏秋果兼用型品种每枝一般坐果3个左右。春果果个远大于夏、秋果，且品质好，但在总产量中所占比重却很小。

无花果现果后的10～15天为第1个生长高峰，幼果迅速膨大至成熟体积的1/3左右。之后的25～40天，果实生长缓慢，其大小没有明显变化。采前7～10天，果实急剧膨大，容积和重量的增长量均可达总量的70％左右，含糖量也急剧上升，可溶性固形物由采前7天的12％增至采前2天的16％。这表明适时采收非常重要，采收过早产量降低，品质变差；采收过晚则易破损腐烂，货架寿命短，加工果脯时

不耐煮制。无花果春果存在较严重的生理落果，落果期恰值幼叶和新梢旺盛生长期，养分竞争是落果的重要原因之一。

2. 对环境条件的要求

无花果属于夏干地带果树，生长期对温度要求比对水分要求更严格。一般生长季降水量达 90～270mm 即可满足生长结果需要，降水过多或滞水，往往会使叶片凋落，甚至全株死亡。同时降水过多还会使果实含糖量降低，风味大减。无花果对土壤要求不严，除盐碱、渍涝、黏重地外，均适宜栽植无花果。无花果能耐高温，但怕寒冷。年平均气温 15℃，夏季平均气温 20℃，冬季平均气温不低于 8℃，≥5℃生物学积温达 4800℃的地方，均可栽培无花果。而冬季气温降至−12℃时，会冻伤主梢，降至−16℃至−18℃时，枝干会受严重冻害，−20℃至−22℃时，可使地上部分受冻死亡。

四、苗木繁育

1. 硬枝扦插法

（1）插条处理与扦插　通常在秋季落叶后或早春树液流动前剪取插条。插条宜选生长健壮、组织充实的 1 年生枝或 2 年生枝，要求叶芽饱满，粗度在 1cm 以上。将插条剪成长 20cm，每 50 或 100 条捆成一束。秋季采条应埋土越冬，春季采条可随采随插。贮藏过程始终保持土壤湿度，防止插条抽干和发霉腐烂。无花果的硬枝扦插一般分为春插和秋插。扦插应在芽膨大期为宜，露地春插多在 3 月前后进行，在温室中可提早至 1 月份进行。插床做好后，床面覆膜以增加地温，保持土壤湿度，防止杂草生长。剪取优良母株上一年生或多年生枝条，截成 10～20cm 长、带 2～3 个节芽的插条，上端离芽 1cm 平剪，下端在节上或芽下斜剪，插前用 ABT 生根粉溶液 100mg/L 浸泡 20～30 分钟，或将插条基部浸入 1000～2000mg/L 的萘乙酸或吲哚丁酸溶液中，处理 2～3 分钟，取出阴干后即可直接插入苗床。苗床扦插密度掌握在株行距各 20cm 左右，插条最上端一个芽微露地膜上方，其余部分都插入基质中（彩图 7-24）。插时先用与插条粗度相近的棍扎破薄膜，再插入插条，以防插条基部剪口将薄膜带入影响发根。插条随采随插。若提前剪下，则应放在湿沙中或用湿毛巾包住后，放于电冰箱冷藏室保存。扦插后土温控制在 25℃左右，相对湿度 85% 以上，但不能积水。此法扦插当年即可出圃，生长高度可达 1m 以上，地径超过 1cm。

（2）苗期管理　无花果扦插后，前期以保湿增温、促壮苗早发芽为中心，并及时松土，防止土壤板结。当长到 2～3 片叶时，追施苗肥 1～2 次，每亩施用人粪尿 30～50kg，兑水泼浇，或每亩用尿素 5kg 深施，以促进幼苗生长。

（3）中后期管理　进入夏季时，幼苗生长旺盛，对肥水需要量大，应追肥 2～3 次，氮、磷、钾肥配合施用，同时要及时抗旱。追肥要在 7 月底结束，过迟会造成顶梢生长过旺，不耐寒，春季容易枯梢，影响苗木质量。

（4）**化学除草**　在整理苗床前，每亩用10%草甘膦750～1000mL，兑水50L除草一次，扦插后抽条新梢长度在10cm之前不用除草。双子叶杂草可用虎威除草剂，每亩用量60～80mL，喷施时喷头要对准杂草。

（5）**叶面追肥**　从5月上旬开始，每隔15天喷施叶面肥3次，增加幼苗的光合作用，促进幼苗增粗，提高苗木质量。

2. 嫩枝扦插

将已半木质化的优良母本树枝条剪成15～20cm长、带2～3个节的插条，顶端的叶片剪去一半，剪掉其余叶片及叶柄，并用500mg/L萘乙酸或吲哚丁酸处理插条基部1分钟，以减少水分蒸腾和因叶片太密集而发生腐烂，增强光合作用，促进生根。扦插株行距控制在15～20cm，顶端的芽眼和叶片露在扦插基质的上面。嫩枝扦插一般在6～8月进行，扦插技术到位的无花果苗高度可达50cm左右，成苗率达80%以上。扦插后，搭好棚架，防止烈日灼伤，叶面喷水1次。棚架高度为80～100cm，棚内温度保持在25～28℃，如超过32℃，应通风或加盖草垫，并浇水、降温，减弱高温和直射阳光的影响。

土壤保湿是决定夏季扦插成败的关键，高温干旱影响插条生根发芽。因此，夏季扦插后须保持一定的土壤湿度，定期浇水，防止干旱。有条件可安装土壤水分控制仪和弥雾器自控喷水，在晴天正午每隔1～2小时喷水1次。加强喷水保湿和通风透气管理，防止插条发生干枯和腐烂。在正常的管理水平下，苗木生长高度可达60cm以上，粗度可达1cm左右。

五、定植技术

无花果春季发芽和新根生长比其他果树迟，为防止冬季干枯和早春低温冻害，以春栽为好，适宜在3月中旬至4月上旬栽植。也可秋栽，当无花果种苗正常落叶后即可移苗定植。冬季培土防寒。

定植密度可根据整枝方式、设施类型等确定。塑料大棚南北行、日光温室东西行栽植。栽植行株距为（2～3）m×（1.5～2.5）m。栽植时深挖穴，深度达0.6～0.8m，底部施入50kg农家肥作基肥，并与表土充分混匀。种苗修剪根系，用生根粉蘸根后放入，根系向四周舒展，然后回填土，踩实，浇足定植水，根颈培土稍高于地面，之后用1m见方的地膜覆盖树盘。

六、整形修剪

1. 定干

无花果定植后立即设立支柱，防止歪倒，并定干，以加速植株成形。塑料大棚栽植，定干高度边行为30cm，向中间逐行依次增加10cm。日光温室栽植，定干高度则为前沿第 1 行 30cm，向后依次递增 10cm；若南北行栽植，定干高度掌握行内南（前）低北（后）高的原则，形成一定梯度，以适应棚内的空间和合理利用光照。

2. 整形

无花果喜光，生产中主要应用的树形有自然开心形、自然圆头形、杯状形、水平"一"字形（彩图 7-25）和水平"X"形等。但适于设施栽培的树形主要是水平"一"字形、水平"X"形和丛状形。一般行株距为(2～3)m×(1.5～2.0)m，采用"一"字形整枝；行株距为(2～3)m×(2.0～2.5)m，采用"X"形整枝。

(1) 水平"一"字形　是日本采用较多的一种树形，特别适合设施栽培，需搭支架，类似于葡萄的单臂篱架形式。主干高度 50cm，主枝 2 个，左右沿行向水平伸展，主枝上按 20cm 左右的间距在两侧着生结果枝，控制在 24～26 个，同侧面间距为 40cm 左右。

(2) 单层双臂"X"形　第 1 年定干发芽后，留 4～6 个靠近顶部的芽（其余全部抹除）向上直立生长。达到 1.5m 以上，选择 4 个生长势好的枝，沿整形行方向每两个主枝为一侧，拉平，用铁丝固定好，保持一定的距离，水平向前伸展，培养成永久主枝。主枝上保留适当的果实，多次疏果，以免影响主枝上二次枝的萌发。主枝二次枝萌发后，每隔 20～30cm 配置结果枝，控制在 24～26 个，其余全部抹掉。整个树体沿着行向呈扁"X"形，类似于葡萄的双臂篱架。结果枝长至 100cm 时引绑上架。冬季修剪时，主干上除主枝以外的其他生长枝靠近基部。主枝上的二次结果枝，靠基部留 1～2 芽（1cm 即可）截去。

(3) 丛状形　树冠比较矮小，无主干，成丛生状态。幼树结果母枝直接从基部抽生，成年树由结果母枝演变而来的主枝抽生结果枝，结果后转为新的结果母枝，抽生部位较低。

3. 修剪

无花果以休眠期修剪为主，结合生长期修剪。

(1) 休眠期修剪　冬剪时在维持树体结构的原则下，对更新能力强、新梢易结果、分枝能力差的品种，如麦司依陶芬、蓬莱柿等，应采用短截修剪，促生分枝。短截强度，对幼旺树和成年树的主、侧枝可适当截留长些，对结果母枝应采取留 2～3 个隐芽重短截或局部回缩更新防止结果母枝上移。同时疏除枯枝、病虫枝及扰乱树形的枝条，以稳定树体结构和树冠大小。

(2) 生长期修剪　主要是除去根蘖、萌条和徒长枝，疏除过密枝，保持良好的通风透光条件。待新梢展叶 20～25 片时摘心，以控制旺长，促生分枝，增加枝量，提高产量。摘心后及时抹除过多的分枝和萌芽。

(3) 抹芽、摘心　温室内结果枝生长旺盛，发芽开始后，尽早摘去上部芽。展叶后，摘去着果不良的结果枝，并调整每株的结果枝数。在叶片展开至 16 叶时摘心，以防止叶面积过大，使下部光照不足，影响果实膨大，此时要除去发出的副梢，控制叶片的徒长。对于以收夏果为主要生产品种的宜以疏枝为主，疏除过密的纤弱枝、病虫枝、下垂枝、徒长枝和抽梢发育较迟的幼嫩枝，保留枝条充实、芽眼饱满、节间短而粗的结果母枝，太密进行适当疏枝，其余可通过短截促发分枝，使其在当年秋季结果；对于夏、秋果兼用品种，则应同时采取适当疏枝和短截修剪，并根据树势进行回缩更新剪截。

七、温湿度调控

无花果自然休眠期很短，多数品种的低温需求量（3～8℃的低温时间）仅为80～100小时，只要温度达到一定要求，就能发芽和生长。无花果正常发芽所需的温度为15℃以上，低于15℃发芽缓慢，不整齐。扣棚时间各地可根据当地气候、品种特性以及果实成熟上市时间等灵活掌握。一般在1月上旬到3月上旬进行扣棚升温，从升温到发芽展叶期间，前期白天温度保持在15～20℃，不宜太高，若温度高于35℃时，会出现芽枯死或发芽不整齐等现象，以后可将温度逐步升到20～25℃，夜间不低于10℃。空气相对湿度保持在80%以上，以促进新梢生长。扣棚升温1个月后，白天温度控制在25～30℃，夜间15℃以上，相对湿度控制在60%～70%，以促进新梢充实，花芽分化和结果。

2个月后仍保持25～30℃的温度，相对湿度控制在60%左右。该阶段后期如室外温度稳定在25℃以上时，逐渐除膜，进行露地栽培管理阶段。10月份霜冻到来之前再进行覆膜，晚上逐渐盖草帘，以保持生长温度，一直延续到晚秋，使部分晚熟的果实充分成熟，从而提高产量和经济效益。另外，注意栽植密度和合理修剪，选用透光性好的棚膜，并保持洁净，以改善光照条件，确保正常生长发育。

八、土肥水管理

由于无花果树的根多分布于浅土层，在日光温室中栽培时，适当深翻和培土有利于引导根系深扎。同时，加强松土除草，以增强根系的吸收机能。无花果适宜的土壤pH值范围为6.5～7.0，一般用石灰调节。无花果植株以钙的吸收量为最多，氮、钾次之，磷较少，钙、氮、钾、磷的比例为1.43∶1.00∶0.90∶0.30。因此，应特别注意钾、钙的施用。氮、磷、钾三要素的配比，幼树以1.0∶0.5∶0.7为好；成年树以1.00∶0.75∶1.00为宜。基肥以有机肥为佳，一般在落叶前后施用。在株间或行间开30cm深的条沟，每株施入20kg厩肥。生长季节每年追肥（土施或叶面喷施）5～6次。生长前期以氮肥为主，后期果实成熟期间以磷、钾肥为主，并补充钙肥，土施、叶喷均可。温室栽培无花果，因结果枝易徒长，每亩施入氮素比露地栽培少30%。在11月上旬施入基肥，追肥在6～9月的生育期分5次施入，每次氮、磷、钾分别为1.3kg、1.2kg、3.6kg。

无花果根系发达，比较抗旱，但因叶片大，枝叶生长旺，水分蒸发量大，故需水量多。无花果一次灌水不宜过多，尤其是果实成熟采收期，避免土壤干湿度变化过大，始终保持稳定适宜的土壤湿度，以免导致裂果增多。无花果主要的需水期是发芽期、新梢速长期和果实生长发育期。被覆前，充分灌水，使田间保持足够水分。被覆后到发芽，每隔 2 天对树体喷水 10mm，防腋芽干燥；发芽至展叶期，每隔 7 天在树冠下喷水 15～30mm。此期间，灌水不匀会引起结果枝生长发育不良。果实膨大期，需要足够的水分，每隔 4 天在树冠下喷水 20mm；收获期，适量减少灌水，每隔 2 天在树冠下灌水 10mm。7～9 月花芽分化和果实成熟期需水量较多，7～10 天浇水 1 次，但灌水不宜过多，以浸透根系层为度。每次浇水后须浅耕、松土。在温室栽培无花果，宜采用地下暗沟排水，保持土壤通气透水性良好。

九、病虫害防治技术

1. 常见病害及防治技术

(1) 炭疽病　发病初期，果面出现淡褐色圆形病斑并迅速扩大，果肉软腐，呈圆锥状深入果肉，病斑下陷，表面呈现颜色深浅交错的轮纹状。当扩大到直径约 1～2cm 时，病斑中心产生突起的小粒点，初为褐色，后变为黑色，成同心轮纹状排列，逐渐向外发展。高温高湿时易发生。此病在果实近熟时发生，一般在 7 月中下旬开始发病，8 月中下旬发病最多。在生长季节不断传染，一直发展到晚秋。

防治方法：彻底清除树上、树下病果，并深埋或烧毁。发病前一个月左右喷一次 200 倍波尔多液后，一般在 5 月中下旬、6 月上旬、6 月下旬和 7 月上旬再各喷一次 200 倍波尔多液。从 5 月份起，每隔 15 天喷一次 80% 大富丹可湿性粉剂 1000 倍液，共喷 8 次，防治效果可达 98% 以上。用 10% 混合氨基酸铜水剂 200 倍液于 6 月中旬～8 月上旬喷雾树体，共喷 4 次，防治率可达 90% 以上。

(2) 灰斑病　叶片受侵染后，初期产生圆形或近圆形病斑，直径为 2～6mm，边缘清晰，以后病斑灰色，在高温多雨的季节，迅速扩大成不规则形，病斑密集且互相联合，使叶片呈焦枯状，老病斑中散生小黑点，一般在 4 月下旬 5 月中旬开始发生，高温高湿时发病严重。

防治方法：发病前 15 天左右，用 1∶2∶300 波尔多液，或 0.5∶0.5∶200 锌铜石灰液，或 50% 可湿性灭菌丹粉剂 0.5kg 加 65% 代森锌可湿性粉剂 1kg 加水 500L 稀释后喷施树体。秋后扫除病叶，烧毁，消灭侵染源。

(3) 枝枯病　发病初期症状不易发现，主干或大枝上病部稍凹陷，可见米粒大小的胶点，逐渐出现紫红色的椭圆形凹陷病斑。以后胶点增多，胶量增大，胶点初显黄白色，渐变为褐色、棕色和黑色，胶点处的病皮组织腐烂、湿润、变为黄褐色，有酒糟味，可深达木质部。后期病部干缩凹陷，表面密生黑色小粒点，潮湿时涌出橘红色丝状孢子角。4 月开始发生，4～5 月为盛期，6 月以后较弱，8～9 月病害再一次发展。

防治方法：加强果园的土、肥、水管理，增施农家肥，改良土壤，增强树势，提高抗病力。冬季刮治病部，并彻底销毁，同时清除病害较重的株、枝，减少侵染源。发芽前喷3～5波美度石硫合剂，以保护树干；5～6月可再喷两次1：3：300的波尔多液。

2. 常见虫害及防治技术

（1）黄刺蛾 一年发生1～2代。发生1代时，成虫于6月中旬出现，产卵于叶背，卵期7～10天；幼虫于7月中旬至8月下旬为害，仅食叶肉。残留叶脉，将叶片吃成网状；幼虫长大后，将叶片吃成缺刻，仅留叶柄及主脉。

防治方法：幼虫期喷洒90%敌百虫晶体1500～2000倍液，或80%敌敌畏乳油800～1000倍液，或100亿孢子/g青虫菌粉剂800倍液，防治效果都比较好。将毒环绑于主干分枝处，毒杀沿树干爬行下地的老熟幼虫。可利用其趋光性，设灯诱杀，并可依此预测虫情。

（2）桑天牛 一般2～3年1代，成虫始发于6月上中旬，6月中下旬为盛期。成虫产卵期在6月中旬至8月上旬，常将卵产于距地面30cm左右的树梢或二年生大枝上。产卵时成虫在树皮和木质部咬出"u"或"T"形刻槽，并产下1粒卵虫。小幼虫危害极易发现，凡是见到有红褐色粪便处，其中必有幼虫。幼虫从上向下蛀食皮层，在韧皮部越冬，次年春蛀食木质部。第三年5～6月老熟幼虫化蛹，6～7月羽化成虫。

防治方法：每年6～7月成虫产卵期人工捕杀。对上年有虫害的无花果树，于4～5月份和9～10月份在枝干部最后一个幼虫排粪孔处以80%敌敌畏乳油或40%杀螟松乳油50倍液，用注液器注入虫孔。或用药棉蘸药剂塞入虫孔，杀幼虫效果好。也可在初孵幼虫尚未蛀入木质部之前，选用内吸性强的杀虫剂10%灭虫精可溶性液剂100倍液喷洒枝干及产卵处。

（3）黑绒金龟 一年发生1代，以成虫在土壤内越冬。翌年春天土层解冻后成虫开始上升，4月中下旬至5月初大量出土。取食嫩叶和芽，5月初至6月中旬为害盛期。6月产卵于5～10cm的表土层内，卵期9天左右。6月中下旬开始出现新一代幼虫。幼虫取食幼根，至秋季3龄老熟幼虫钻入20～30cm深的地下做土室化蛹，蛹期10天左右羽化，羽化出的成虫不出土而进入越冬状态。

防治方法：在成虫盛发期，于5时左右无风情况下用杨（或柳）树枝叶蘸80%敌百虫200倍液，每隔10～15m一束插于苗圃或新植幼树地内诱杀成虫。土壤处理，每亩50%辛硫磷乳油200～250mL加细土25～30kg，撒后浅锄；50%辛硫磷乳油250mL加水1000～1500kg，顺垄浇灌。树体处理，在成虫盛发期，可用50%马拉硫磷乳油2000倍液或25%甲萘威可湿性粉剂1000倍液喷雾树体，效果都比较好。在成虫发生期，利用其假死性，组织人力于傍晚摇动树体，将其振落捕杀。

十、果实采收

温室内无花果从 7 月初到 10 月底陆续成熟。低节位果实先成熟,从颜色上看,成熟的果实由深绿色逐渐变为本品种颜色,果实变软,果味浓郁芳香,风味最佳,但不耐贮运。市场鲜销的果实应当提前采收,最好在早晨采果,采收时戴手套将果实连同果柄一块摘下,轻拿轻放,防止破皮、裂果。无花果果实多浆汁,长期接触易引起皮肤炎症,经常采果时需要戴硅胶手套操作。采后的果实放在礼品筐或包装盒内。盛果容器规格不要太大,只摆放一层果,为防止挤压,果实之间要用包装纸等物隔开。成熟无花果极易腐烂变味变色,即使短期贮藏也需 0℃左右的低温和85%～90%的相对湿度。如需短期贮运,可将果实先用 SM 保鲜剂浸渍一下,捞出晾干待运。如使用带硅窗加盖密封的水果周转箱,则保鲜效果更好。

参 考 文 献

[1] 曲泽洲. 中国果树栽培学总论. 2版. 北京：农业出版社，1983：73.
[2] 刘慧纯. 南果北移果树设施栽培新技术. 北京：化学工业出版社，2012：39.
[3] 邱毓斌. 苹果丰产优质栽培. 沈阳：辽宁科学技术出版社，1991：178.
[4] 李林光. 苹果实用栽培技术. 北京：中国科学技术出版社，2018：56.
[5] 刘慧纯，张春颖，蒋锦标. 马来西亚甜杨桃温室栽培试验初报. 北方果树，2007（5）：15.
[6] 张义勇. 台湾青枣火龙果北方日光温室栽培技术. 北京：中国农业出版社，2005：77.
[7] 肖邦森，谢江辉，雷新涛. 杨桃优质高效栽培技术. 北京：中国农业出版社，2001：40.
[8] 修德仁. 鲜食葡萄栽培与保鲜大全. 北京：中国农业出版社，2004：122.
[9] 马起林. 鲜食葡萄优质高效栽培技术. 北京：中国农业科学技术出版社，2015：75.
[10] 李良瀚. 鲜食葡萄优良品种及无公害栽培技术. 北京：中国农业出版社，2004：133.
[11] 吴景敬. 葡萄栽培. 3版. 沈阳：辽宁科学技术出版社，1982：190.
[12] 孟新法，陈端生，王坤范. 葡萄设施栽培技术问答. 北京：中国农业出版社，2006：93.
[13] 姜建福，刘崇怀. 葡萄新品种汇编. 北京：中国农业出版社，2010：127.
[14] 翟衡，杜金华，管雪强，等. 酿酒葡萄栽培及加工技术. 北京：中国农业出版社，2001：84.
[15] 张洪胜. 现代大樱桃栽培. 北京：中国农业出版社，2012：20.
[16] 于绍夫. 大樱桃栽培新技术. 济南：山东科学技术出版社，2000：28.
[17] 孙玉刚. 甜樱桃标准化生产. 北京：中国农业出版社，2008：91.
[18] 张鹏，王有年，陈国玉. 樱桃高产栽培. 北京：金盾出版社，2006：104.
[19] 邹彬，吕晓滨. 无公害甜樱桃丰产栽培技术. 石家庄：河北科学技术出版社，2014：117.
[20] 于国合，姜远茂，彭福田. 大樱桃. 北京：中国农业大学出版社，2005：156.
[21] 刘伟，曾德连，将利媛，等. 无花果嫁接试验研究初报. 湖南林业科技，1996，23（3）：34.
[22] 王敬斌，蒋锦标，王国东，等. 无花果设施栽培试验初报. 辽宁农业职业技术学院学报，2000，2（1），55.
[23] 陈建业，宁玉霞，朱自兰，等. 无花果生物学特性观察. 果树科学，1997，14（1）：16-20.
[24] 胡果生，刘伟，李梦驹. 无花果特早期丰产栽培技术研究. 湖南林业科技，1994，21（3）：8-12.
[25] 黄鹏，吕顺端，马贯羊. 无花果优良品种的引种栽培. 经济林研究，2009（3）：47-52.
[26] 杨金生，赵亚夫，周一辉，等. 无花果优良品种麦司衣陶芬引种观察. 果树科学，1994（1）：55-57.
[27] 蒋式洪，叶德桂. 无花果育苗技术. 果树科学，1995（4）：271-272.
[28] 张大海. 无花果保护地栽培技术. 农村科技，2008：32-33.
[29] 孟月娥，姚连芳. 桃优质丰产关键技术. 北京：中国农业出版社，1997：77.
[30] 王力荣，朱更瑞，方伟超. 郑州：中原农民出版社，2000：101.
[31] 冯志申. 梨丰产优质栽培. 沈阳：辽宁科学技术出版社，1994：72.
[32] 王彬，郑伟，韦茜，等. 火龙果的保健价值及发展前景. 广西热带农业，2004（3）：19-21.
[33] 孙诚志，华源多，刘铭源. 火龙果设施栽培技术. 广东农业科学，2005（2）：86-87.
[34] 石凤乔，董亚军. 火龙果温室栽培技术. 农业科技通讯，2006（5）：52-53.
[35] 王菊方. 火龙果无公害高产栽培技术. 现代农业科技，2010（6）：132-135.
[36] 吕春茂，范海延，姜河，等. 火龙果日光温室引种观察及栽培技术. 北方园艺，2003（1）：19-20.
[37] 冯学文. 桃树高效益栽培. 北京：科学普及出版社，1993.
[38] 张绍铃. 梨产业技术研究与应用. 北京：中国农业出版社，2010：130.